이해하기 쉬운

조리과학

FOOD SCIENCE

머리말

우리가 매일 섭취하는 식품은 영양적인 측면에서 체조직을 구성하며, 활동을 위한 에너지를 공급하고 체내에서 일어나는 대사를 조절하는 역할을 한다. 이외에도 감각을 만족시켜 음식을 먹음으로써 얻는 즐거움과 정신적인 만족은 식품의 또 다른 기능이다. 최근에는 음식을 섭취함으로써 생체 면역기능을 강화하고 장수와 건강을 보장 받고자 한다. 이러한 다양한 식품의 기능을 제대로 살리는 것은 생식품이 가지고 있는 구성성분을 잘 이해하여 바람직한 방향으로 조리하는 것이 무엇보다 중요하다.

조리과학은 이러한 식품의 성분을 잘 이해하고 식품의 이화학적 특성을 잘 파악함으로써 영양성분과 향미, 색, 텍스처 등의 이화학적 특성, 그리고 생리활성기능을 가진 성분의 손실을 최소화하고 이들의 체내 흡수를 극대화하기 위해 공부해야 하는 과목이다. 식품 속의 성분은 다양한 물질이 복잡한 시스템으로 공존하기 때문에 이를 잘 이해하여 과학적으로 조리하는 것은 식품을 맛있게 조리하고 소비자의 수용도를 높일 수 있는 첩경이기도 하다.

또한 식품의 조리, 가공, 저장 중 일어나는 변화를 이해함으로써 바람직한 방향으로 조리할 수 있도록 하여 식재료의 가치를 높여 경제적인 효과를 얻을 수도 있다.

조리과학은 식품영양학이나 조리학을 전공하는 학생들이 영양사나 조리기능사 등의 시험을 준비할 때 필수적으로 공부해야 하는 분야이기도 하다.

이에 저자 일동은 본 교재가 식품영양학이나 조리학을 전공하는 학생들의 전공서적으로 학생들이 조리의 원리와 과학을 이해하는 데 큰 도움이 되기를 소망하며 부분적으로 미비한 점은 계속 보완하여 완성도를 높이도록 할 것이다.

아울러 본 교재가 출판되도록 도와주신 파워북 유제구사장님과 김재원 전무님께 감사드린다.

저자 일동

차례

CHAPTER 1 조리와 물

CHAPTER 2 조리 준비와 열

CHAPTER 5 밀가루

CHAPTER 6 두류·서류·기타 곡류

CHAPTER 7 채소류와 과일류

CHAPTER 8 유지식품

CHAPTER 9 우유와 유제품

CHAPTER 10 알류

CHAPTER 11 육류와 어패류

CHAPTER 12 버섯류와 해조류

CHAPTER

1

조리와 물

1. 물
2. 물의 역할
3. 식품의 분산
4. 유화

물은 식품의 주요 성분으로 식품 속에 존재한다. 물은 식품의 성분이나 조미료 등을 용해시키는 용매나 분산 매개체로 작용하며, 식품 재료를 세정하거나 건조식품에 수분을 흡수시키고, 여러 가지 조미성분을 식품에 침투시키며, 좋지 않은 맛성분을 제거하는 등 조리 시 여러 가지 중요한 역할을 한다. 또한 물은 식품의 품질에 영향을 미치고, 부패의 원인이 되기도 한다.

1. 물

1) 물의 상태

물의 구조는 두 개의 수소원자(H^+)와 한 개의 산소원자(O^{2-})가 존재하는데 산소가 공유전자를 더 강하게 끌어당기기 때문에 전자는 산소원자 쪽으로 치우쳐 극성 공유결합(H_2O)을 한다. 극성인 물분자에서 중앙의 산소원자와 2개의 수소원자들이 공유하는 전자쌍들은 다른 결합을 하지 않은 전자쌍에 밀착되어 수소원자의 핵들과 산소원자의 핵 사이의 각도는 완벽한 사면체의 109.5°가 아닌 104.5°가 된다 그림 1-1.

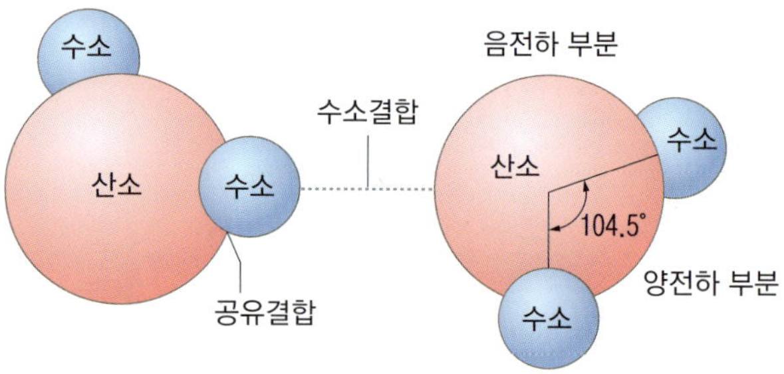

그림 1-1 **물의 구조**

물분자는 극성을 띠어 부분적인 음전하를 띠는 한 분자의 산소원자와 다른 물분자의 양전하인 수소원자 사이에 약하게 수소결합을 한다 그림 1-1. 분자 사이의 수소결합은 분자 내의 공유결합보다는 약하지만 비극성의 분자 사이에 존재하는 어떤 다른 힘보다 강하기 때문에 대기압하의 0~100°C에서는 액체상태로 존재할 수 있다.

물은 식품에 존재할 때 온도와 압력의 영향을 받으면서 고체인 얼음, 액체인 물, 기

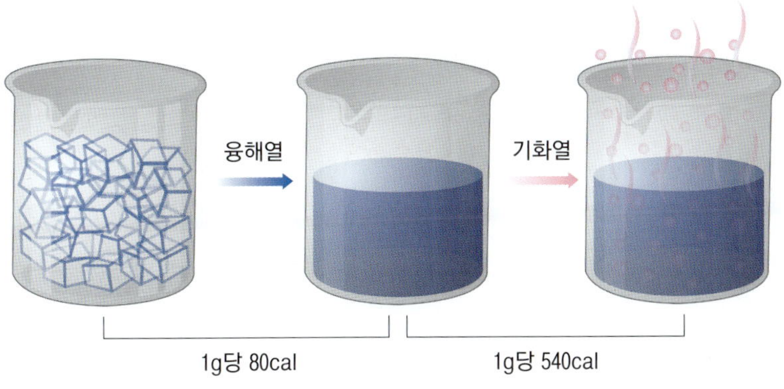

그림 1-2 **물의 상태**

체인 수증기상태로 존재할 수 있다 그림 1-2.

물이 냉각되면 4°C에서 밀도가 최대로 되어 부피가 가장 작아진다. 물이 0°C 이하가 되면 고체인 얼음으로 존재하는데 결정격자 속의 각 수소원자는 4개의 수소결합에 의해 사면체형이 되고, 열린 배열의 육각형 결정격자를 형성한다. 그리고 내부에 공간이 생겨 부피가 9% 정도 증가하고 물보다 밀도가 낮아진다. 그릇에 물을 가득 담아 얼리면 그릇 위로 얼음이 올라오게 된다. 또한 물에 얼음이 뜨고, 빙산이 바다에 떠다니는 현상이 나타난다.

물의 온도를 높이면 물분자가 더 활발하게 운동하는데 100°C 이상이 되면 물의 증기압이 대기압보다 커지면서 물의 일부가 대기중으로 날아간다. 이때 물 표면이 동

잠열이란?

어떤 물체가 온도 변화 없이 상태가 변할 때 흡수되거나 방출되는 숨은 열을 말한다. 0°C의 얼음이 녹아 0°C의 물이 될 때 80cal/g을 흡수하고, 100°C의 물이 100°C의 수증기가 되기 위해 540cal/g을 흡수한다.

비열이란?

비열은 어떤 물질 1g을 1°C 높이는 데 필요한 칼로리를 말하며, 물 1g의 온도를 14.5° C에서 15.5°C로 1° C 상승시키는 데에 필요한 열을 1cal로 정의한다. 따라서 물의 비열은 1cal/g · °C이며 국제단위계로는 4.18kJ/kg · K이다.

요가 일어나면서 끓는 현상이 일어나(비등현상) 물의 부피가 증가하므로 물을 그릇에 가득 붓고 끓이면 물이 끓어 넘치게 된다.

(1) 물의 녹는점

물의 녹는점melting point(융점)은 물이 고체인 얼음에서 액체인 물로 변하는 온도를 말한다. 물분자 사이의 강한 수소결합을 분리하기 위해서는 많은 에너지가 필요하다.

0°C의 물과 0°C의 얼음은 둘 다 같은 온도이지만 상태 변화에 필요한 에너지와 관계있는 잠열 때문에 같은 온도의 물보다 얼음이 음식을 더 오랫동안 차갑게 한다. 물의 융해열은 80cal/g으로 1.0g의 얼음을 온도 상승 없이 열에너지를 흡수하여 액체인 물로 바꾸는 데 80cal가 필요하다는 것을 의미한다. 찬물에서는 1g당 1cal를 흡수하면 온도가 1°C 높아진다.

순수한 물은 0°C에서 얼지만 물 1L에 설탕 342g(1그램분자량)을 녹인 용액의 어는점freezing point(빙점)은 −1.86°C이다. 또한 소금은 이온화되므로 설탕에 비해 어는점을 2배 정도 감소시켜 물 1L에 소금 58g을 녹이면 어는점이 약 −3.72°C 낮아진다. 이 현상은 냉동식품, 특히 냉동후식을 제조, 저장할 때 중요하다.

(2) 물의 끓는점

일정한 압력과 온도에서 물분자의 운동이 활발해져 증발되는 것을 기화라 하고, 이때의 온도를 끓는점boiling point(비점)이라 한다. 끓는점은 액체의 수증기압이 액체 위의 대기압과 같아지는 온도이며, 순수한 물은 정상 기압에서는 100°C이지만 대기압과 증기압을 변화시키면 끓는 온도가 변한다. 고도가 높아지면 대기압이 낮아져 끓는 온도가 내려간다. 100°C보다 낮은 온도에서 끓기 때문에 대기압이 1인 평지보다 조리시간이 더 오래 걸린다. 물의 끓는점은 고도가 293m 상승할 때마다 1°C씩 떨어진다. 가압냄비를 사용하거나 산의 정상에서 냄비 뚜껑에 돌을 올려놓으면 압력과 물의 끓는 온도를 높여 주어 조리시간을 단축시킬 수 있게 된다.

물이 수증기상태로 변할 때 필요한 잠열이 물의 기화열heat of vaporization이다. 물의 기화열은 1.0g의 물을 온도 변화 없이 수증기로 변화시키는 데 540cal가 필요하다.

진용액에 이온화 물질을 녹이면 증기압이 변하는데, 설탕과 소금은 증기압을 낮추므로 더 많은 열을 공급해야 이들 용액이 끓는다. 실제로 설탕용액의 끓는 온도는 물 1L에 녹아 있는 설탕 1g 분자량당 0.52°C씩 높아지고, 소금 1g 분자량이 녹아 있는 소금용액의 끓는 온도는 1.04°C씩 높아진다. 소금은 물에 녹으면 이온화되기 때문에 끓는 온도를 2배 증가시킨다. 콜로이드 분산액이나 부유상태를 형성하는 큰 입자들은 증기압에 큰 영향을 미치지 않는다.

대기압과 증기압이란?

- 대기압 : 지구를 둘러싸고 있는 대기가 그것과 접촉하고 있는 면에 대해 작용하는 단위면적당 힘으로 수은주를 760mm의 높이까지 올리므로 통상적으로 대기압의 표시는 760mmHg로 하고 이를 1기압이라고 한다.
- 증기압 : 증기가 같은 물질로 이루어진 액체 또는 고체와 평형상태일 때 증기에 의해 가해지는 압력

2) 결합수와 자유수

식품 속의 물은 자유수와 결합수로 존재한다. 자유수는 식품 중에 존재하는 물의 형태 중 가장 쉽게 접할 수 있는 물이다. 예를 들어, 과일이나 채소를 슬라이스하거나 분쇄할 때 얻을 수 있는 과즙이 있다. 과자나 빵을 굽거나 식품을 건조시키면 자유수가 쉽게 제거된다. 또한 미생물이 자유수를 이용하여 생장하면 식품이 변질될 수 있고, 0°C 이하에서는 얼음결정이 생긴다. 자유수는 염류, 당류, 수용성 단백질과 비타민 등 가용성 물질을 녹이거나 전분, 지질 등과 같은 불용성 물질을 분산시킬 수 있는 용매로 작용하는 물이다. 결합수는 식품에 탄수화물, 단백질, 지질 등과 단단히

이온수란?

순수한 물(H_2O)은 똑같은 숫자의 수소이온(H^+)과 수산화이온(OH^-)을 가지고 있어 중성을 나타내는데, 지구상의 모든 물은 순수하게 물 분자(H_2O)로만 구성되어 있지 않고, 전기적 성질을 가지고 있는 여러 가지 무기질이 함유되어 있어 전기를 통해 주면 양극(+)과 음극(−)로 나뉜다. 물을 전기분해시키면 음극(−)에서는 알칼리성 이온(Ca^{2+}, Mg^{2+}, K^+ 등)이 모여 알칼리수가 되고, 양극(+)에서는 산성이온(Cl^-, S^-, P^- 등)이 모여 산성수가 되는데 이것을 이온수라 한다.

결합된 상태로 다른 물질들과 반응할 수 없어 용매로서 작용하지 못하는 물이다. 미생물이 쉽게 이용하지 못하고, 식품으로부터 쉽게 제거되지도 않으며 0°C보다 훨씬 더 낮은 온도에서 얼고 증발하지 않는다. 그러나 자유수도 식품성분과 결합되었을 때 결합수가 되는 것을 볼 수가 있는데, 그 예로써 건조 젤라틴과 한천에 물을 넣으면 몇 분 안에 물은 더 이상 흐를 수 없게 된다.

3) 수분활성

수분활성water activity, Aw은 임의의 온도에서 식품 내 물의 수증기압을 그 온도에서 순수한 물이 가지는 수증기압으로 나눈 값으로 다음과 같은 식으로 나타낼 수 있다.

$$\text{수분활성}(A_w) = \frac{\text{식품 내 물의 수증기압}}{\text{순수한 물의 수증기압}}$$

순수한 물의 수분활성은 1이다. 그러나 식품에는 탄수화물, 단백질, 지질 등 용질이 녹아 있으므로 수분활성도는 1보다 작으며, 이때 용질의 농도가 높을수록 수분활성은 감소하게 된다.

육류나 농수산물의 수분활성은 0.95~0.99로 1.0보다 조금 낮다. 이들 식품에는 소금이나 설탕이 적게 함유되어 있어 순수한 물과 거의 비슷한 수증기압을 나타내기 때문이다. 치즈, 가염 햄, 시럽, 잼에는 소금이나 설탕이 많이 함유되어 있어 물의 수증기압이 낮기 때문에 식품의 수분활성이 0.80~0.90이다 표 1-1.

상대습도란?

상대습도는 일상생활에서 공기의 건습 정도를 나타낼 때 사용하는 습도로, 주어진 온도의 포화수증기압에 대한 실제 수증기압의 비를 백분율로 표시한 것이다. 수증기압은 대기중에 포함된 수증기의 압력이고, 포화수증기압은 주어진 온도에서 수증기를 최대로 포함했을 때의 수증기압으로 다음과 같은 식으로 나타낼 수 있다.

$$\text{상대습도}(\%) = \frac{\text{현재 수증기압}}{\text{포화수증기압}} \times 100$$

표 1-1 식품의 수분활성(A_w)과 수분함량

식품	A_w	수분함량(%)
양상추(버터헤드)	0.95~0.99	96
수박	0.95~0.99	93
쇠고기(생것)	0.95~0.99	50
숙성체다치즈	0.80~0.90	41
식빵	0.90~0.95	38
옥수수시럽	0.60~0.70	26
파운드케이크	0.90~0.95	18

출처 : Troller, J. A. and Christian, J. H. B., 1978; J. A. T. and Church, H. N., 1980

식품의 수분활성은 저장하는 동안의 상대습도에 영향을 받게 된다. 저장 시 식품의 수분활성과 상대습도에 따라 식품이 수분을 흡수하기도 하고 탈수하기도 한다. 예를 들면, 건조식품이나 과자를 밀봉하지 않고 습도가 높은 곳에 보관하면 눅눅해지거나 미생물이 생장하여 변질되는 현상, 냉장고에 과일이나 빵을 썰어서 밀봉하지 않고 두면 마르는 현상 등이 그것이다. 식품을 좋은 상태로 유지하기 위해서는 수분활성을 식품에 맞게 적절하게 유지시켜야 한다.

(1) 미생물 번식과 수분활성

식품의 저장에서 수분활성은 중요하다. 수분활성을 0.6 이하로 낮추면 미생물이 성장, 번식하기가 어렵다. 대부분의 세균은 0.90 이상에서 잘 자라며, 효모는 0.86 이상, 곰팡이는 0.60 이상에서 잘 자란다 표 1-2. 그러므로 식품을 오랫동안 저장하려면 수분활성을 0.60 이하로 낮추는 것이 좋다.

표 1-2 미생물 생육에 적당한 수분활성(A_w)

식품의 수분활성(A_w)	미생물의 종류
0.85~1.0	세균
0.86~0.91 : 0.60~0.65	효모
0.80~0.87 : 0.60~0.75	곰팡이

(2) 수분활성과 식품의 저장

수분활성은 식품의 변질과 안전성에 영향을 주므로 식품을 저장할 때는 수분활성을 조절해야 한다. 가장 오래된 저장방법인 건조는 수분을 증발시켜 수분활성을 낮추는 것이며, 냉동은 식품의 수분을 얼음 형태로 만들어 수분활성을 낮추는 것이다. 소금을 이용한 염장법이나 설탕을 이용한 당장법은 용질의 농도(소금, 설탕)를 높여 식품 내 수분활성을 낮추어 식품의 저장성을 높인 것으로 장아찌, 굴비, 햄, 잼 등에 널리 사용되고 있다.

4) 물의 경도와 조리

물은 지표면에 존재하는 칼슘염이나 마그네슘염 등이 용해되어 있어 탄산염이나 황산염의 함량에 따라 경수와 연수로 나눌 수 있다. 경도hardness는 물의 세기 정도를 말하는데, 보통 물 100mL 속에 산화칼슘이 1mg 포함되어 있는 것을 세기 1도라 하고, 마그네슘의 경우는 칼슘으로 환산(산화마그네슘 1.4mg = 산화칼슘 1mg)한 값으로 계산한다. 일반적으로 세기 10도 이하의 물을 연수라 하고, 세기 20도 이상의 물을 경수라 한다.

연수는 비누가 잘 풀리고 보일러 등의 사용에도 침전물이 생기지 않아 문제를 일으키지 않는다. 강물이나 빗물, 수돗물, 증류수가 연수에 해당된다.

경수는 칼슘이온, 마그네슘이온이 만드는 앙금 때문에 비누가 잘 풀리지 않고, 식수로 사용하거나 보일러에 사용하면 문제를 일으킨다. 경수에는 일시적 경수와 영구적 경수가 있는데 일시적 경수는 칼슘이나 마그네슘의 중탄산염이 들어 있어 가열하면 염의 일부가 침전되면서 연수로 변한다. 영구적 경수는 칼슘이나 마그네슘의 황산염이 들어 있고 가열해도 침전되지 않는다. 경수로 차를 끓이면 경수의 염과 차의 탄닌이 반응하여 차를 혼탁하게 하고, 마른 콩을 경수로 삶으면 칼슘이 콩의 수분 흡수와 연화를 방해하여 쉽게 물러지지 않는다. 그러나 영구적 경수도 약품 처리나 이온교환수지를 통해 연수로 만들 수 있다.

2. 물의 역할

식품에서 물은 0~95% 정도 차지하고 있다. 예를 들어, 순수한 기름은 0%, 과일, 채소, 고기는 70~95% 정도가 물이다 표 1-3.

표 1-3 식품 중의 수분함량

식품명	수분함량(%)	식품명	수분함량(%)
오이	91~96	떡	41~50
수박	91~94	식빵	36~38
상추	92~93	딸기잼	35~36
청포묵	90~91	옥수수시럽	26~30
오렌지주스	88~89	파운드케이크	18~25
우유	87~88	건포도	20~21
사과	83~86	건오징어	15~20
두부	83~84	버터	12~15
달걀	74~76	쌀	11~15
쇠고기	63~70	옥수수전분	11~12
고등어	57~68	라면	5~8
밥	63~65	콩기름	0

1) 열 전달매체로서의 물

물이 없는 냄비에 감자나 고구마를 넣고 불로 가열하면 감자나 고구마가 익기보다는 타는 냄새가 먼저 난다. 하지만 냄비에 물을 넣고 감자나 고구마를 익힌다면 물이 냄비 바닥의 열을 흡수하여 감자나 고구마를 태우지 않고 익힐 수 있다.

2) 용매와 분산매로서의 물

물은 매우 다양한 물질을 용해할 수 있는 용매로 작용한다. 예를 들어, 과일 시럽이나 잼을 만들 때 설탕은 과일의 자유수에 의해 용해된다. 또한 찻잎이나 커피콩의 향기 분자들을 용해시켜 음료 제조에 이용된다. 비타민이나 무기질 등 수용성 영양소들은 조리되는 물에 용해되어 음식을 준비하는 과정 중에 손실될 수도 있고, 쓴맛과 아린맛을 내는 성분들은 물에 용해되어 일부 제거될 수 있다.

3. 식품의 분산

식품은 둘 이상의 물질로 이루어진 분산상태로 식품의 종류에 따라 분산된 입자의 크기가 다르다. 식품의 분산은 진용액, 콜로이드 분산액, 부유상태로 나눈다.

1) 진용액

진용액을 이루는 입자의 크기는 1nm 이하의 작은 분자나 이온이 용해된 것으로 가장 안정한 상태이다. 조리에서 소금이나 설탕은 물에 용해되어 진용액을 형성하는데 설탕은 분자상태로 분산되고, 소금은 나트륨이온과 염소이온으로 분산된다.

용액solution은 일정한 온도에서 어떤 물질이 다른 한 물질 속에 용해되었을 때 균질상태를 형성한 것(예 : 설탕물, 소금물)이다. 용매solvent는 용액에서 용해시키는 물질(예 : 물)이며, 용질solute은 용액에서 용해되는 물질(예 : 설탕, 소금)을 말한다. 일정 온도에서 용매 100g에 용해되어 포화용액을 만드는 용질의 양을 용해도라고 한다. 용해도는 용질의 종류, 온도 등의 영향을 받는데 온도가 높아지면 용해도가 증가한다. 따라서 10°C의 용매보다 50°C의 용매에서 설탕이나 소금 등의 용질을 더 많이 녹일 수 있다 표 1-4. 반면에 기체의 용해도는 온도가 낮을수록 증가한다. 차가운 탄산음료가 더 상쾌하게 느껴지는 것은 온도가 낮을수록 더 많은 탄산가스가 녹아 있기 때문이다.

표 1-4 **용액의 종류**

용액의 종류	특징
불포화용액	일정 온도에서 용매가 용해시킬 수 있는 양보다 적은 용질이 녹아 있는 용액
포화용액	일정한 온도에서 더 이상의 용질이 녹을 수 없는 상태의 용액
과포화용액	일정한 온도에서 용매가 용해시킬 수 있는 양보다 많은 용질이 녹아 있는 불안정한 상태로 용질과 용매가 분리하려는 경향이 큰 용액

2) 콜로이드 분산액

콜로이드 분산액을 구성하는 입자의 크기는 1~100nm로 분산매와 분산질 두 개의 상으로 이루어지며 이들은 고체, 액체, 또는 기체로 구성되어 있다. 콜로이드 입자는 진용액(이온 또는 분자로 존재)보다 크며, 콜로이드 분산액에서 고체는 단백질과 같은 매우 큰 분자이거나, 이온 또는 단백질의 덩어리로 매우 크지만 부유상태보다 작아서 용해되거나 침전되지 않고 액체에 분산상태로 존재할 수 있다. 예로, 우유, 두유, 젤라틴 용액은 단백질이 콜로이드 분산액을 형성한다 표 1-5.

콜로이드 분산액을 형성하는 분산물질 입자는 브라운운동에 의해 모든 방향으로 움직이기 때문에 분자들끼리 부딪쳐 가라앉지 않고 안정성을 띤다. 친수성 콜로이드 분산액은 분산물질에 분산매인 수분을 흡착하는 것으로 서로 합쳐지는 것을 방지하여 안정성을 유지한다. 소수성 콜로이드 분산액은 수분을 흡수하지 않아 전해질을 가하면 쉽게 안정성이 깨져 응결현상을 일으킨다. 예로, 우유나 두유에 산, 무기염 등을 첨가하여 치즈, 두부 등을 제조한다.

분산매와 분산질이란?

- 분산매(연속상, dispersing medium) : 분산질이 흩어져 있도록 하는 하나의 연속된 물질
- 분산질(분산상, dispersed phase) : 작은 단위로 쪼개져 다른 연속된 물질 중에 흩어져 있는 것

표 1-5 식품의 분산상태

종류		입자 크기(nm)	분산매(연속상)	분산질(분산상)	예
진용액		1 이하	액체	고체	설탕물, 소금물
콜로이드 용액	졸(sol)	1~100	액체	고체	사골국, 젤라틴 용액, 그레이비 소스, 우유
	젤(gel)		고체	액체	젤리, 묵, 두부, 치즈, 달걀찜, 족편, 구운 커스터드
거품(foam)			액체	기체	맥주, 사이다, 난백거품
유화(emulsion)			액체	액체	샐러드 드레싱, 마요네즈
부유상태		100 이상	액체	고체	된장국, 전분액

(1) 콜로이드 분산액의 안정성

① 입자의 전하

콜로이드 입자는 진용액에 비해 비교적 큰 용질 입자를 가지고 있지만, 유리상태의 아미노기와 카복실기에 의하여 표면에 양전하나 음전하를 띠고 있다. 표면의 전하는 콜로이드 입자끼리 가까이 접근할 때 같은 전하 간의 반발력을 통해 안정한 분산상태를 유지할 수 있도록 도와준다.

② 브라운운동

기체나 액체에 분산되어 있는 콜로이드 입자는 상하좌우로 활발하게 지속적으로 움직이며 서로 충돌하여 앞뒤로 반발되어 나가는 불규칙한 운동인 브라운운동을 하고 있다. 브라운운동은 콜로이드 분산액의 입자가 좀더 커지고 온도가 낮아지거나 점성이 증가하면 감소된다.

③ 입자의 수화

연속상이 물인 콜로이드 분산액에서 물에 대한 친화력이 좋은 것을 친수 콜로이드, 물에 대한 친화력이 좋지 않아 쉽게 결합하지 못하는 것을 소수 콜로이드라고 한다. 친수 콜로이드의 입자는 두꺼운 물분자 층으로 둘러싸여 브라운운동에 의해 입자가 가까워졌을 때 침전되지 않고 분산되도록 도와준다. 그러나 친수 콜로이드에 비해 안정성이 떨어지는 소수 콜로이드는 소량의 염을 가하면 쉽게 침전한다. 소수 콜로이드는 소량의 친수 콜로이드를 가하여 안정화시킬 수 있는데 이때 첨가된 친수 콜로이드를 보호 콜로이드라고 한다.

(2) 졸과 젤

졸은 액체에 고체가 분산된 콜로이드 분산액으로 연속상이 액체이므로 흐를 수 있다. 젤은 연속상인 고체에 액체가 분산된 콜로이드 분산액으로 흐르지 않는다. 졸은 온도가 높을수록, 고체의 농도가 낮을수록 잘 흐른다 그림 1-3. 대표적 졸에는 사골국, 젤라틴 용액, 우유, 그레이비 소스, 기타 걸쭉한 소스 등이 있다. 일부 졸을 냉각시키면 분산상이 액체이고 연속상이 고체인 젤을 만들 수 있다. 대표적 젤에는 묵, 푸딩, 젤리 등이 있다. 또한 젤을 오랜 기간 방치하면 젤 내부에 갇혀 있던 물의 일부

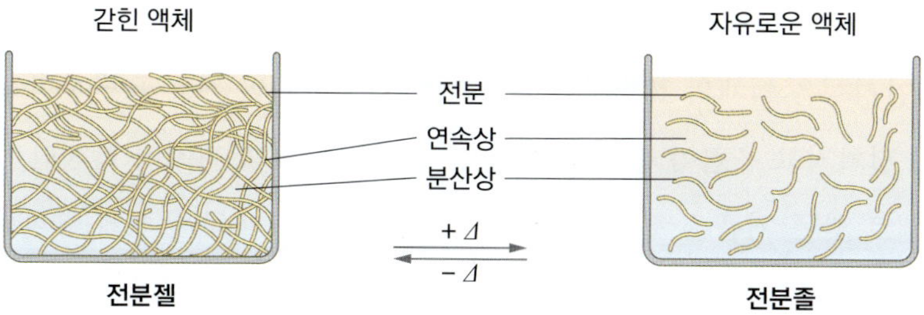

전분젤에서 전분은 연속상이고 액체는 분산상이다. 졸은 반대로 전분이 분산상이고 액체가 연속상이다.

그림 1-3 **전분졸과 전분젤**

젤 만들기

- 묵 : 전분 호화액인 졸의 점성을 낮추고 냉각하여 젤 상태로 만든 것
- 푸딩 : 단백질인 젤라틴과 과즙 혼합액을 가열하여 만든 졸을 냉각시켜 젤 상태로 만든 것
- 젤리 : 설탕과 펙틴을 함유한 과즙 혼합액을 가열하여 만든 졸을 냉각시켜 젤 상태로 만든 것

가 빠져나오는 이액현상을 볼 수 있다.

(3) 거품

거품은 액체에 기체가 분산되어 있는 것으로 종종 유화액이 존재하기도 한다. 조리에 주로 이용되는 거품은 된크림heavy cream, 난백, 젤라틴으로 만든 것이다. 난백거품은 연속상의 액체인 난백에 기체인 공기가 분산되어 형성된 거품을 말하며, 변성된 난백단백질이 유화제의 역할을 하여 분산된 공기를 둘러싸 거품벽을 단단하게 함

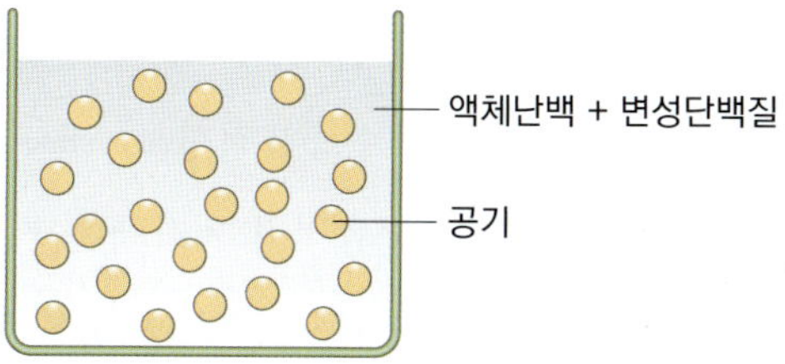

물(분산상), 기름(연속상)

그림 1-4 **난백거품**

으로써 안정화된다 그림 1-4.

거품의 안정성은 액체의 표면장력과 증기압의 영향을 받는다. 표면장력이 작은 액체는 쉽게 펼쳐지고 응집이 잘 일어나지 않아 거품이 쉽게 꺼지지 않지만, 표면장력이 큰 액체로 만든 거품은 쉽게 꺼진다. 증기압이 높은 액체는 쉽게 증발하여 액체 안에 갇혀 있던 공기가 쉽게 달아나 결국 거품이 쉽게 꺼져 버린다. 따라서 표면장력과 증기압이 낮은 액체를 사용해야 안정한 거품을 만들 수 있다.

휘핑크림은 냉각된 상태에서 휘핑해야 거품이 잘 생기는데 이는 고체 지방입자가 거품을 안정화시키기 때문이다. 크림을 휘핑할 때 공기는 크림 속으로 혼입되고 크림의 단백질은 유화제로 작용한다. 액체가 걸쭉할수록 더 좋은 거품을 만들어 주므로 우유보다 크림이 더 좋은 거품을 만든다.

3) 부유상태

부유상태를 형성하는 입자의 직경은 100nm 이상으로 콜로이드 입자보다 커서 물에 용해되지 않고 저어주면 부유상태를 유지하지만, 젓지 않고 그대로 두면 중력에 의해 쉽게 가라앉는다. 예를 들어, 찬물에 전분이나 밀가루를 풀고 저어 놓은 상태가 부유상태이다. 부유상태를 유지하기 위해서는 계속 젓거나 흔들어 주어야 한다.

4. 유화

기름과 물처럼 서로 섞이지 않는 물질을 젓기, 교반, 흔들기와 같은 물리적 방법이나 다른 물질을 첨가하여 작은 물방울로 분산된 콜로이드 분산액을 만드는데 이를 유화라고 하며, 이때 유화를 안정화시키기 위해 첨가한 물질을 유화제라고 한다. 유화액은 연속상과 비연속상의 종류에 따라 수중유적형oil in water, O/W 유화액과 유중수적형water in oil, W/O 유화액으로 나뉜다. 수중유적형 유화액은 기름보다 물에 더 큰 친화력을 보여 연속상인 물에 기름방울이 분산된 것으로 마요네즈, 생크림이 대표적이고, 유중수적형 유화액은 물보다 기름에 더 큰 친화력을 보여 연속상인 기름에 물이 분산된 것으로 버터, 마가린 등이 있다.

유화 안정성은 연속상의 점도, 유화제의 존재와 농도, 방울의 크기, 분산매에 대한 분산질의 비율에 의해 결정되는데 유화의 형성과 안정성에 영향을 주는 가장 중요한 인자는 유화제의 존재이다.

유화제의 특성은 유화액의 종류에 영향을 준다. 조리에 널리 사용되는 대표적 유화제는 마요네즈를 만들 때 사용되는 난황으로, 난황은 친수성과 친유성을 모두 갖는 레시틴과 단백질을 함유하고 있기 때문이다.

HLB 값hydrophilic-lipophilic balance은 유화제의 친수성과 소수성의 비율이며, 보통 계면활성제(유화제)의 친수성을 숫자 20점 척도로 나타낸다. HLB 값이 8~18인 유화제는 수중유적형 유화액 형성에 적합하고, HLB 값이 3~6인 유화제는 유중수적형에 적합하다. 친수성과 소수성의 힘의 균형에 따라 세정, 유화 또는 침윤 등의 특징을 나타낸다.

유화액은 영구적 유화액, 반영구적 유화액, 일시적 유화액으로 나눌 수 있다. 분리가 잘 일어나지 않아 매우 안정한 영구적 유화액으로는 점성이 가장 큰 마요네즈, 버터, 마가린 등이 해당되며, 반영구적 유화액에는 설탕시럽이나 꿀을 사용하여 만든 샐러드 드레싱 등이 있다. 유화제가 거의 없고 점성이 매우 낮아 쉽게 분리되는 일시적 유화액은 프렌치 드레싱 등이 해당된다. 유화액은 그 안정성에 따라 유화제가 분산된 모든 방울을 둘러싸게 되는데 일시적 유화액과 같이 매우 불안정한 유화액은 유화제가 거의 없고 점성이 매우 낮아 쉽게 분리되는 현상을 보인다.

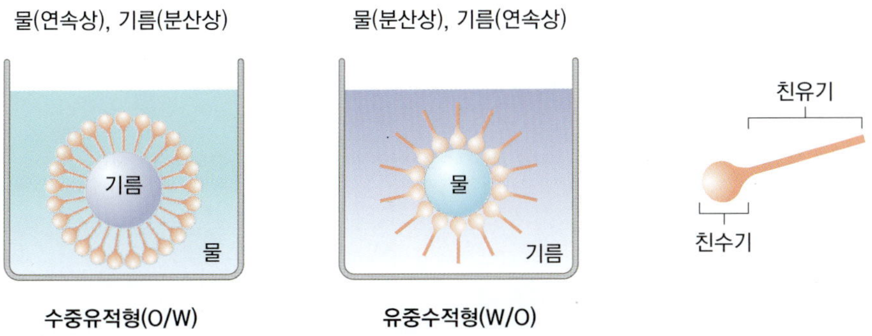

그림 1-5 수중유적형 유화액과 유중수적형 유화액

CHAPTER

2

조리 준비와 열

1. 계량
2. 열의 전달
3. 기본 조리법
4. 조리기구

계량은 정확한 조리를 하기 위한 첫 단계이다. 맛있는 조리를 하려면 필요한 재료를 정확하게 배합하는 것이 매우 중요하다. 계량기구의 올바른 사용법과 정확한 계량은 각 재료의 정확한 양을 배합할 수 있어 조리시간의 절약과 식품 재료의 낭비를 막을 수 있고, 또한 재현이 필요한 조리의 연출이 가능하다. 그러므로 계량하고자 하는 식품에 따라 적절한 계량기구의 선택과 정확한 계량법을 익히는 것이 중요하다. 일반적으로 계량은 부피보다는 무게로 재는 것이 정확하다.

1. 계량

1) 계량기구

(1) 계량스푼과 계량컵

계량스푼은 1큰술table spoon, Ts, 15mL, 1작은술tea spoon, tsp, 5mL, 1/2작은술, 1/4작은술로 구성되어 있다.

계량컵은 투명컵과 불투명컵이 있으며, 할편계량컵의 용량은 1컵cup, C(240mL, 한국 200mL), 3/4컵(150mL), 1/2컵(100mL), 1/4컵(50mL)으로 나눈다. 1컵의 국제표준단위는 표준쿼트측정법에 기초한 1/4쿼트(256.6mL)를 사용하고 있다. 그러나 한국에서는 표준도량형 기준에 따라 1컵을 200mL로 사용하고 있다 그림 2-1.

계량 비교

1컵(240mL) = 16큰술
1큰술(15mL) = 3작은술
1작은술 = 5mL

(2) 저울

① 아날로그 저울 계량

아날로그 저울을 수평한 곳에 놓고 저울의 눈금을 '0'으로 맞춘 다음 식품을 저울의 중앙에 놓고 저울 중앙의 바늘이 정지하였을 때 정면에서 눈금을 읽는다.

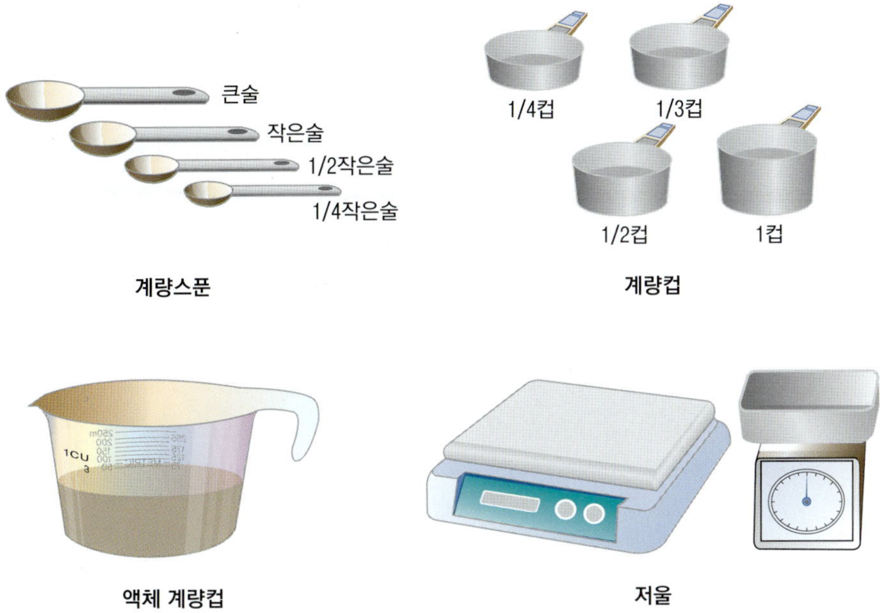

그림 2-1 **계량에 사용되는 기구**

② 디지털 저울 계량

아날로그 저울보다 정확히 잴 수 있다. 식품을 담는 용기를 저울에 올려 눈금을 '0'으로 맞춘 후 식품 재료를 용기에 올려 무게를 잰다. 저울의 눈금이 식품의 무게가 된다 그림 2-2.

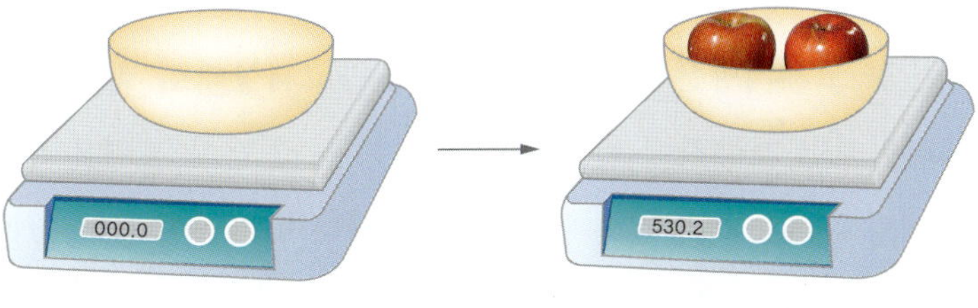

그림 2-2 **디지털 저울의 무게 측정방법**

2) 계량법

(1) 밀가루

밀가루는 체로 쳐 입자를 고르게 분산시킨 다음, 계량컵이나 계량스푼에 수북하게 담아 스패튤러 등을 이용, 표면이 고루 되게 수평으로 깎은 후 계량한다. 통밀가루, 전밀가루, 밀배아, 고운 빵가루 등은 체로 치지 않고 잘 휘저은 후 계량해도 된다 그림 2-3.

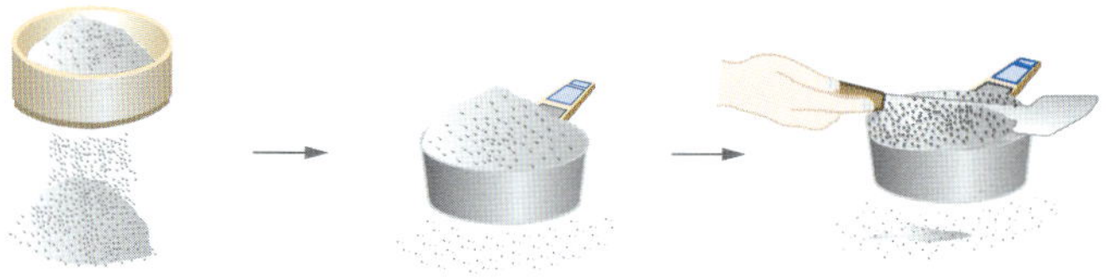

그림 2-3 **밀가루 계량법**

(2) 설탕

흰설탕은 덩어리 없이 곱게 부순 다음 계량컵에 수북이 담아 스패튤러로 표면을 편평하게 깎은 후 계량한다. 흑설탕은 입자끼리 서로 달라붙는 성질이 있으므로 계량컵에 꾹꾹 눌러 담아(컵을 뒤집었을 때 컵 모양이 되도록) 스패튤러로 표면을 수평으로 깎은 후 계량한다. 분설탕은 체로 친 다음 계량하는 것이 좋다.

(3) 지방

버터, 마가린 등 고체지방은 미리 실온에 두어 반고체상태로 부드럽게 만든다. 어느 정도 부드러워지면 계량컵에 빈 공간이 없도록 눌러 담아 표면을 수평으로 깎은 후 계량한다. 계량 후에는 계량컵의 안쪽 벽에 버터나 마가린이 남아 있지 않도록 부드러운 고무주걱으로 완전히 긁어내야 한다.

(4) 액체

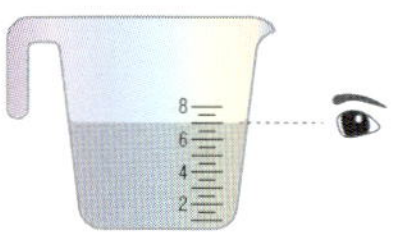

액체를 계량할 때는 용기 속 액체의 표면 아랫부분이 계량값이다. 계량컵 안의 액체는 눈과 수평을 맞췄을 때 오목한 곡면을 이루고 있다. 액체의 계량값은 바로 이 곡면의 밑부분을 의미한다. 조청, 꿀이나 물엿 등 점성이 높은 액체는 분할된 계량컵

을 사용하는 것이 좋고, 그릇으로 옮길 때도 부드러운 고무주걱으로 여분이 남지 않도록 잘 긁어 옮겨야 한다. 달걀의 부피나 무게를 잴 때는 달걀을 깨뜨려 난백과 난황을 잘 섞은 후 계량한다.

(5) 기타

양이 적은 향신료나 소금, 베이킹소다, 베이킹파우더 등을 계량할 때는 덩어리가 지지 않도록 해야 하며, 밀가루와 마찬가지로 계량스푼에 수북하게 담아 수평으로 깎은 후 계량한다. 표 2-1 에 여러 가지 조미료의 부피 계량을 무게로 환산하였다.

견과류, 채소, 과일 다진 것, 건포도, 치즈 간 것 등은 누르지 말고 가볍게 담아 측정해야 한다. 쌀, 팥 등 입자형 식품은 컵에 가득 담아 살짝 흔들어 고루 분포시킨 후 윗면을 수평이 되도록 깎은 다음 계량한다.

표 2-1 조미료의 부피와 무게

(단위 : g)

식품명	1컵 (C)	1큰술 (Ts)	1작은술 (tsp)	식품명	1컵 (C)	1큰술 (Ts)	1작은술 (tsp)
물	200	15	5	밀가루	100	8	3
간장	230	18	6	설탕	160	10	4
된장	230	18	6	소금	200	15	5
고추장	230	18	6	후춧가루	120	9	3
고춧가루	80	6	2	깨소금	120	8	3
다진 파	120	9	3	식초	200	15	5
다진 마늘	120	9	3	식용유	180	13	4
다진 생강	120	9	3	마요네즈	190	14	4

2. 열의 전달

열은 물질을 이루고 있는 원자와 분자의 운동에 의한 에너지이다. 열의 세기는 분자의 운동 정도에 따라 달라지며 그 값은 온도로 나타낸다. 온도를 나타내는 단위로는 섭씨celsius, ℃와 화씨fahrenheit, ℉, 절대온도kelvin, K가 있으며, 조리에 사용되는 온도

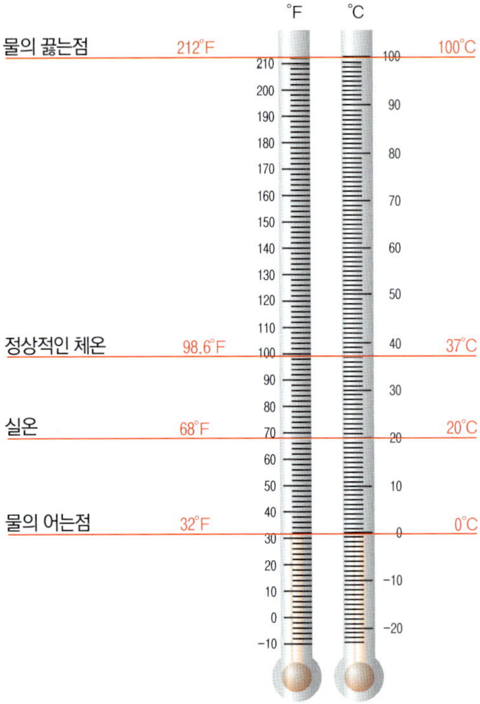

그림 2-4 **화씨 온도계와 섭씨 온도계**

> **섭씨와 화씨의 상호 환산법**
>
> • 섭씨(Celsius, °C) $= \frac{5}{9}(°F - 32)$
>
> • 화씨(Fahrenheit, °F) $= \frac{9}{5}°C + 32$

단위는 섭씨celsius, °C와 화씨fahrenheit, °F이다. 섭씨는 물의 끓는점(100°C)과 어는점(0°C) 사이를 균등하게 100으로 나누어 놓은 것이고, 화씨는 물의 끓는점(212°F)과 어는점(32°F) 사이를 균등하게 180으로 나눈 것이다 그림 2-4.

1) 전통적 열 전달방법

조리에서 열이 식품으로 전달되는 것은 전도, 대류, 복사 등의 과정에 의한다. 열의 전달은 식품을 더욱 맛있게 만들어 주거나 여러 식품에 변화를 일으켜 조리에 영향을 미친다.

(1) 전도

전도는 물체가 열원에 직접 접촉되었을 때 열에너지가 분자의 충돌에 의해 그 물체를 따라 이동하여 전달된다. 두 물질이 접촉되었을 때 뜨거운 쪽의 열에너지가 상대적으로 낮은 온도를 형성하고 있는 물질로 이동하는 것이다. 따라서 조리에 있어 열이 효율적으로 전도되려면 냄비 바닥이 편평한 것을 사용하는 것이 좋다.

열전도율이 큰 것은 열을 빨리 전달하는 대신 보온성이 적다. 국을 빨리 끓이기 위해서는 열전도율이 높은 금속용기가 좋고, 보온을 필요로 하는 것은 열전도율이 낮은 것이 좋다. 전도는 다른 열 전달방법보다 비교적 느리다. 전도에 의한 조리의 예로 팬케이크가 있다.

(2) 대류

대류에 의한 열의 전달은 액체나 기체의 순환으로 이루어진다. 오븐이나 에어프라이어 내의 공기, 냄비의 물 또는 기름 등을 가열하면 이들의 흐름이 형성된다. 공기나 물이 가열되면 밀도가 낮아진 더운 공기나 물은 위로 올라가고 위쪽의 밀도가 높은 찬 공기나 물이 아래로 내려와 열원과 접촉하게 된다. 대류라고 부르는 순환 흐름은 전체 액체가 똑같이 가열될 때까지 지속된다.

대류에 의해 오븐 내 온도는 위치에 따라 조금씩 차이를 보인다. 한 개의 케이크를 구울 때는 케이크 팬을 한가운데 놓고 두 개 이상의 케이크를 구울 때는 열의 대류에 방해되지 않도록 엇갈리게 놓아야 한다. 에어프라이어는 열원이 상부에 있으며 강력한 모터로 공기를 바르게 순환시키는 대류식으로 오븐보다 크기가 작아 공기를 빨리 순화시켜 조리시간을 단축시킨다.

에어프라이어의 대류

대류에 의한 조리로는 물에 삶거나 찌는 요리, 뜨거운 공기의 흐름으로 순환되는 오븐, 에어프라이어 요리가 해당된다.

(3) 복사

복사는 양자에너지가 전자기파의 형태로 이동하여 식품에 열을 전달하는 방법으로 복사열의 이동속도는 빛의 이동속도와 같으며 열 전달매체 없이 직접 전달된다. 석쇠의 숯불구이, 브로일링, 로스팅, 토스터기의 빵, 그릴 위의 스테이크 등은 복사에 의해 열이 전달되는 대표적인 예이다.

표면이 거칠고 어두운 색을 띠는 용기는 복사열을 잘 흡수하고 표면이 매끈하고 반짝거리며 밝은 빛을 띠는 용기는 복사열을 반사하는 경향이 있어 잘 흡수하지 못한다. 투명한 오븐용 유리용기인 파이렉스는 복사열을 잘 투과하여 식품 표면에 흡수되도록 한다. 한편 오븐 내의 일부 복사열은 오븐 내 공기에 흡수되어 대류의 형성을 돕는다.

2) 마이크로웨이브

1950년대부터 사용되기 시작한 마이크로웨이브는 전자레인지를 사용하여 편의식품 조리를 비롯한 다양한 조리에 이용되고 있다. 마이크로웨이브는 복사를 이용하여 식품에 직접 열을 전달하는데 일반 복사방법과는 달리 식품 내부의 물이나 지방 분자에 에너지를 전달해서 열을 발생시켜 식품의 온도를 올리는 특징이 있다.

마이크로웨이브는 적외선보다 파장이 짧은 극초단파로 공기, 유리, 종이, 플라스틱 등은 투과하지만 금속은 이를 반사하는 성질이 있다.

마이크로웨이브로 조리할 때는 지나친 수분 증발을 막기 위해 뚜껑을 덮거나 랩을 씌워 조리하고, 이때 일부 수증기가 제거될 수 있도록 뚜껑을 조금 열어두거나 랩에 작은 구멍을 뚫어 가열한다. 금속용기는 마이크로웨이브를 반사하여 마그네트론을 상하게 하며, 접시 등에 금속 줄무늬가 있으면 이 부분이 타므로 마이크로웨이브 조리에 사용하면 안된다.

3) 유도가열

인덕션은 음식이 조리되는 표면 바로 아래에 위치한 인덕션 코일에서 발생하는 고효율의 자기장을 이용하는 고주파 유도가열 조리기구이다. 전자유도 가열방식으로 코일을 통과하는 전기에너지를 통해 자기장이 발생하면 자성에 반응하는 철제 조리도구는 자성과 반응하여 도구 자체만을 뜨겁게 만든다. 반면, 인덕션 자체에서 열을 내는 게 아니므로 도자기 및 유리로 된 조리대 표면은 열이 발생하지 않아 불필요한 에너지의 낭비가 없다. 이와 같이 인덕션과 직접 반응하여 가열된 조리도구는 열을 식품에 전달한다.

4) 열 전달매체

식품의 조리에서 열을 전달하는 매체에는 물, 기름, 공기, 수증기 등이 있다.

(1) 물

물은 끓이기, 삶기 등과 같은 습열조리에서 열을 전달하는 매체로, 열원에서 냄비를 통해 전달된 열이 물을 통해 식품으로 이동한다.

(2) 수증기

수증기는 찌기와 같은 습열조리를 할 때 열을 전달하는 매체이다. 물이 수증기로 변할 때 물 1g당 540cal의 기화열을 흡수하므로 식품에 수증기가 닿으면 기화열이 전달되어 식품이 가열된다. 뜨거운 물이나 국은 저으면 빨리 식는데, 이것은 기화열을 가진 수증기가 밖으로 빠져나가는 것을 도와주기 때문이다.

(3) 유지

유지는 볶기, 튀기기와 같은 건열조리에서 열 전달매체로 사용된다. 유지는 물보다 높은 온도로 가열되므로 물에 비해 많은 열을 전달할 수 있다.

(4) 공기

공기는 굽기, 로스팅, 브로일링, 에어프라이 요리 등과 같은 건열조리 시 열을 전달하는 매체이다. 물이나 기름에 비해 열 전달속도가 매우 느리다. 최근 일반 가정에서 많이 사용하는 에어프라이어는 밀폐된 기기에 팬을 달아 기기 내의 뜨거운 공기를 빠르게 순환 시켜 오븐보다 조리시간을 단축시킨다.

3. 기본 조리법

1) 기본 조리조작

(1) 다듬기

다듬기는 식품 재료를 조리할 수 있도록 전처리하는 과정으로 먹을 수 없는 부분을 제거하는 것을 말한다. 폐기율은 식품 전체 무게에 대해 폐기되는 식품의 무게를 백분율로 나타낸 것이다.

$$폐기율(\%) = \frac{폐기되는\ 식품의\ 무게(g)}{식품\ 전체의\ 무게(g)} \times 100$$

(2) 씻기

위생적으로 안전한 식품을 만들기 위해 식품 표면에 부착되어 있는 이물질을 제거하는 과정이다. 또한 씻기는 식품의 색깔, 외관, 맛을 좋게 한다. 식품 재료는 가능한 단시간에 씻고 깨끗이 헹구어 식품의 유해물질이나 나쁜 맛을 내는 성분을 제거하도록 해야 한다. 어패류 등은 2~3%의 소금물을 이용, 표면의 점액질이나 세균을 제거하고, 비늘, 지느러미, 내장 등을 제거한 후 씻는 것이 좋다. 표면이 매끈하지 않은 과일이나 채소 등은 채소 전문 세정제를 사용하여 씻고 세제가 식품에 남지 않도록 해야 한다.

또한 수용성 성분의 손실을 줄이기 위해 썰기 전에 씻는 것이 바람직하고 씻는 횟수도 가능한 적을수록 좋다.

묵은쌀 씻는 요령

1. 쌀 분량의 2~3배 물을 붓고 가볍게 빨리 씻고 물을 버린다.
2. 씻기 2회 때 식초 한 방울을 넣고 비벼 씻은 후 물을 버리고 다시 물을 부어 헹구어 낸다.
3. 적당량의 물을 부어 30분 정도 담가 두었다가 밥을 짓는다.

(3) 담그기

식품을 물이나 조미액에 담그는 과정으로 건조식품의 수분 재흡수 및 변색 방지, 텍스처 향상, 조미성분의 침투, 좋지 않은 맛성분 제거 등의 효과가 있다.

① 건조식품의 수분 재흡수

건조된 곡류, 두류, 채소류, 버섯류, 어패류, 해조류 등은 일정시간 물에 담가 수분을 흡수시킨 후 조리해야 조직이 연화되고 팽윤하여 열전도가 쉽고 조리 후 맛이 좋아진다. 흡수량은 흡수속도와 흡수시간에 의해 결정된다. 건조식품의 흡수속도는 식품의 종류, 건조상태 등에 따라 다르나 보통 물의 온도가 높을수록, 표면적이 넓을수록 수분 흡수가 빠르다. 팥은 수분 흡수속도가 느리므로 삶으면서 물을 흡수시키는 것이 더 좋다. 표 2-2는 건조식품을 불릴 경우 증가되는 무게를 나타내었다.

표 2-2 **건조식품의 수분 재흡수 후의 무게**

식품명	무게 증가(배)	식품명	무게 증가(배)
해삼	11~12	호박오가리	5~6
목이버섯	9~10	표고버섯	4~5
미역	6~7	콩	2~3
다시마	5~6	팥	2~3
무말랭이	5~6	석이버섯	2~3

② 변색 방지

사과, 감자, 연근, 우엉, 밤 등의 껍질을 벗겨 공기 중에 방치하면 갈색으로 변하는데 이는 폴리페놀 산화효소가 공기 중의 산소에 의해 활성화되어 이들 조직에 들어있는 폴리페놀 화합물을 산화시켰기 때문이다. 이와 같은 갈변현상을 방지하려면 껍질을 벗긴 후 물, 소금물, 설탕물, 식초물 등에 담가 공기와 접촉하지 못하도록 하면 효소의 활성이 억제되어 변색을 방지할 수 있다. 껍질 벗긴 우엉은 식초물에 담가 두고, 죽순은 쌀뜨물에 담가 두면 산화가 방지되어 흰색을 유지할 수 있다.

③ 텍스처 향상

볶음용 감자는 채를 썰어 물에 담가 두면 단단해져 볶은 후에도 물러지지 않고 제 모양을 유지할 수 있다. 또한 샐러드를 만들 때 채소를 찬물에 담갔다 사용하면 아삭아삭함이 더해진다.

④ 조미성분의 침투

조림을 할 때 조미액에 재료를 담가 두면 삼투압작용에 의해 맛성분이 식품 전체로 고루 스며들어 맛이 더 좋아진다. 조미료를 다양하게 넣을 때에는 분자량이 큰 것부터 넣어야 침투효과가 높다. 예를 들어, 설탕, 소금, 간장, 식초 등의 조미료를 사용할 때 설탕을 먼저 넣고 소금, 식초, 간장 순으로 넣어야 한다. 또한 녹색채소를 이용한 초무침요리는 요리를 먹기 직전에 식초를 넣어야 선명한 녹색을 유지할 수 있다.

⑤ 좋지 않은 맛성분의 제거

도라지, 고사리, 우엉, 토란 등의 떫은맛이나 쓴맛, 아린맛 성분 등은 물에 담가 제거할 수 있다. 자반고등어, 염장다시마 등과 같은 짠맛이 강한 염장식품은 물에 담가 염분의 일부를 용출시킨 후 조리한다.

(4) 썰기

썰기는 식품 재료를 조리에 알맞게 토막내는 과정으로 식품 재료의 표면적을 증가시켜 열 전달을 빠르게 하고 조미료가 잘 스며들게 한다. 또한 식품의 불필요한 부분을 제거할 수 있고, 식품의 모양과 크기의 조절이 가능해 풍미에 영향을 준다.

써는 방법에 따라 음식의 맛이 달라지는데 육류의 경우, 편육 등은 고기의 결과 반대 방향으로 썰고, 잡채나 구절판에 들어가는 고기는 결과 같은 방향으로 가늘게 채를 썰어야 좋다.

양갱이나 삶은 달걀처럼 무른 식품은 칼에 잘 들러붙어 자르기가 쉽지 않으므로 에그 슬라이서나 가는 실, 철사 등을 이용하면 쉽게 자를 수 있다. 떡이나 케이크를 자를 때에는 물수건이나 무 조각으로 칼날을 닦으면서 자르는 게 좋은데, 물수건은 칼의 마찰력을 없애고, 무는 전분을 분해하는 탄수화물 분해효소가 있어 쉽게 자를 수 있기 때문이다. 그림 2-5는 다양한 채소의 모양 썰기를 나타내었다.

(5) 섞기와 젓기

섞기와 젓기는 음식의 재료, 온도, 맛, 조미액의 침투가 전체적으로 균일하게 분포되게 하여 맛과 입안의 촉감을 좋게 한다. 식품의 재료를 균일하게 섞는 과정으로는 혼합mixing, 블렌더를 이용한 교반blending, 밀가루 등의 점탄성 있는 재료의 반죽kneading이 이에 속하고, 머랭meringue, 휘핑크림whipping cream, 마요네즈mayonnaise, 나물무치기 등이 있다.

오이 돌려깎기
채 썰기
어슷썰기
둥근썰기
목이버섯
은행잎 썰기
채 썰기
채 썰기
다지기
골패썰기
깍둑썰기
대각선 채
밤(편, 채 썰기)
당근 돌려깎기
호박 둥근썰기
반달썰기
샤또썰기
꼬아썰기
마늘
(편썰기, 채 썰기, 다지기)
생강
나박썰기
깍둑썰기
채 썰기
채소 썰기
홍고추
석이버섯
파

그림 2-5 채소 모양 썰기

젓기는 걸쭉한 액체 재료를 익히는 과정에서 열원과 접촉한 바닥의 온도가 식품 전체에 고루 전달되어 눋지 않고 수프나 죽을 끓일 수 있도록 한다. 우유를 데울 때도 잘 저으면 표면에 피막 형성을 막을 수 있다.

(6) 압착과 여과

압착은 식품에 물리적인 힘을 가해 물질의 밀도를 높이는 것이며, 여과는 액체 중의 침전물을 걸러내는 것이다. 즉, 식품의 조직을 파괴하여 고형물과 액체를 분리하는 것으로 두부 으깨기, 팥고물, 녹즙, 과즙 등이 있다.

(7) 냉각, 냉동, 해동

냉각과 냉동은 미생물 번식을 억제하고, 식품 중의 효소작용 및 산화작용을 억제하여 품질 저하를 막는다. 냉각은 가열 조리된 음식의 온도를 낮게 식히는 과정으로 바람, 냉수, 냉장고 등을 이용한다. 샐러드나 냉채, 과일, 포도주, 탄산음료와 같이 냉각하면 맛이 좋아지는 것도 있고, 시금치와 같은 녹색채소는 데친 후 즉시 찬물에 담가 유기산을 희석시키면 변색을 막을 수 있다. 묵이나 젤리, 양갱, 족편처럼 냉각을 통한 물성의 변화로 응고되는 것도 있다.

냉각시킬 때는 식품의 표면적, 용기의 재질 등이 냉각속도에 영향을 주는데, 용기의 열전도율이 높고, 식품의 표면적이 크고, 식품과 주위의 온도차가 클 때 빨리 진행된다. 식품은 크기가 작고 얇은 것, 찬 공기보다는 찬물이나 얼음물에 담그는 것이 더욱 효과적이다.

냉동은 식품을 0°C 이하로 냉각시켜 식품 중 수분을 동결시키는 방법으로 식품 저장법으로 널리 이용된다. 냉동을 할 때는 -40°C 이하로 급속 동결시켜야 미세 얼음 결정이 형성되어 식품의 조직 파괴가 적으며, 해동 시 세포에서 수분이 많이 빠져나오는 드립drip현상을 방지할 수 있다.

해동은 냉동된 식품을 냉동 전의 상태가 되도록 하는 것으로 이 과정에서 식품의 물성 변화가 많이 일어난다. 해동방법에는 급속해동과 완만해동이 있는데, 0°C에 가까운 온도에서 완만하게 해동하는 것이 표면과 중심부와의 온도 차이가 적어 원래 상태로의 회복이 가능하다. 동결된 반조리 또는 조리된 식품, 데친 채소 등은 동결된 상태 그대로 가열 조리하는 급속해동이 좋고, 닭고기, 육류의 해동은 냉장고나 실온의 서늘한 곳에서 완만해동하는 것이 좋다.

2) 조리방법

(1) 비가열조리법

식품 고유의 독특한 색과 맛, 향, 질감, 신선함 등을 유지하기 위해 가열 처리하지 않는 조리방법이다. 비가열조리법을 이용한 음식으로는 생채, 냉채, 샐러드, 어패류의 회와 육회 등이 있다. 비가열조리는 영양성분 손실이 적고 식품 고유의 맛을 그대로 살릴 수 있으며 조리방법이 간단하다. 반면 위생적으로 깨끗이 세척해야 하고 최대한 빠른 시간 내에 조리, 섭취하여야 한다.

(2) 가열조리법

가열조리법은 열 전달매체에 따라 습열조리법과 건열조리법으로 나눈다. 습열조리법은 삶기, 끓이기, 찌기와 같이 물을 열 전달매체로 이용하는 것이고, 건열조리법은 물을 열 전달매체로 이용하지 않는 것으로 굽기, 볶기, 튀기기 등이 있다.

① 습열조리법

삶기 삶기는 물의 대류를 이용한 조리법으로 식품 재료를 물 속에 넣고 익을 때까지 가열하는 방법이다. 특별히 다른 양념 등으로 맛을 내지 않는 점이 끓이기와 다르다.

삶기는 두류, 면류, 채소류의 텍스처를 부드럽게 하고, 단백질의 응고, 감칠맛 성분의 증가, 불필요한 지방 및 맛성분 제거 등의 목적이 있다. 예로, 수육, 편육, 마른국수 삶기, 죽순이나 연근과 같은 단단한 채소 삶기, 녹황색채소 삶기 등이 있다.

끓이기 끓이기는 물이나 조미액을 열 전달매체로 하는 조리법으로 고농도의 설탕용액과 같이 특별한 경우를 제외하고는 가열온도가 100°C를 넘지 않는다. 조리 중 조미를 할 수 있고, 조리온도의 조절이 가능하며, 각 식품 재료에 함유된 수용성 맛성분을 우려낼 수 있어 국물까지 먹을 수 있는 조리에 사용하는 방법이다. 영양소 손실은 비교적 적고, 조직의 연화, 전분의 호화, 단백질의 응고, 콜라겐collagen의 젤라틴화 등이 소화·흡수와 맛을 향상시키는 데 도움을 준다. 예로 곰국, 찌개, 전골 등이 있다.

식품 표면에 적당한 칼집을 내거나 식품의 크기나 단단하기에 따라 가열 순서를 조절하고, 국물이 적은 것은 조리 도중에 위치를 바꾸거나 조미액을 식품 표면에 뿌려 주어 식품 전체에 조미성분이 고루 침투하도록 한다.

시머링

물을 끓는점 이하에서 은근하게 끓이는 방법을 시머링simmering이라 한다. 단백질의 응고, 조직의 연화, 감칠맛 성분의 용출을 국물로 이용하는 조리법이다. 예로 곰국, 스톡 끓이기, 뭉근하게 끓이기 등이 있다.

포칭

포칭poaching은 70~80°C의 물에 재료를 담가 서서히 익히는 조리법으로, 주로 생선, 달걀 요리 등에 이용된다. 갈치나 가자미처럼 조직이 연한 생선을 양념장이나 소스 등 소량의 액체를 사용하여 낮은 온도에서 조린다. 예로 수란, 샤브샤브, 솔모르네, 갈치조림 등이 있다.

스튜잉

스튜잉stewing은 서양조리에서 채소나 육류, 과일 등을 손질하여 낮은 온도에서 은근하게 오랜 시간 끓이는 요리법으로 비프스튜나 치킨스튜 등이 있다.

찌기 찌기steaming는 물이 100°C로 끓을 때 발생하는 수증기의 기화열(540cal/g)을 이용하는 조리법이다. 찌기는 식품의 맛과 모양을 그대로 유지할 수 있고, 수용성 성분의 손실이 비교적 적은 조리법이지만, 간접가열이어서 가열시간이 비교적 길고 연료 소비도 많다. 또한 찌는 도중 조미를 할 수 없으므로 찌기 전·후에 조미를 해야 한다. 달걀찜, 푸딩은 물을 100°C로 끓인 다음 뚜껑을 약간 열어 수증기를 조절하고, 80°C 정도의 온도에서 쪄야 기포가 생기지 않고 부드럽다. 끓이는 도중에 뚜껑을 열면 온도가 급격히 떨어져 잘 쪄지지 않는다.

② 건열조리법

열의 전달매체가 물이 아닌 공기, 기름이나 복사열에 의한 조리법으로 굽기, 볶기,

지지기, 튀기기 등이 있다.

굽기 굽기는 불이 발견되면서부터 사용된 가장 오래된 가열조리법이다. 기름이나 물을 사용하지 않고 높은 열로 빠른 시간에 조리하기 때문에 수용성 영양소의 손실이 적고 식품 자체 성분의 용출이 적어 식품 고유의 맛을 살릴 수 있다. 또한 당질의 캐러멜화, 지방의 분해 등으로 풍미를 증가시킬 수 있다.

표 2-3 **구이의 종류 및 특징**

분류	방법	특징	대표음식	서양조리
직화 구이	석쇠, 꼬치 등의 조리기구를 불 위에 직접 올려놓고 식품 재료가 열원의 위 또는 아래에서 조리되는 형태	• 높은 열로 빠르게 조리하는 것이 특징 • 새로운 향미성분과 맛성분이 농축되어 구운 식품 특유의 독특한 향미 생성 • 굽는 온도는 150~250℃ 정도	• 너비아니구이 • 생선양념구이 • 더덕구이 • 닭꼬치구이	• 브로일링(broiling) 상단직화구이 • 그릴링(grilling) 하단직화구이 바비큐
간접 구이	열원 위에 팬 등의 조리기구를 올려놓고 간접적으로 조리하는 방법	가열된 냄비나 프라이팬에 센불로 고기의 표면을 익힌 후 불을 약하게 하여 식품 속까지 익히는 방법	• 철판구이 • 팬구이	• 팬 브로일링 (pan broiling)
오븐 구이	오븐을 이용한 조리방법	오븐이 가열되어 생긴 복사열과 뜨거워진 공기의 대류열로 오븐 안의 재료를 익히는 방법	• 로스트 비프 • 로스트 치킨	• 로스팅(roasting) • 베이킹(baking)

볶기 볶기sauteing는 소량의 기름을 사용하여 냄비나 팬을 달군 상태에서 식품을 넣고 빠르게 익히는 조리법으로 식품의 고유한 색과 질감, 향을 살릴 수 있다. 고온에서 단시간 조리로 수용성 성분의 용출이 적고 비타민 파괴도 적다. 또한 볶는 과정에서 식품에 기름이 흡수되어 풍미를 증가시켜 준다.

식품을 볶을 때는 팬을 달군 상태에서 재료를 넣고 강한 화력을 유지시키는 것이 좋다. 중국음식 조리에서는 저으면서 볶는 방법stir frying이 있는데, 중화팬인 웍wok을 사용하여 뜨거운 기름으로 조리한다.

지지기 지지기pan frying는 넓고 얇은 팬에 약간의 기름을 사용하여 재료를 익혀내는 방법으로 육류, 생선, 곡물, 채소 등에 이용된다. 지지기는 재료에 따라 재료를 그대로 지지는 방법도 있고, 밀가루나 빵가루, 달걀물 등을 입혀 식품 속의 수분이 빠져나가는 것을 방지한 후 지지는 방법도 있다. 지지기로 조리한 대표적 한국음식은 생선전, 풋고추전, 육원전, 표고전, 부꾸미, 화전 등이 있다.

튀기기 튀기기deep fat frying는 기름을 열 전달매체로 이용하여 고온의 기름에 식품을 완전히 담가 익히는 조리법이다. 기름의 사용 온도 범위는 150~200°C이며, 단시간에 조리할 수 있고 영양소의 파괴가 적다. 튀김은 식품 재료 중 수분과 튀김기름의 흡수로 풍미를 증가시키며 튀기는 도중에는 조미가 되지 않으므로 가열 전후에 조미를 하여야 한다.

식품을 튀길 때는 튀김옷을 입히거나 식품 그대로 튀기는 방법이 있고, 식품의 종

표 2-4 **튀김옷을 이용한 기름의 온도 확인과 적합한 식품 재료**

튀김온도(℃)	튀김기름에 넣은 튀김 재료의 깊이	튀김기름에 넣은 튀김 튀김옷의 모양	식품
140~150	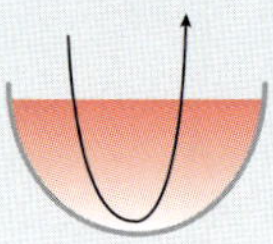	바로 바닥에 가라앉고 조금 후 떠오르며 거품이 적음	튀김옷을 입히지 않은 식품 (예 : 감자칩, 고구마칩)
160	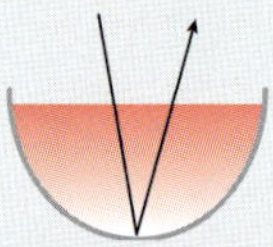	바닥에 가라앉았다가 바로 떠오름	튀김옷을 입힌 식품 (예 : 채소튀김)
170~180	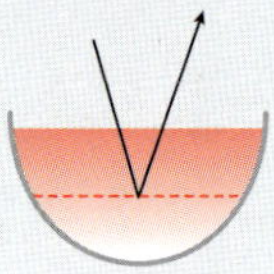	중간 정도 가라앉았다가 바로 위로 떠오름	튀김옷을 입힌 식품 (예 : 생선튀김, 닭튀김 등)
190	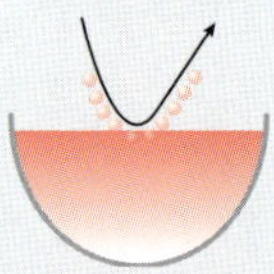	넣자마자 파르르 소리를 내며 표면에서 부드럽게 흩어지고 거품이 많음	미리 익힌 재료나 빨리 익는 재료에 튀김옷을 입힌 식품 (예 : 크로켓, 굴튀김 등)
200	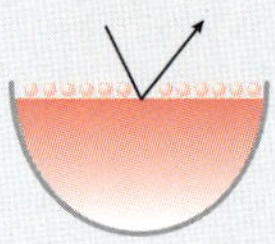	넣자마자 표면에서 바로 쫙 퍼짐	단단히 냉동시키고 튀김옷을 입힌 빙과류 (예 : 아이스크림튀김)

류나 식품 재료의 성분에 따라 튀기는 온도와 시간이 달라진다.

- 튀김옷 재료 : 밀가루에 달걀이나 밀가루의 0.2% 정도 중조를 사용하거나 글루텐 함량이 낮은 박력분을 사용한다. 박력분이 없을 때는 10~30% 정도의 전분을 혼합하거나 밀가루의 농도를 묽게 하여 사용하는 것이 좋다. 튀김옷의 물은 밀가루의 1.5~2배이고, 온도는 15°C가 가장 적합하다. 튀김옷 반죽은 끈기가 생기지 않도록 최소한만 젓고, 만든 직후 바로 튀긴다 표 2-4.

③ 복합조리

브레이징braising은 고기나 채소를 볶은 후 소량의 물을 붓고 뚜껑을 덮어 푹 끓이는 방법으로 건열조리와 습열조리가 함께 되는 조리법이다.

④ 극초단파조리

극초단파조리microwave cooking는 외부로부터 열이 전달되는 것이 아니라 식품 자체 내에 있는 물분자가 급속히 진동하여 열이 발생되는 원리를 이용한 조리법이다. 전자레인지는 대표적인 극초단파 조리기구이다.

마이크로웨이브의 특성

- 열효율이 높아 조리시간이 단축됨
- 가열에 따른 식품 표면의 눌음 현상 없음
- 영양소 파괴가 적고 색, 형태, 맛을 그대로 유지시킴
- 냉동식품의 해동이 단시간에 가능함
- 음식물의 수분 증발이 심함(증발을 방지하기 위해서는 식품 표면에 랩 등을 씌워 조리함)
- 표면이 높은 온도를 유지하지 않아 표면에서 갈변반응이 일어나지 않음

4. 조리기구

1) 대형기기

(1) 조리용 레인지

조리용 레인지는 주로 도시가스LNG나 프로판가스LPG를 연료로 사용하는 가스레인지와 가스오븐레인지가 널리 사용되고 있다.

가스레인지

가스레인지는 버너만 있거나 그릴 또는 오븐그릴이 함께 부착되어 있는데, 그릴에서는 주로 생선구이를, 오븐그릴에서는 쿠키, 컵케이크, 카스텔라와 같은 간단한 오븐요리를 할 수 있다. 오븐은 반드시 예열 후 사용해야 하며, 내열성 유리용기, 알루미늄 포일, 스테인리스스틸, 철제 금속성 용기 등을 오븐용기로 사용할 수 있다.

마이크로웨이브 오븐

(2) 마이크로웨이브 오븐

마이크로웨이브 오븐은 마이크로웨이브를 이용하여 식품을 가열조리하는 조리기구이다. 마이크로웨이브와 히터를 이용하여 가열하는 그릴 마이크로웨이브 오븐, 마이크로웨이브와 히터로 가열된 공기를 순환시키며 조리하는 대류그릴 마이크로웨이브 오븐 등 여러 종류가 이용되고 있다.

인덕션

(3) 인덕션

인덕션 조리법은 조리되는 표면 바로 아래에 위치한 인덕션 코일의 자기장의 전자유도가열을 이용하여 조리하는데, 자기장에 반응해 조리용기에 직접 열을 전달하여 뜨겁게 되면서 식품이 조리된다. 인덕션은 자기장을 사용하기 때문에 자성이 있는 조리용기만 사용 가능하다. 열이 전달되는 중에도 인덕션 상판의 표면이 매끄러운 도자기 재질로 되어 있어 자기장과 반응하지 않고 차갑게 유지되며 전혀 뜨겁지 않다.

하이라이트

(4) 하이라이트

하이라이트는 전기를 이용하며, 내부에 원형으로 분포된 열선이 유리세라믹 상판을 가열하여 불꽃 없이 열을 만들어 조리한다. 조리 후에 불을 꺼도 잔열이 남고, 조리용기 사용에 제한이 없다.

하이브리드인덕션

(5) 하이브리드인덕션

인덕션과 하이라이트가 합쳐져 있는 가열기구이다. 인덕션용기와 다른 재질의 용기를 사용할 수 있다.

(6) 라디언트

라디언트는 전기를 이용하며, 튜브 속에서 가스를 연소시켜 발열체로 사용하는 가열기구이다. 복사 발열관을 라디언트 튜브라고 하며 내열성 합금 튜브이다.

(7) 냉장고와 냉동고

냉장고와 냉동고는 식품을 저온에서 일정 기간 안전하게 저장할 수 있는 기기이다.

음식을 냉장 보관할 때는 적정온도를 4°C로 유지하는 것이 좋고, 냉동은 -18°C 이하를 유지하는 것이 좋다. 문을 자주 여닫거나 너무 많은 음식을 넣어 두는 것은 냉장의 효율성을 떨어뜨린다. 뜨거운 음식은 냉각 후 냉장해야 하며, 건조되기 쉬운 식품은 밀봉하여 보관한다.

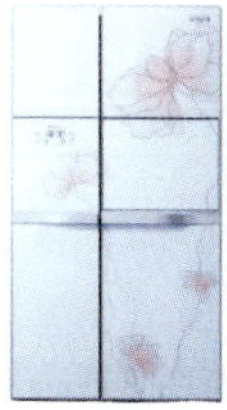
냉장고

냉동고

(8) 식기세척기

식기세척기는 식기의 세척, 헹굼, 건조 과정이 자동으로 진행되어 식생활의 편리를 도모해 주는 기기이다. 식기세척기의 세척과 헹굼에 사용되는 물의 온도는 각각 65°C, 80~90°C 정도이며 건조에는 열풍이 사용된다.

식기세척기

(9) 에어프라이어

기존 가열기능에 팬을 추가해 뜨거운 공기의 대류현상으로 음식을 조리하는 컨벡션오븐을 소형화한 것이다.

식품에 기름을 바르고 사용하면 튀김요리가 가능하다.

에어프라이어

(10) 엑티프라이

초고온 열풍을 순환시켜 식재료의 수분을 효과적으로 건조시키며 음식을 익히는 방식은 에어프라이어와 같지만, 별도의 모터가 내장되어 있어 내용물을 알아서 섞어준다는 점이 다르다.

엑티프라이

(11) 수비드 머신

수비드 머신은 일정한 0.1°C 단위로 온도 조절이 가능하며 수비드 요리에 사용하는 기기이다. 수비드는 재료를 비닐봉지에 담아 밀폐시킨 후 저온의 미지근한 물 속에서 오랫동안 익히는 조리법으로 일정한 온도를 유지하는 것이 조리의 핵심이다.

수비드 머신

2) 각종 전기기기

앞의 대형기기 외에 각종 전기기기의 용도와 특징을 표 2-5에 정리하였다.

표 2-5 각종 전기기기의 모양과 용도와 특징

종류	모양	용도와 특징
믹서		• 빵, 케이크, 쿠키 등을 만들 때 재료를 혼합하거나 크리밍, 거품 내기 등을 할 때 사용
핸드믹서	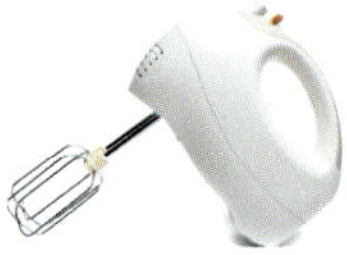	• 가정에서 소량의 빵, 케이크, 쿠키 등을 만들 때 재료를 혼합하거나 크리밍, 거품 내기 등을 할 때 사용
전기밥솥		• 밥 짓는 기능, 밥 짓는 온도를 조절하는 센서, 자가진단 인공지능 밥솥, 결로 방지기능, 고속 취사기능, 재가열기능, 음성 안내기능 등 다양한 기능 내장 • 전기밥솥을 구입할 때는 용량, 내장기능 등을 고려하여 선택
블렌더		• 내장된 스테인리스스틸 커터를 빠르게 회전시켜 과일, 채소 등을 곱게 갈아주는 기기 • 얼음을 가는 커터가 부착된 것은 냉동후식을 만드는 데 사용
가정용 전기튀김기		• 소량으로 가정에서 튀김을 할 때 사용 • 자동 온도 조절기능이 있어 튀기는 동안 일정 온도를 유지
다량조리용 전기튀김기		• 단체급식 등 다량으로 튀김을 할 때 사용 • 전기튀김기는 튀김이 가능한 온도, 용량, 튀김용기의 청소 편리성 등을 고려해서 선택
제빵기		• 이스트빵, 퀵브레드, 피자 도우 등을 만듦 • 재료의 혼합 및 반죽, 발효, 굽기 등이 자동적으로 진행됨

(계속)

종류	모양	용도와 특징
자동 커피메이커		• 자동 커피메이커는 뜨거운 물이 필터 위의 커피를 우려내어 가열판 위에 있는 유리용기로 내리는 구조
진공 커피메이커		• 진공 커피메이커는 진공상태에서 커피를 끓여 가장 향이 좋은 커피를 만듦 • 에스프레소 커피를 만듦
드립 커피메이커		• 드립 커피메이커는 투명한 유리용기로 일정한 압력에 의해 커피가루와 커피가 우러난 물이 분리됨
토스터		• 토스터 내의 전기코일이 가열되어 빵을 굽는 기기 • 원하는 정도로 빵이 구워지면 자동적으로 전기가 끊어지면서 빵이 튀어오름

3) 조리 소도구

표 2-6은 주방에서 사용하는 조리 소도구의 용도와 특징을 나타내었다.

표 2-6 **조리 소도구의 모양과 용도와 특징**

종류	모양	용도와 특징
국자		• 국을 뜨거나 음식을 건져낼 때 사용 • 내열성과 전도율이 낮은 재질의 손잡이가 달린 것을 선택
뒤집게		• 전, 부침을 할 때 뒤집는 용도 • 내열성과 전도율이 낮은 재질의 손잡이가 달린 것을 선택

(계속)

종류	모양	용도와 특징
냄비		• 냄비 재질은 철, 알루미늄, 스테인리스스틸, 유리제품 사용 • 손잡이의 수에 따라 편수냄비(소스용), 양수냄비(국, 조림, 찌개용)로 나뉨 • 가압냄비는 냄비 속에서 형성된 수증기의 압력으로 조리
도마		• 썰기에 필요한 도마는 소재의 선택, 위생적인 사용 및 관리가 매우 중요 • 나무, 플라스틱, 강화유리 등 사용 • 육류, 생선용, 채소 및 일반식품용으로 분리하여 사용
프라이팬		• 볶음용 팬, 전 및 지단용 팬, 고기 굽는 그릴용 팬, 스튜용 팬 등 • 재질은 알루미늄, 철 등 사용
거품기		• 재료를 섞거나 거품 낼 때 사용
후추 그라인더		• 통후추를 분쇄하여 가루로 만드는 용도 • 수동형과 전동형으로 나뉨
실리콘 조리도구		• -40~260℃까지 열에 안정한 소재로 튀김같이 단시간 조리 시에는 300℃까지 견디므로 안심하고 사용 • 주걱, 집게, 국자, 스푼, 냄비받침, 채반, 휘핑기, 달걀찜기 등 다양한 조리도구가 있음
다지개	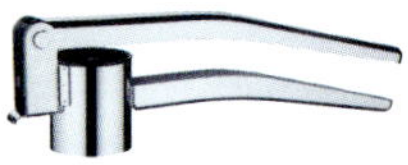	• 마늘 등을 다질 때 사용
껍질 벗기기 (필러)		• 과일이나 채소의 껍질을 벗길 때 사용
달걀 슬라이서	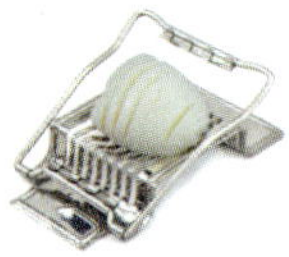	• 삶은 달걀을 일정한 두께로 자를 때 사용
미트 텐더라이저	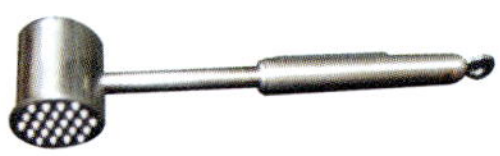	• 고기를 부드럽고 연하게 할 때 사용

(계속)

종류	모양	용도와 특징
밀가루 시프터		• 밀가루를 계량하기 전 공기를 넣어주거나 덩어리를 없앨 때 사용
사과 슬라이서		• 사과의 씨 부분을 제거하고 일정한 크기로 자르는 데 사용

4) 조리용 칼

일반적으로 과일용 칼과 다용도 칼을 많이 사용한다. 칼은 사용 후 깨끗이 씻고 말려서 보관한다. 또한 칼은 1주일에 한 번은 반드시 갈아 주어야 한다 표 2-7.

표 2-7 **칼의 종류와 용도**

칼의 종류	모양	용도
베지터블 나이프		과일이나 채소용 칼이며 칼날이 작고 단단함
페어링 나이프		칼날이 날카롭고 얇은 칼로 껍질을 벗기거나 과일이 나 고기를 얇게 저밀 때 사용
유틸리티 나이프		스테이크, 샌드위치, 치즈 등을 자를 때 사용하는 다용도 칼로 칼날이 물결 모양임
셰프 나이프		가장 널리 쓰이는 조리용 칼로 칼날이 길고 넓으며 둥근 모양임
슬라이싱 또는 카빙 나이프		스테이크, 햄, 치즈 등을 자를 때 사용하는 다용도 칼로 칼날이 물결 모양임
브레드 나이프		빵을 부서지지 않고 깔끔하게 자르는 데 사용하는 칼로 칼날이 물결 모양임
클리버 나이프	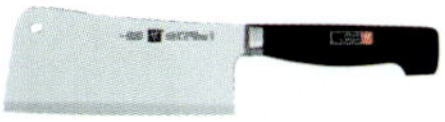	고기를 자르는 데 사용하는 큰 칼
필링 나이프		가장 작은 칼로 작은 과일이나 채소의 껍질을 벗길 때 사용
전기나이프		물결 모양의 칼날이 부착되어 있으며 고기, 빵을 자를 때 손의 피로를 줄이고 쉽게 자를 수 있는 자동칼

(계속)

칼의 종류	모양	용도
채칼	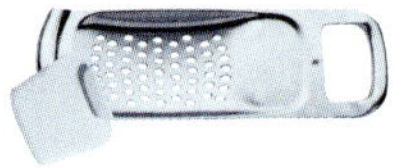	무나 당근 등 채소를 채나 편으로 얇게 써는 칼
파채칼		파를 가늘고 길게 써는 채칼
비늘칼		생선의 비늘을 벗기는 칼
무늬칼		두부, 묵, 채소를 물결 모양 등으로 무늬를 내는 데 사용
세라믹칼		세라믹칼은 무게가 가볍고, 칼날이 얇아 재료를 깔끔하고 세밀하게 슬라이스할 때 유용하지만, 잘 부서지기 때문에 choping하거나 뼈가 있는 육류, 생선 손질에 어려움이 있음. 가볍고 날카로워 사용 시 세심한 주의 필요

CHAPTER

3

당류와 전분

탄수화물 식품

광합성을 통해 무기물에서 유기물이 만들어지는데 이때 생성되는 유기물이 글루코스이다. 글루코스는 식품의 종류와 부위에 따라 당류나 전분, 식이섬유 등으로 변하여 들어 있는데 일반적으로 식물성 식품에 다양하게 들어 있으며, 동물성 식품에는 생리적 대사에 의해 글루코스나 글리코겐의 형태로 함유되어 있다.

탄수화물은 탄소에 물분자가 결합된 구조로 이루어진 유기물로 구성 기본단위는 단당류이다. 탄수화물은 단당류, 이당류, 올리고당류와 다당류로 나뉘는데 단당류를 탄소수에 따라 나누면 오탄당과 육탄당으로 나뉘며 식품에 함유된 단당류는 대부분 육탄당이다. 이당류는 단당류 두 분자가 글리코시드 결합으로 연결된 당으로, 글루코스 두 분자가 결합된 말토스, 글루코스와 프럭토스가 결합된 수크로스, 글루코스와 갈락토스가 결합된 락토스가 있다. 올리고당은 단당류가 3개에서 10개 정도 결합된 것으로 삼당류인 라피노스와 사당류인 스타키오스가 있고, 말토덱스트린과 분지덱스트린이 있다. 다당류에는 α-글루코스의 중합체인 전분과 β-글루코스의 중합체인 셀룰로스, 그 외 헤미셀룰로스, 펙틴질, 검물질, β-글루칸 등이 있는데, 동일한 단당류로 구성된 호모다당류와 다른 단당류로 구성된 헤테로다당류가 포함된다.

중합도와 특성에 따른 탄수화물의 분류

중합도	특성	탄수화물의 종류
단당류	오탄당	아라비노스, 자일로스, 리보스
	육탄당	글루코스, 프럭토스, 갈락토스
이당류		말토스, 수크로스, 락토스
올리고당류	소화성	말토올리고당류
	난소화성	라피노스, 스타키오스 이소말토올리고당, 비소화성올리고당류(프럭토올리고당, 갈락토올리고당)
다당류	호모다당류	전분, 셀룰로스, β-글루칸
	헤테로다당류	헤미셀룰로스, 펙틴질, 검물질

영양학적 측면에서 탄수화물은 소장에서 빨리 소화되는 당류와 호화전분, 천천히 분해되는 전분과, 소장에서 분해되지 않고 대장으로 내려가 장내 미생물에 의해 발효되어 단쇄지방산을 생성하는 식이섬유로 구분할 수 있다. 식이섬유는 소장에서 소화되지 않는 탄수화물과 리그닌을 포함하는데 대두올리고당이나 이소말토올리고당 등 소장에 분해하는 효소가 없는 덱스트린류와 저항전분, 식이섬유 등이 포함된다. 식이섬유는 혈당 저하, 대장암 억제, 변비 억제뿐만 아니라 다양한 생체 조절기능을 가지고 있으며 대부분의 나라에서 식이섬유의 권장량을 25~35g으로 정하고 있다.

영양학적 측면에서 전분의 분류

체내 소화 정도에 따른 분류	전분 종류
빨리 소화되는 전분	호화전분
천천히 소화되는 전분	생전분
소화되지 않는 전분	저항전분

식품에 함유된 탄수화물은 형태에 따라 다른 식품학적 기능을 갖고 있으며 그 작용과 역할이 다르다. 물에 용해되는 당류는 용해되어 단맛을 주고 흡습력이 있으며, 보수력이 있어 수분활성을 낮추는 특성을 가지고 있다. 식품에서 조리, 가공이나 저장 중에 나타나는 3가지 갈변반응 중 두 가지는 당류가 원인물질이며 향미에도 영향을 준다. 당류 외 올리고당류와 다당류는 흡수력이 강해 기능성 소재로 사용되며, 흡수 또는 분산되면 점도가 증가하는데 중합도가 증가하면 점도도 증가한다. 중합도와 단맛은 서로 역의 상관관계를 보이기 때문에 중합도가 증가하면 단맛은 감소한다.

이 장에서는 단맛을 주는 당류와 에너지를 내는 당·전분이 조리과정 중에 나타내는 변화과정을 알아본다.

식품을 구성하는 성분 중 에너지원으로 사용되는 탄수화물에는 당류와 전분이 있다. 당류는 단맛을 주며 당의 종류에 따라 서로 다른 이화학적 특성을 가지고 있어 사용범위가 넓다. 전분은 녹말이라고도 하며, 글루코스의 고분자인 중요한 에너지원으로 식품에 함유되어 있고 인체가 필요로 하는 에너지 영양소로 급원에 따라 조리에 의해 성질이 변하여 식품의 품질과 맛에 영향을 주므로 여기에서는 당류와 전분의 특성과 변화를 과학적으로 이해한다.

1. 당류

단맛은 사람이 감지할 수 있는 기본맛 중에서 가장 좋아하는 맛으로 물에 용해되는 단당류와 이당류가 나타낸다. 당류는 용해하거나 결정형태로 사용하는데, 당 첨가는 물리적 변화뿐만 아니라 갈색화반응 같은 화학적 변화도 일으킨다. 단맛을 내는 감미료에는 설탕, 꿀, 시럽, 당알코올 등과 같은 천연감미료와 아스파탐, 스테비오사이드 등과 같은 대체감미료 등이 있다.

1) 당류의 기능

당류는 단맛을 내는 것 외에 가열하면 갈색화가 일어나는 등 다양한 반응을 일으키므로 식품의 조리에서 중요한 역할을 한다. 식품에서 단맛을 내는 당은 종류에 따라 감미도가 다르다. 그 외에 용해, 결정 형성, 갈색화, 용융, 수분 흡수에 영향을 주며 텍스처, 발효와 보존성에 기여한다. 식품에서 당의 기능은 표 3-1과 같다.

(1) 감미

당용액은 혀의 미뢰에 닿으면 단맛으로 감지한다. 다른 기본맛과 상호작용하여 그 감미도는 상승 또는 저하된다. 단맛을 내는 당 중에 수크로스(설탕)는 동일한 온도와 농도에서 항상 일정한 단맛을 가지므로 모든 감미료의 단맛을 나타내는 데 기준이 된다. 당류와 감미료의 상대적인 감미도를 표 3-2에 제시하였다.

당은 종류에 따라 독특한 단맛을 가지며 일반적으로 농도가 진해지면 단맛이 증가

표 3-1 식품의 종류에 따른 당의 기능성

기능성	빵류	케이크와 과자류	시리얼	잼과 젤리	캔디류	음료	유제품	냉동식품
끓는점(상승)				O	O			
어는점(강하)								O
공기 포집	O	O						
마이야르반응	O	O	O					
캐러멜화	O	O			O			
부용제		O		O	O	O	O	O
결정화		O			O			
발효	O							
향미 증진		O	O	O	O	O	O	O
거품 형성		O			O			O
글레이즈	O	O				O		
수분 보유	O	O			O			
보존력				O	O		O	
유통기한		O	O					
용해도					O	O		
감미	O	O	O	O	O	O	O	O
부드러움	O	O	O	O	O	O		O

출처 : Amy Brown, 2008

표 3-2 감미료의 상대적인 감미도

(수크로스의 감미도 = 1)

수크로스(설탕)보다 단맛이 약한 감미료				수크로스(설탕)보다 단맛이 강한 감미료			
감미료	감미도	감미료	감미도	감미료	감미도	감미료	감미도
락토스	0.2~0.4	자일로스	0.7	전화당시럽	1.6	사카린	200~300
말토스	0.5	글루코스	0.7~0.8	프럭토스	1.2~1.7	스테비오사이드	300
솔비톨	0.5~0.6	전화당	0.7~1.0	사이클라메이트	30		
갈락토스	0.6	자일리톨	0.8~1.0	아스파탐	100~200		
만니톨	0.4~0.7	아세설페임-K	130~200				

하는데 일정 농도 이상에서는 오히려 감지되는 농도의 차이가 적다. 일반적으로 찬 식품이나 음료가 차가운 것이 데워진 것보다 더 달게 느껴지는데, 예를 들면 식혜를 끓이면서 맛을 보고 설탕을 가하면 차게 마실 때 더 달게 느껴진다.

(2) 용해도

당은 탄소에 수소와 하이드록시기가 결합되어 있어 물과 수소결합을 하므로 친수성을 나타낸다. 저분자 당류인 단당류나 이당류는 물에 용해되는데 온도와 압력에 영향을 받는다. 고체 결정인 당류가 용해될 때는 용해열이 필요한데 용해열이 높으면 상쾌하고 청량한 느낌을 갖게 한다. 용해도는 프럭토스가 가장 높고 수크로스, 글루코스, 말토스, 락토스 순이다. 락토스가 함유된 아이스크림이 모래 씹는 느낌을 주는 것은 용해도가 낮기 때문이다. 온도가 높아지면 용해도가 높아져 용매에 더 많은 용질이 녹는다(온도에 따른 수크로스의 용해도는 20°C 66.6g, 100°C 83.0g). 용액은 용질의 용해도에 따라 불포화용액, 포화용액과 과포화용액으로 구분한다.

(3) 결정화

결정은 용해도 차이로 인해 고체인 용질이 석출되는 것으로, 온도를 높여 과포화 당용액을 만들고 냉각할 때 용액을 젓거나 용질을 핵으로 첨가하면 결정이 형성된다. 결정의 크기는 급랭하여 다수의 핵이 형성되거나 계속 저었을 때 결정 성장이 억제되어 작아지고, 서서히 젓거나 온도 차이가 작으면 커진다. 결정화는 당의 종류, 농도, 온도, 기타 첨가물의 유무, 용해도, 냉각 후 젓는 속도 등에 의해 영향을 받는다. 당용액으로 만든 캔디에는 결정형과 무정형 캔디가 있는데 결정형 캔디의 결정 크기가 작은 것의 품질이 더 우수하다. 설탕의 농도가 효소나 산에 의해 감소되거나 가열로 캐러멜화되어 설탕이 감소되면 결정이 작아지거나 결정이 형성되지 않는 무정형 캔디가 된다.

(4) 총괄적 성질

당용액은 용해된 용질의 수에 따라 용매의 물리적인 성질인 끓는점boiling point, 어는점freezing point, 삼투압osmotic pressure, 증기압vapor pressure이 변하는데 이를 총괄적 성질colligative properties이라고 한다. 용액의 용질 농도가 증가하면 끓는점 상승, 어는점 강하, 증기압 감소, 삼투압 증가 현상이 나타나는데 몰농도에 의존적이다. 수크로스 용액은 물의 끓는 온도인 100°C보다 높은 온도에서 끓고 0°C 이하에서 언다. 잼이나 젤리를 만들 때 수크로스의 농도는 끓는점을 측정하여 확인할 수 있다. 당장법은 수크로스를 이용하여 삼투압을 증가시키고 수분활성을 떨어뜨려 미생물의 생장을 억제하여 보존기간을 연장하는 저장방법이다.

(5) 흡습성

흡습성은 공기 중의 습기를 흡수하는 성질로 당류의 용해도와 관련이 있다. 흡습성은 식품의 촉촉함과 텍스처에 영향을 주는데 당의 종류에 따라 차이를 보인다. 프럭토스는 수크로스나 글루코스에 비해 흡습성이 커서 상온에서 액체로 존재한다. 장마철에 수크로스를 보관하면 쉽게 덩어리지며 흡습성이 큰 당류를 첨가한 식품이 더 촉촉하게 유지된다.

(6) 가수분해반응

이당류는 산이나 효소에 의해 가수분해되어 단당류로 전환된다. 수크로스는 글루코스와 프럭토스로 이루어진 이당류인데, 수크로스가 가수분해된 글루코스와 프럭토스의 동량 혼합물은 물리적 성질인 변선광이 변하기 때문에 전화당invert sugar이라고 한다. 수크로스는 비환원당이지만 전화당은 환원당이다. 꿀도 전화당의 일종으로 벌의 침 속에 있는 효소작용에 의해 수크로스가 분해되어 만들어진다.

(7) 갈변반응

당에 의한 갈변은 아미노-카보닐반응 또는 마이야르반응으로 일컫는 당과 아미노산이 가열되면서 진행되는 반응과 당만이 가열에 의해 캐러멜화되면서 갈변되는 반응이 포함된다. 마이야르반응은 간장과 베이커리제품 등에서 나타나며, 캐러멜화반응은 캐러멜 제조와 탕수육 소스를 만들 때 일어난다.

(8) 저장성

당은 전분질 식품에서 전분의 노화를 억제하며 수분활성을 낮추어 저장성을 향상시킨다. 당절임, 잼이나 젤리 및 중간수분식품 등은 당의 첨가로 수분활성이 감소된 저장식품이다. 저장성이 증가하는 것은 당 농도가 증가할 때 삼투압이 증가하여 미생물의 생장을 억제하기 때문이다.

(9) 텍스처

식품의 세포와 조직에서 수분이 텍스처에 미치는 영향이 매우 큰데 당을 첨가하면 용해되면서 수분을 흡수하기 때문에 조직이 변한다. 또한 음료를 마실 때 당이 없으면 단조로운 느낌을 주므로 개선하기 위해 점도를 높이는 증점제를 첨가한다.

(10) 발효

발효식품인 주류, 치즈나 요구르트, 빵 등에서 당은 발효가 잘 일어날 수 있도록 미생물의 먹이로 작용한다.

2) 감미료의 종류

(1) 천연감미료

① 수크로스

수크로스는 단맛을 내는 기본물질이며, 여러 식품에 들어 있지만 식품으로 사용되는 설탕은 사탕수수나 사탕무로부터 추출, 정제 과정을 거쳐 얻는다. 흑설탕, 황설탕, 백설탕과 같이 정제 정도가 달라 색이 차이가 나거나 용도에 따라 결정의 크기를 달리하여 사용되고 있다. 달콤한 맛을 위해 첨가하는 당, 저장성을 높이기 위한 방법으로 당절임, 당을 넣어 만드는 젤 식품, 결정으로 만드는 캔디 등 다양한 조리목적에 따라 이용된다. 시판되는 수크로스는 정제 정도나 입자 크기에 따라 다양한 제품이 있다.

② 프럭토스

프럭토스는 단맛을 가진 과일이나 꿀에 많이 함유되어 있으며, 단당류로 단맛이 가장 강하고 흡습성이 높아 일상에서 액체상태로 존재하며 결정 형성이 어렵다.

같은 양을 첨가하였을 때 단맛이 가장 강하기 때문에 당 함량을 줄일 수 있어 칼로리를 줄이는 방법으로 사용하기도 한다.

③ 글루코스

글루코스는 덱스트로스dextrose라고도 부르며 포도와 같은 과일에 들어 있는 기본당으로 이당류와 전분의 구성당이다. 수크로스와는 달리 환원당이며, 전분을 분해하였을 때 글루코스가 생성되는데 글루코스당량dextrose equivalent, DE이 높으면 단맛이 강하고 점도가 낮은 시럽을 만들게 된다. 글루코스를 수크로스 대신 사용하여 색, 텍스처를 향상시킨다.

④ 꿀

꿀은 프럭토스와 글루코스의 혼합물로 벌이 꽃의 화밀에서 당을 모으거나 효소로 수크로스를 프럭토스와 글루코스로 분해한 것으로 화분을 포함하기도 한다. '식품위생관계법규'에서 정한 꿀의 성분 규격은 전화당 65% 이상, 수크로스 7% 이하, 수분 21% 이하, 회분 0.6% 이하, 산도 40.0meq/kg 이하이고 타르 색소, 인공감미료는 검출되어서는 안되며 이성화당은 음성이어야 한다고 규정되어 있다. 최근에 꿀이 점도가 높아 계량하기 어려운 점들을 개선하고자 분말화한 허니 파우더honey powder가 개발되었다.

⑤ 전화당

수크로스를 효소로 가수분해하면 프럭토스와 글루코스의 혼합물이 존재하는데 이를 전화당이라 한다. 전화당은 수크로스 용액에서 나타나는 변선광의 회전 방향과 프럭토스나 글루코스 용액의 회전 방향이 다르기 때문에 전화된 당이라는 의미이다. 프럭토스로 인해 결정화가 어렵고 단맛은 프럭토스와 글루코스의 비율에 의해 달라진다.

⑥ 물엿

물엿은 전분 또는 전분질 원료를 산이나 효소로 가수분해시켜 여과 농축한 점조성의 액체 감미료인데 DE 20% 이상인 경우로 규격화되어 있다. 콘시럽은 옥수수전분을 산이나 효소로 가수분해한 중합도가 다른 당류의 혼합물로 DE가 클수록 점도가 낮고 단맛이 강하다.

⑦ 조청

쌀이나 고구마를 익힌 다음 맥아에 함유된 β-아밀레이스로 분해된 당의 주성분은 말토스인데 이 말토스를 가열하여 농축시키면 조청이 된다. 즉, 말토스를 함유한 조청은 독특한 맛과 낮은 감미도를 보이며 볶음이나 조림 등에 첨가하면 윤이 나고 부드러운 질감을 갖게 된다.

⑧ 당알코올류

단당류의 알데하이드기가 환원되면 당알코올이 생성된다. 가용성이며 에너지를 내지 않고 설탕의 0.4~1.0배의 감미도를 가진다. 충치의 예방과 청량감을 주며 혈당을 높이지 않는다. 솔비톨은 아스코브산의 합성원료, 무가당음료나 저칼로리식품 등에 사용된다. 자일리톨은 충치 예방효과가 있어 껌, 아이스크림, 사탕 등에 사용되며 건다시마의 흰 가루는 만니톨이다.

⑨ 스테비아

스테비아stevia는 천연 식물체로 잎과 줄기에는 단맛을 내는 스테비오사이드, 레바우사이드 등 40개의 물질이 함유되어 있는 식물이다. 스테비오사이드는 설탕의 단맛보다 200~300배 강하지만 에너지가 적다.

스테비아의 맛은 설탕에 비해 단맛의 지속시간이 길며 추출물 중 일부는 고농도의 쓴맛이나 감초와 같은 뒷맛을 나타낼 수 있는데 2008년 미국이 처음으로 스테비아 추출물을 식품에 활용하는 것을 승인했다. 미국에서는 고순도 스테비아 배당체 추출물의 안전성generally recognized as safe, GRAS이 인정되고 식품의 성분으로 허용되지만, 스테비아잎과 조추출물은 GRAS 또는 식품의약품안전청FDA의 식품용 승인이 안 되어 있다.

⑩ 기타

단풍나무시럽은 메이플시럽maple syrup이라고도 하며 단풍나무즙액을 추출하여 다양하게 사용한다. 설탕시럽은 설탕을 물에 넣고 중불에서 젓지 않고 끓여서 만든다.

고과당시럽high fructose corn syrup, HFCS은 전분을 산이나 효소로 가수분해하여 글루코스를 프럭토스로 전환, 프럭토스 함량이 42~55% 되도록 만든 것이다.

(2) 대체감미료

대체감미료는 칼로리가 없지만 대부분 강한 단맛을 내며 처리조건에 따라 안정성이 달라져 단맛을 잃거나 맛이 변하기도 한다. 최근 당류이면서 소화가 되지 않고 단맛을 갖고 있는 단당류인 타가토스, 알룰로스, 이당류인 트레할로스가 사용되고 있다. 또한 오탄당인 리보스도 일부 사용되고 있다. 인체에 대한 안전성 연구가 필요하므로 정확하게 확인하고 사용해야 한다.

① 아스파탐

원료성분이 당이 아닌 두 종류의 아미노산으로 페닐알라닌과 아스파트산이 결합된 다이펩타이드이다. 수크로스의 약 180~200배의 단맛을 가진다. 1981년부터 FDA에 의해 GRAS 물질로 인정되어 사용되고 있는데, 가열하거나 산을 만나면 단맛이 없어지므로 가열 후에 첨가한다. 이러한 성질로 베이커리제품에는 사용하기 어렵다. 페닐케톤뇨증 환자는 섭취하면 안된다. 다이어트 음료에 수크로스 대신 사용되다가 아스파탐의 부작용으로 안전성에 대해 논의가 되면서 사용을 줄이고 있다.

② 아세설페임-K

미국과 유럽에서 허가된 것으로 수크로스의 130배의 단맛을 내며, 가열이나 냉각조건에 강하고 사카린처럼 쓴맛이 있다. 음료용 분말이나 껌 등에 사용한다.

③ 스테비오사이드

스테비아라는 식물의 잎에 함유된 성분이며, 수크로스의 200~300배 정도의 단맛을 가지며 떫은맛이 있다. 우리나라는 소주에, 일본은 음료에 사용하고 있다.

④ 수크랄로스

미국에서 인정된 대체감미료로 수크로스의 600배 정도의 단맛을 내며, 고온에서 안정하여 베이커리 제품에 적합하다. 탄산음료, 케이크, 머핀, 주스, 껌 등에 사용되며, 아스파탐의 부작용으로 인해 아스파탐이 첨가되지 않았다고 하는 음료에는 수크랄로스가 사용되고 있다.

⑤ 타가토스

타가토스tagatose는 6개의 탄소원자가 포함된 단당류로 갈락토스의 이성질화에 의해 생성된 케톤기를 가지고 있는 케토스이며, 화학식은 $C_6H_{12}O_6$이다. 타가토스는 유제품에서 흔히 발견되며 수크로스(설탕)와 텍스처가 비슷하고, 수크로스와 유사한 단맛이 나지만 칼로리는 단지 38%에 불과하다. 타가토스는 2001년 미국에서 GRAS로 인증된 대체감미료이다. 건강기능성으로 혈당지수가 낮고 혈당 강하효과가 있다.

⑥ 알룰로스

알룰로스allulose는 프시코스psicose 또는 D-리보-헥술로스로 6개의 탄소를 갖는 단당류이며 케톤기를 가지고 있는 케토스로 $C_6H_{12}O_6$이다. 천연물에 소량으로 존재하는 저에너지 단당류이며 체지방 억제 등 생리적 기능성이 있어 차세대 감미료로 관심을 받고 있다. 미국 FDA로부터 GRAS로서 안전성을 인정받았다. 음료, 빙과, 발효유, 시리얼, 파이 등 다양한 식품에 사용할 수 있다.

⑦ 트레할로스

트레할로스trehalose는 α-D-글루코스 두 분자가 1,1 위치에 결합된 비환원당으로 이당류이다. 트레할로스는 자연에서 이당류 및 일부 중합체에서 단위체로도 발견된다. 산 가수분해에 강한 저항성을 가지고 고온이나 산성 조건에서도 안정적이다. 단맛이 22% 이상인 트레할로스는 수크로스의 약 45%에 해당하지만, 농도가 감소하면 수크로스의 단맛보다 빠르게 감소한다.

3) 당류의 조리

(1) 결정형 캔디

수크로스 용액은 일정한 압력, 온도일 때 용질의 농도에 따라 불포화용액, 포화용액, 과포화용액으로 나눈다. 수크로스 용액은 가열하여 포화용액을 만들고 냉각하면 과포화용액이 된다. 불안정한 과포화용액에 설탕 입자를 넣거나 저어서 핵을 만들면 냉각되면서 핵 주위로 결정이 성장한다. 폰단트는 설탕용액을 114°C까지 끓이고

40°C로 냉각하여 저으면서 작은 결정의 캔디를 만든 것이다. 결정형 캔디는 결정 크기에 따라 품질의 차이를 보이는데 냉각속도와 젓는 속도를 빠르게 하면 작은 결정 크기의 캔디가 된다. 용질 이외의 물질이 결정의 성장을 방해하는데 달걀흰자, 시럽, 꿀, 우유, 타르타르산염, 한천, 버터, 유기산 등이 속한다. 결정형 캔디는 절단면이 유지되면서 쉽게 깨물 수 있어야 하고 입에서의 감촉이 벨벳처럼 부드러워야 하며 독특한 풍미와 상쾌한 맛을 주는 것이 좋다. 결정형 캔디에는 폰단트, 퍼지, 디비니티 등이 있으며 설탕용액의 가열온도를 각각 114~117°C, 112~120°C, 122~127°C까지 가열한다.

(2) 무정형 캔디

무정형 캔디는 결정형 캔디를 만들 때보다 최종 가열온도가 높고 당 농도도 높아야 한다. 여기에 결정 형성을 억제하는 방해물질을 넣으면 가열 후 점도가 높은 끈끈한 액이 만들어지고 쉽게 냉각되지 않으며 결정화를 방해한다. 무정형 캔디는 유리 전이 온도보다 낮은 온도에서는 유리질로, 그 이상에서는 고무질의 텍스처를 나타낸다. 캐러멜, 브리틀, 태피, 토피 등이 속하는데 캐러멜은 수크로스 농도 83%로 118°C까지 가열하면서 물엿, 버터크림을 첨가하여 만든다. 브리틀은 143°C로 가열하고 물엿, 황설탕, 버터 물, 식소다를 넣어 만든다.

(3) 수크로스시럽

수크로스와 물을 동량 넣어 약한 불에 올려 놓고 젓지 않은 상태로 가열하면 수크로스가 용해되면서 당용액을 만든다. 묽은 당용액을 계속 가열하면 점도가 진해지면서 조리에 사용하기 적합한 농도로 된다.

(4) 기타

과일에 물을 넣고 가열하면 펙틴질이 용출된 과즙이 추출되는데, 이 액의 산도를 조절하고 설탕을 넣어 가열하면 젤리가 만들어진다. 펙틴의 전하는 산에 의해 없어지고 긴 사슬구조의 펙틴 분산액에 가해진 수크로스가 물을 흡수하면서 펙틴 그물망을 형성하여 구조를 안정화시킨다. 잼은 과육이 포함된 상태의 펙틴질용액의 산도를 조절하고 수크로스를 넣어 만든 식품이다. 수크로스를 이용한 조리에는 탕수육 소스를 만들 때 사용하는 캐러멜화, 수크로스용액을 115~120°C로 가열하여 색깔을 적당하게 한 다음 식품을 넣어 옷을 입히는 당과, 140~165°C로 가열한 수크로스 용액에 식품을 넣어 실이 일어나는 것처럼 만든 파스가 있다.

2. 전분

전분은 엽록소chlorophyll를 가진 녹색식물이 광합성을 통해 만든 글루코스 고분자로 식물체의 각 부위에 입자 형태로 저장되는데 종실, 열매, 뿌리, 땅속줄기에 함유되어 있다. 전분을 함유한 식품에는 쌀·밀·보리·옥수수 등의 곡류, 녹두·팥·강낭콩 등의 두류 및 감자와 고구마가 속하는 감자류가 있다.

표 3-3 전분 함유 식품의 예

구분	식품명
베이커리제품	케이크 믹스, 파이 필링, 컵케이크 프로스팅, 글레이즈, 냉장 쿠키 반죽
브레드링	버섯튀김, 호박튀김, 닭튀김, 생선튀김, 양파링
음료	탄산소다수, 과일주스, 과일음료 분말
통조림식품	칠리, 차우멘, 파스타 통조림, 크림형 옥수수
캔디류	캔디, 초콜릿 필링, 껌
유제품	치즈 분말, 치즈 스프레드, 딥스, 사우어크림, 요구르트
드레싱	샐러드 드레싱, 샌드위치 스프레드
냉동식품	아이스크림, 파스타, 팟타이, TV 디너
육제품	런천미트, 소시지, 칠면조 로프
젤식품	잼, 젤리, 프리저브
수프, 스튜	차우더, 건조수프 믹스, 수프, 스튜
토핑	버터스카치, 마시멜로
그레이비 소스	
양념	

출처 : Amy Brown, 2008

자연식품뿐만 아니라 가공과정 중에 재료로서 또는 품질을 유지하기 위해 전분을 첨가하므로 전분을 함유한 가공식품의 종류는 매우 다양하다 표 3-3.

1) 전분의 종류와 형태

전분은 입자 형태로 세포 내의 아밀로플라스트(백색체)에 들어 있는데 전분 입자의 모양이나 크기는 식물체 종류에 따라 다르며 그림 3-1, 전분은 표 3-4와 같이 급원에 따라 물리화학적 성질 및 결정형이 다르다.

전분 입자는 둥글거나 구형, 타원형, 다면체 등으로 되어 있으며, 쌀 전분은 복합전분립의 형태로 들어 있어 세포 내에서는 둥근형이지만 분리된 전분은 다면체의 작은 입자 크기를 갖는다. 전분 입자의 크기 분포도는 일반적으로 정규분포를 그리며 일

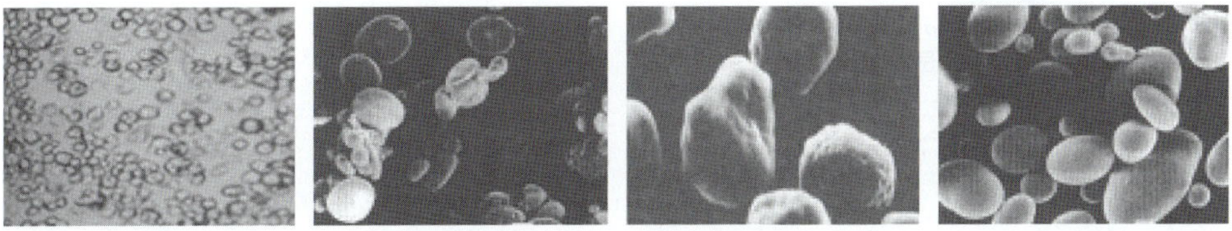

쌀 밀 옥수수 감자

그림 3-1 **전분 입자의 모양**(배율이 다름)

감자

고구마

옥수수

팥

강낭콩

표 3-4 **급원에 따른 전분의 특성**

전분 급원	아밀로스 함량(%)	호화온도 범위(℃)	형태	크기(μm)	결정형
쌀	15~30	65~68	다면체	3~10	A
찹쌀	<2	61~62	다면체	3~10	A
밀	23~28	63~65	둥근형/렌즈 모양	4~10/15~50	A
보리	11~26	59.5	둥근형/렌즈 모양	2~3/35~40	A
옥수수	20~32	72	다면체, 둥근형	5~30	A
찰옥수수	<2	72	다면체, 둥근형	5~25	A
감자	20~25	66	타원형	10~100	B
타피오카	14~27	64, 73	둥근형, 타원형, 원뿔대	4~30	C
아마란스	0~22	68	다면체, 모난형	1~3.5	A

출처 : Bowers J, 1992

정 범위로 나타나고 호화온도가 범위를 나타내는 것과 관련이 있다. 전분 중에 감자 전분 입자의 크기가 가장 크며 인산기를 갖고 있어 가열 호화되었을 때 팽윤력과 점도가 크다. 쌀이나 찹쌀 전분, 아마란스 전분의 입자는 크기가 가장 작다. 전분을 함유하는 식물체 급원에 따라 전분의 형태와 크기가 다르다.

2) 전분의 구조

전분은 입자 내의 글루코스 사슬 배열에 따라 결정성 부분과 무정형 부분이 층층

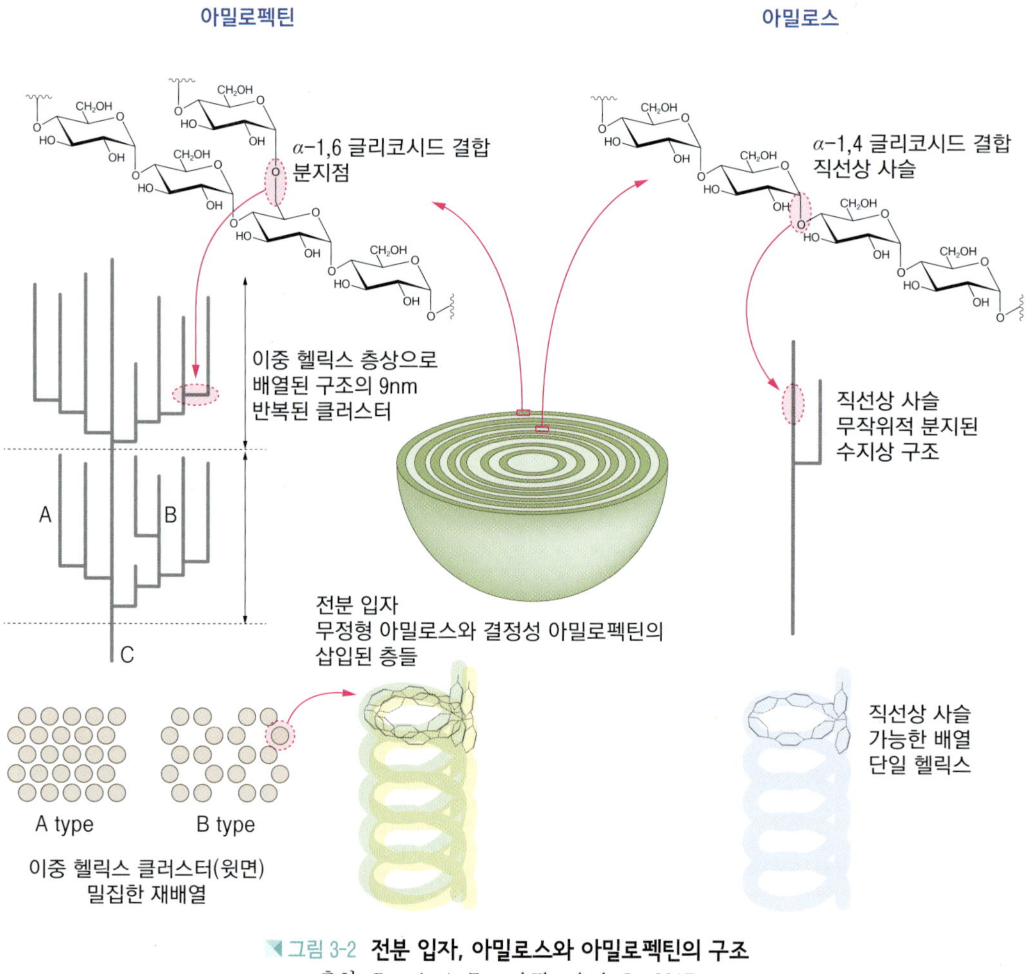

그림 3-2 **전분 입자, 아밀로스와 아밀로펙틴의 구조**
출처 : Raguin A. Z. and Ebenhoh O., 2017

이 배열된 층으로 이루어져 결정성 부분과 무정형 부분이 동심원을 그리듯이 분포하고 있다 그림 3-2. 이런 구조로 인해 편광현미경하에서 말테스 크로스Maltese cross가 생기고 X선 회절도에 의해 피크가 나타난다.

전분을 구성하는 고분자는 글루코스가 α-1,4 글리코시드 결합으로 이루어진 직선상의 아밀로스와 글루코스가 α-1,4 및 α-1,6 글리코시드 결합으로 이루어진 분지상의 아밀로펙틴으로 되어 있다 그림 3-2.

아밀로스는 단일 헬릭스로 되어 있으나, 아밀로펙틴은 이동 헬릭스 클러스터로 밀집된 재배열을 이루고 있다.

전분의 성질은 아밀로스와 아밀로펙틴의 함량, 전분 분자구조, 중합도 등에 따라 달라진다.

3) 전분의 가수분해

전분을 분해하는 효소에는 α-아밀레이스와 β-아밀레이스가 있는데, α-아밀레이스는 α-1,4결합을 가수분해하는데 무작위로 작용하는 endo enzyme이며, β-아밀레이스는 비환원 말단으로부터 말토스 단위로 α-1,4결합을 끊어주는 exo enzyme이다.

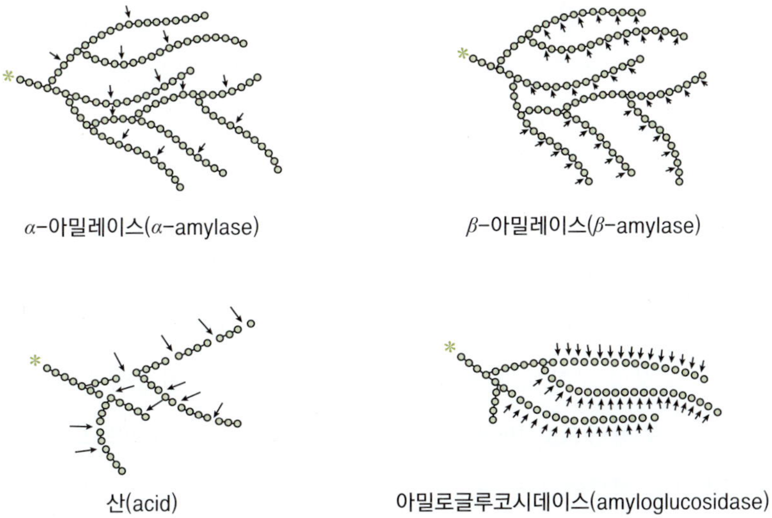

그림 3-3 **전분분해효소와 산에 의한 전분 분해작용**

α-아밀레이스는 전분을 분해하면 글루코스, 말토스, 말토트리오스, 말토테트로스와 덱스트린의 혼합물을 만들어 분해물에 의해 점도가 감소하기 때문에 액화반응이라고 한다. β-아밀레이스는 말토스와 β-한계덱스트린β-limited dextrin의 혼합물을 만드는 데 생성된 말토스에 의해 독특한 단맛을 내며 이 반응을 당화반응이라고 한다. 식품 조리에 사용되는 전분분해효소에는 엿기름이 있는데 α-아밀레이스와 β-아밀레이스가 혼합되어 있지만 β-아밀레이스 활성이 커서 말토스를 생성하는 것이 특징이다.

산은 전분의 α-1,4결합을 무작위로 분해하며, 아밀로글루코시데이스는 비환원 말단으로부터 글루코스 단위로 분해하는 exo enzyme이다.

이소아밀레이스와 풀루라네이스는 α-1,6결합을 분해하는 효소로 인체 내에는 없다.

4) 전분의 조리

충분한 물에 전분을 넣으면 팽윤하는데, 이 반응은 가역적으로 일어난다. 전분은 물과 함께 가열하면 전분이 호화되면서 투명도와 점도가 증가하는 비가역적 반응이 일어나는데, 부분적 결정성 고분자가 무정형으로 바뀌는 구조의 변화가 일어난다. 투명한 호화액은 냉각하여 저장하면 뿌옇게 변하며, 아밀로스 함량이나 농도에 따라 젤화와 노화가 진행되어 결정형이나 구조가 달라진다. 조리과정에서 전분의 변화는 식품의 맛과 텍스처 및 품질에 큰 영향을 미치기 때문에 전분을 함유한 식품을 조리, 가공할 때 중요한 품질의 결정인자이다.

(1) 전분의 호화

전분 입자에 물을 가하면 무정형 부분이 물을 흡수하여 팽윤된다. 전분의 팽윤은 가역적 반응으로 건조하면 본래의 전분 입자 형태로 되돌아간다. 팽윤된 전분 입자에 열을 가하면 무정형 부분에만 결합된 물이 가열에 의해 결정성 부분까지 침투되어 결정성 부분을 무정형으로 변화시키는데 이를 호화gelatinization라고 한다 그림 3-4. 가열에 의해 호화된 전분액은 투명도가 증가하며, 용출된 아밀로스와 전분분자에 의해 점도도 증가하고, 결정성 부분이 소실되어 복굴절성도 없어지며, 효소에 의해 쉽

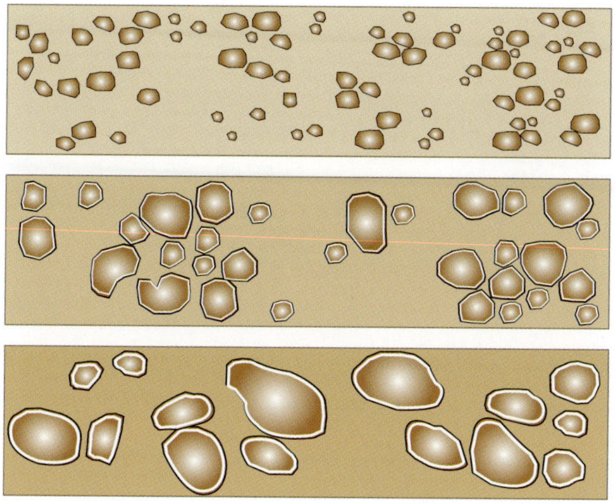

그림 3-4 **호화과정에 따른 전분 입자의 변화**

게 소화된다. 전분을 물에 넣으면 전분 입자가 물을 흡수, 팽윤하면서 크기가 커져 물에 가라앉는다. 현탁액인 생전분액은 가열에 의해 전분이 호화되면 콜로이드 분산액으로 바뀌면서 입자가 가라앉지 않으며 점도가 증가한다. 호화된 전분은 소화효소 작용이 용이하여 소화가 잘되는데 더운밥이 찬밥보다 부담이 적다거나 따뜻한 전분질 식품의 맛이 훨씬 부드럽고 소화에 부담이 없는 이유로 생각할 수 있다.

전분의 호화는 여러 가지 요인에 의해 영향을 받는데 전분의 종류, 수분함량, 온도 및 기타 첨가물질 등이 있다.

① 전분의 호화에 영향을 주는 요인

전분의 종류 전분을 함유하는 식품은 쌀·밀·옥수수와 같은 곡류, 팥·강낭콩·녹두가 속하는 두류, 감자·고구마 등의 감자류와 기타 식물성 식품이 있다. 식물체 급원에 따라 전분 입자의 형태나 크기, 전분을 구성하는 아밀로스와 아밀로펙틴 함량, 전분분자의 중합도나 분지도, 결정성 등이 달라 호화에 영향을 준다.

온도 전분의 호화는 전분의 종류나 결정성에 따라 다르나 충분한 물이 있을 때 일정온도 범위에서 일어난다. 대부분의 전분은 56~75°C 이상의 온도로 가열하였을 때 호화된다. 작은 입자의 전분은 큰 입자보다 높은 온도범위에서 호화가 진행된다. 전분분자를 구성하는 아밀로스와 같은 직선상의 사슬이 많이 있으면 호화온도가 상

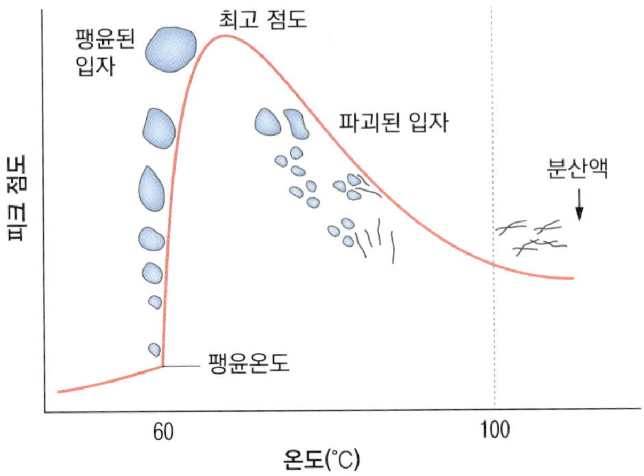

그림 3-5 **전분액의 온도에 따른 점도 변화**

승한다. 호화온도 이하에서 장시간 가열하면 전분 입자의 파괴로 점도가 떨어진다 그림 3-5.

수분함량 전분의 호화는 첨가하는 물의 양에 의해서도 영향을 받는데, 물이 많을수록 호화가 빨리 진행된다. 완전하게 호화되려면 충분한 양의 물이 필요하며, 수분이 많으면 전분의 무정형 부분으로 쉽게 들어가 흡수, 팽윤된다. 수분 흡수에 의한 팽윤은 가역적인 반응이나 호화는 비가역적 반응이다. 가열에 의해 결정형 부분의 수소결합이 끊어지면서 호화가 일어나는데 수분이 많을수록 속도가 빨라진다.

기타 첨가물질 산을 첨가하거나 pH가 낮은 조건에서 가열하면 점도가 낮아지므로 파이 필링이나 샐러드 드레싱에 산을 첨가할 때는 먼저 전분을 호화시킨다.

당은 용해되기 위해 필요한 물의 사용을 전분과 경쟁하기 때문에 호화 개시온도를 상승시킨다. 과량의 당은 전분이 완전하게 호화되는 것을 억제하여 호화액의 물성을 변화시킨다. 이런 당의 영향은 종류에 따라 차이를 보인다. 지방질이나 단백질도 전분의 호화를 지연시키는데 전분 입자를 코팅하여 수분의 흡수를 억제하기 때문이다.

② 전분의 호화 측정방법

전분이 호화되면 다음과 같이 물리적 성질이 변화된다.

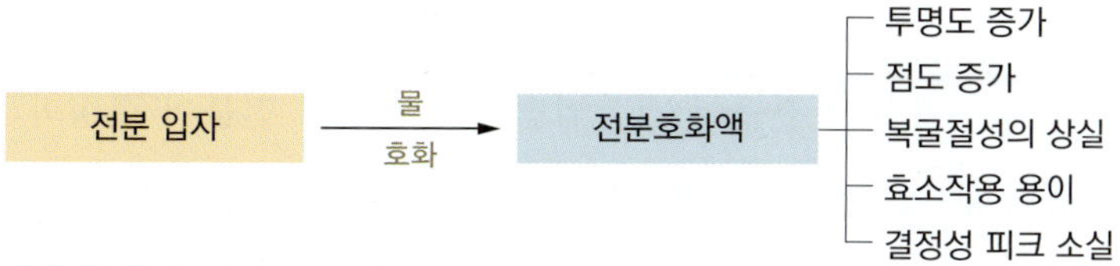

전분의 호화는 호화과정 중에 일어나는 물리적 성질의 변화를 측정하여 전분 종류에 따른 호화온도 범위와 호화도를 결정한다.

- 투명도 증가 : 분광광도계로 광투과도 변화 온도를 측정
- 점도 증가 : 가열 중 Brabender 아밀로그라프Amylograph, 신속점도측정기Rapid Visco Analyzer, 점도계로 측정
- 복굴절성의 상실 : 편광현미경으로 전분 입자 관찰
- 효소작용 용이 : 전분분해효소를 작용시켜 전분액의 당 생성 정도를 측정
- 결정성 피크 소실 : X-선 회절기로 분석한 회절도에서 피크의 양상
- 결정의 용융 : 전분의 열적 특성은 시차주사열량기differential scanning calorimetry, DSC를 이용하여 측정. 물에 의해 결정성이 없어지는 호화흡열곡선을 얻고 이로부터 호화온도 범위와 엔탈피 분석

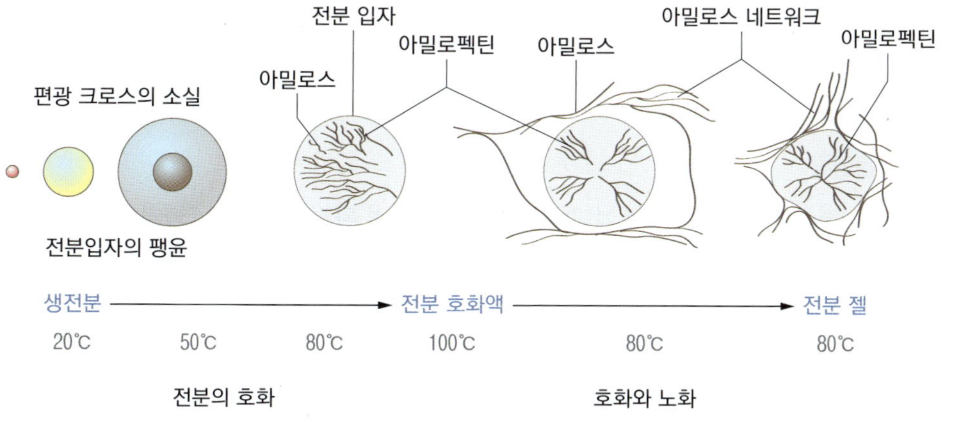

그림 3-6 **전분의 가열 냉각과정 중의 물리적 성질 변화**

출처 : Bornet FRJ et al., 1997

(2) 전분의 노화

노화retrogradation는 호화된 전분이 냉각되면서 무정형의 전분이 결정화되는 과정으로 전분의 종류나 온도에 따라 다르지만 침전되어 불용성의 덩어리를 형성하게 된다. 즉, 콜로이드상태의 호화액을 방치하면 전분분자의 사슬끼리 수소결합을 하여 단단해지고 전분사슬과 결합되었던 물분자가 빠져나오는데 생전분과는 다른 결정형을 나타낸다. 노화된 전분은 불투명한 우윳빛을 띠며 점도가 감소하고 B형의 결정형을 갖는다. 전분분해효소 작용이 어려운 노화전분은 시차주사열량기에 의해 40°C 근처에서 용융흡열곡선을 보인다.

바로 구운 빵을 그대로 방치하면 단단해지면서 거칠어지는데 미생물에 의한 부패 없이 저장 중에 나타나는 이런 변화를 스테일링staling이라 하며 원인은 전분의 노화에 기인한다.

전분의 노화에 영향을 주는 요인에는 전분의 종류, 수분함량, 온도, 첨가물질 등이 있다.

① 전분의 종류

전분은 종류에 따라 아밀로스와 아밀로펙틴의 함량이 다르다. 아밀로스 함량이 많은 전분은 노화가 쉽게 일어나고, 아밀로펙틴이 많으면 저장 초기 노화가 억제된다. 이런 이유는 아밀로펙틴이 분지된 구조로 결정화되기 위해 시간이 많이 걸리기 때문이다.

② 수분함량

호화된 전분의 수분은 노화될 때 결정구조에 사용되기 때문에 노화가 진행되기 위해서는 일정량 이상의 수분이 필요하다. 호화전분은 30~60%의 수분함량을 가지고 있을 때 노화가 빨리 일어난다. 수분함량을 15% 이하로 낮추거나 60% 이상인 식품에서는 노화가 억제된다.

③ 온도

전분의 노화는 저장온도에 따라 달라지는데 호화온도 이상이나 냉동상태에서는 노화가 억제되며, 그 중간의 온도인 0°C와 호화온도 사이에서는 노화가 진행되는데 온도가 낮아질수록 노화속도는 커진다. 노화는 0~4°C의 냉장온도에서 가장 잘 일어난다.

④ 첨가물질

호화전분에 들어 있는 첨가물질에 따라서 노화가 영향을 받는데 알칼리성이면 노화가 억제되고 산을 첨가하면 노화가 촉진된다. 무기염류는 일반적으로 노화를 억제하지만 황산염은 노화를 촉진하는 경향을 보인다. 지방질, 유리지방산과 계면활성제는 전분의 아밀로스와 복합체를 형성하므로 노화가 억제된다.

(3) 전분의 젤화

젤화는 전분액을 가열하면 호화되면서 직선상의 아밀로스가 용출되고, 젓지 않은 상태로 이를 냉각시키면 전분사슬 간의 수소결합에 의해 삼차원적 네트워크가 형성되며, 물이 이 안에 갇히게 되어 젤을 형성하는 것을 말한다 그림 3-6. 젤은 아밀로스를 함유한 전분이 나타내는 물리적 변화로 아밀로스 함량이 높고 중합도가 큰 전분은 젤의 형성이 잘되고 만들어진 젤은 단단한 탄성을 갖는다. 전분의 종류에 따라 아밀로스 함량과 분자구조가 다르기 때문에 형성되는 전분 젤도 각기 다른 형성과정과 성질을 가진다. 전분의 농도, 가열조건, 산, 당이나 유화제, 지방질, 단백질 등의 첨가물질도 젤 형성에 영향을 준다.

① 전분의 아밀로스 함량

아밀로펙틴으로만 이루어진 찰전분은 젤화가 일어나지 않는다.

② 아밀로스의 사슬길이

아밀로스 함량뿐만 아니라 젤 매트릭스를 형성하기에 용이한 아밀로스의 중합도 범위가 있는데 강낭콩전분의 아밀로스 함량은 녹두전분보다 높으나 녹두전분처럼 탄력 있는 젤을 형성하지 못한다.

③ 첨가물질

전분은 산에 의해 가수분해되어 전분분자의 사슬길이가 짧아지므로 망상구조를 형성하기 어려워 젤이 잘 형성되지 않는다. 수크로스는 전분이 호화되는데 필요한 수분을 경쟁적으로 사용하여 아밀로스 용출이 충분하지 않아 젤 형성이 어렵고 젤 강도를 감소시킨다.

지방질이나 유화제는 소수성이므로 전분 호화액의 성질과 다르며 가열과정에서 아밀로스와 지질 복합체를 형성하여 젤 매트릭스를 만들지 못하므로 젤화가 어렵다.

(4) 전분의 호정화

전분은 물이 충분한 조건에서 100°C까지 가열하면 호화가 되지만, 물이 없는 조건에서는 160~170°C로 가열하면 전분분자의 글리코시드결합이 끊어져 가용성의 덱스트린이 형성된다. 건열 처리에 의해 가용성 덱스트린으로 변하는 과정을 호정화 dextrinization라 한다. 호정화된 전분이 물에 용해되면 호화된 전분과는 달리 점도가 낮다. 호정화현상은 빵을 토스트할 때, 뻥튀기나 미숫가루를 만들 때 일어난다.

(5) 전분의 당화

전분이 산이나 전분분해효소에 의해 가수분해되면 글루코스, 말토스와 올리고당이 생성되는데 이로 인해 단맛이 증가하므로 이 현상을 당화라 한다. 생전분은 산이나 효소에 의해 분해되기 어렵지만 호화전분은 쉽게 분해되어 당화된다. 물엿, 조청이나 시럽 등은 이를 이용하여 제조된 식품이며, 가수분해 정도로 점도나 단맛을 조절할 수 있다. 엿기름으로 식혜를 만들거나 이스트로 빵 반죽을 할 때에도 당화가 진행된다.

(6) 기타 전분의 이용

전분은 주재료로 사용되는 것 외에 첨가물질로서 조리와 가공 과정에서 다양하게 사용된다.

① 증점제 thickening agent

전분이 호화되면 점도가 증가하는데 이런 성질을 수프, 소스, 그레이비 등에 이용하고 있다.

② 젤 형성제 gelling agent

전통식품 중에 전분의 젤화를 이용한 묵은 아밀로스 함량이 높고 적당한 중합도를 갖는 전분인 녹두, 동부, 도토리, 메밀 전분으로 만들 수 있다. 과편은 과즙을 첨가하여 묵과 같은 젤을 형성할 수 있는 전분을 사용하여 제조한다. 푸딩이나 젤리도 전분이 젤을 형성할 수 있는 기능을 활용한다.

③ 결착제binder

소시지나 어묵, 게맛살 등은 동물성 단백질 식품의 단백질을 모아 만든 가공식품으로 단백질 간의 결합이 약할 때 전분을 첨가하여 단백질의 결착제로 사용한다.

④ 안정제stabilizer

전분이 호화되면 점도가 증가하므로 호화 전분액을 가공식품 제조 시 안정제로 첨가한다.

⑤ 습윤제humectant

전분은 친수성 구조로 이루어져 수분을 보유할 수 있는데 생전분이나 변성전분을 사용하여 식품에 적합한 보습효과를 갖도록 한다.

⑥ 피막제edible film

전분은 호화되면 점도가 증가하고 피막을 형성할 수 있어 이를 캡슐 제조에 이용할 뿐만 아니라 변성전분을 이용하여 필름을 제조한다.

⑦ 지방대체제fat substitute

전분이나 변성전분은 지방질과 유사한 성질을 가지므로 무지방 또는 저지방 식품에 사용한다.

묵

묵은 녹두, 동부, 도토리, 메밀 전분에 충분한 물을 넣고 가열, 호화액을 만든 다음 냉각하여 만든 전분 젤 식품으로 비가역적이다. 청포묵은 녹두 전분으로 만든 젤로 탄력성과 휘어짐이 좋으며 쉽게 부서지지 않는 성질을 갖고 있다.

청포묵

5) 변성전분

전분의 특성은 급원에 따라 다르기 때문에 사용목적에 따라 적합한 전분을 선택해야 한다. 가장 많이 사용되는 전분에는 옥수수전분, 감자전분, 타피오카전분 등이 있으며 밀전분, 쌀전분 등도 부분적으로 사용하고 있다. 전분 자체가 갖는 여러 성질은 제한적이므로 전분을 물리적, 화학적 및 효소적 방법으로 새로운 성질을 갖도록 만들어 용도에 적합하게 이용하는데 이 전분을 변성전분modified starch이라고 한다. 변성과정은 전분의 호화, 가열시간, 냉동 안정성, 냉수에 대한 용해도나 점도 등에 영향을 준다.

생전분이나 변성전분은 그 성질에 따라 조리, 가공에 사용되고 있으며, 최근에는 식이섬유와 같은 기능성을 가진 저항전분이 개발되어 시판되고 있다. 여기에서는 조리나 가공에 사용되는 변성전분의 특성을 간단히 알아본다.

(1) 물리적 변성전분

전분의 수분과 온도, 압력을 조절하여 그 성질을 변화시킨 것으로 호화전분, 수분-열처리전분, 어닐링전분 등이 있다.

① 호화전분pregelatinized starch : 충분한 물과 함께 가열하여 호화시킨 다음 노화되지 않도록 바로 건조시키는데 드럼건조를 이용하거나 압출성형기를 이용, 물과 온도, 압력을 모두 이용하여 만든다. 호화 찰전분은 즉석식품 제조에 바람직하다. 이를 프리젤pregel, 프리쿡precooked 또는 찬물에 팽윤되는 전분cold water swelling이라 한다.

② 수분-열처리전분 : 전분이 호화되기 위해서는 전분에 30% 이상의 물이 첨가되어야 하는데 호화되기 어려운 수분함량 조건에서(30% 이하) 호화온도 이상으로 열 처리하여 제조하며 저항전분의 제조에 응용한다.

③ 어닐링전분 : 전분은 충분한 물이 있는 조건에서 호화온도 이하로 처리하여 제조한 전분이다.

(2) 화학적 변성전분

여러 종류의 화합물을 이용하여 전분의 구조를 변화시켜 만든 전분으로 저점도전분, 가교결합전분, 안정화전분, 산화전분 등이 있다.

① 산분해전분 : 저점도전분thinned starch이라고도 하며 산으로 가수분해하면 분해 정도에 따라 점도가 감소하고 용해도가 증가한다. 전분분자 구조에 따라 가열했을 때 묽은 용액으로 유동적이지만 냉각 후 쉽게 젤이나 필름을 형성하게 된다. 호화온도는 증가하고 호화액의 점도는 감소한다.

② 가교결합전분 : 가교결합제를 사용하여 전분의 −OH기와 가교결합 반응을 하여 전분분자 간의 가교결합을 한다. 찰전분이나 근경류전분의 끈적끈적한 텍스처를 변성시키기 위해 사용하며 전단력, 산, 열에 대해 저항성이 있다 그림 3-7.

③ 안정화전분 : 전분에스터라고도 하며 안정성을 위해 전분과 아세트 안하이드라이드로 생성한다. 안정화전분은 부피가 큰 안정제로 인해 이중나선형 결합 형성이 어려워 노화가 억제된다. 조리와 냉각 중에 호화액의 점도 변화가 적고 높은 점증력, 높은 투명도, 부드러움을 유지하지만 저장 중에 단단한 텍스처를 보인다. 노화와 이장현상이 적고 냉동-해동 안정성이 개선된다 그림 3-7.

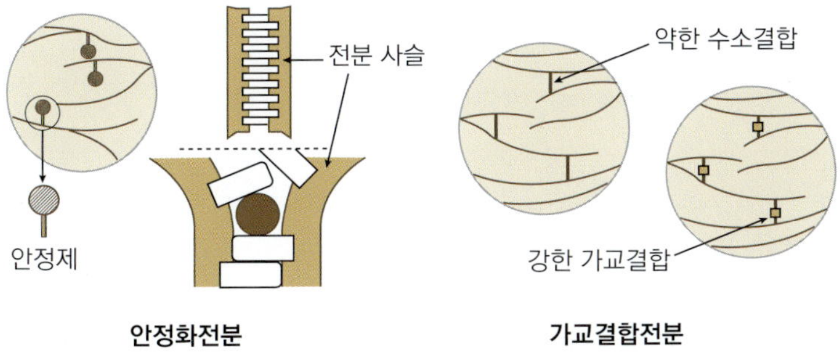

그림 3-7 안정화전분과 가교결합전분의 결합방식

④ 산화전분 : 산분해전분과 특성이 유사하나 더 부드러운 성질을 가지며 젤을 형성하지만 가공식품에서는 사용이 제한된다. 유화액의 안정제와 농후제로 사용되며 분말과 같은 조밀도는 마시멜로나 추잉껌과 같은 식품에 이상적이다.

저항전분(resistant starch, RS)

인체 내의 효소에 의해 분해되지 않는 전분이나 그 유도체로 식이섬유와 같은 생리적 기능성을 갖고 있으며, 체내 효소와 만나기 어려운 전분(RS1), 생전분이면서 B형 결정형을 갖는 전분(RS2), 아밀로스의 노화에 의한 노화전분(RS3), 화학적 변성전분(RS4)과 아밀로스-지질 복합체(RS5)로 구분한다.

CHAPTER

4

쌀

1. 쌀의 종류
2. 쌀의 구성성분
3. 쌀의 저장
4. 쌀의 조리
5. 기타 쌀 가공식품

쌀은 세계에서 생산되는 3대 작물 중 하나로 세계 인구의 반 이상이 주식으로 사용하고 있으며, 전체 생산량의 90% 이상을 아시아 지역에서 생산하고 있다.

벼

우리나라에서는 기원전 1000년경부터 벼농사가 시작되어 주곡으로 자리 잡고 있는데 2000년 이후부터 국민 1인당 쌀 소비량이 점차 줄어들고 있는 추세에 있다. 이런 경향은 일본과 타이완도 같아 쌀 가공식품에 대한 관심이 높아지고 있다. 여기서는 쌀의 종류, 특성, 조리 및 쌀을 이용한 가공방법과 식품에 대해 이해하고자 한다.

쌀

1. 쌀의 종류

1) 형태에 따른 분류

쌀알의 장축과 단축의 비율에 따라 단립종, 중립종, 장립종으로 나뉘는데 단립종과 중립종은 자포니카형, 장립종은 인디카형에 속한다. 한국, 일본, 중국 등 동아시아에서는 단립종과 중립종을, 동남아시아에서는 장립종을 생산하고 있다. 장립종은 쌀에 함유된 전분의 아밀로스 함량과 단백질 함량이 높아 밥의 윤기와 끈기가 적은 특징이 있다.

장립종　　중립종　　단립종

그림 4-1 형태에 따른 쌀의 분류

2) 도정에 따른 분류

수확한 벼는 건조 후 제현과정으로 왕겨를 벗기고 현미를 도정하여 백미로 만든다. 현미는 과피, 종피, 호분층, 배유와 배아로 구성된다. 배유, 배아를 제외한 부분을 미강(쌀겨)이라고 하며, 배유, 호분층, 배아의 비율은 92:5:3으로 구성되어 있다.

현미에서 미강과 배아를 제거하고 백미인 배유 부분을 얻는 과정을 도정이라 한다. 도정률 10%인 것이 백미로 판매되는데 도정률이 높을수록 단백질, 섬유질, 지방질 및 티아민은 감소되고 전분량과 백색도는 증가한다 그림 4-2.

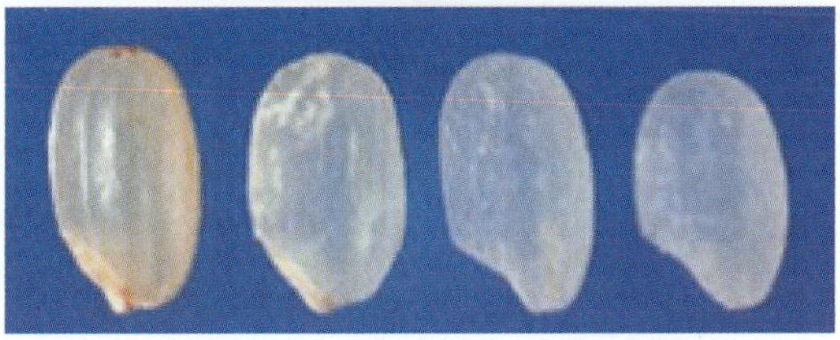

현미 3분도미 7분도미 백미

그림 4-2 **도정률에 따른 쌀의 종류**

출처 : 농촌진흥청, 2003

3) 아밀로스 함량에 따른 분류

쌀을 구성하는 성분 중 75~80%를 차지하는 전분은 구성하는 아밀로스 함량에 따라 찹쌀과 멥쌀 및 고아밀로스 쌀로 구분한다. 찹쌀은 아밀로스가 거의 없고 아밀로펙틴으로만 구성되어 있으며, 멥쌀은 20% 내외, 고아밀로스는 30% 정도의 아밀로스를 함유하고 있다. 아밀로스 함량이 8~13%인 반찰성을 갖는 쌀도 김밥용으로 개발되었다.

4) 유색미와 특수미

유색미는 현미 호분층에 식물성 색소를 함유하고 있는데, 안토시아닌을 함유한 흑미와 클로로필을 함유한 녹미, 탄닌계와 카로테노이드를 함유한 적미 등이 있으며, 향기성분을 갖는 향미도 있다. 아밀로스 함량에 따라 멥쌀과 찹쌀로 구분되며, 도정하면 백미를 얻게 되므로 유색미는 현미 상태를 식용으로 사용한다. 배아의 크기를 크게 한 거대 배아미, 아밀로스 함량을 높이고 식이섬유를 높인 쌀, 아미노산 함량을 높인 쌀 등도 있다.

현미 적미 흑미 현미 거대 배아미

그림 4-3 **유색미와 배아미**

5) 가공미

기능성 쌀은 쌀에 기능성분이 함유되도록 가공 처리한 것으로, 기능성분을 코팅한 쌀, 쌀에 버섯을 배양한 쌀, 생활습관병을 예방할 수 있는 천연물질이 함유된 쌀 등이 있다. 백미에 비해 식이섬유, 단백질 및 무기질 함량이 높은 현미는 취반이 어렵고 취반 후 밥맛이 떨어지므로 이를 보완하기 위해 발아를 시키는데 발아과정에서 이취가 발생하는 것이 문제점이므로 건조조건을 조절하여 품질을 개선하고 있다. 발아현미는 발아과정에서 감마아미노낙산GABA과 수퍼옥사이드 디스뮤테이스SOD 활성이 증가하기 때문에 건강에 도움을 준다.

최근 단위면적당 수확량을 증가시킨 가공용 다수확 품종이 개발되어 목적에 따라 밥용과 가공용 쌀로 구분하여 재배하도록 하고 있다.

2. 쌀의 구성성분

1) 수분함량

쌀은 건조할 때 저장성을 고려하여 수분함량을 13~14%로 조절해야 하지만, 최근 도정 후 완전미율과 밥맛을 향상시킨다는 이유로 수분함량을 15~16%로 맞춰 도정하고 있다. 미생물 특히 곰팡이에 대해 안전하게 저장하는 방법으로 수분과 온도가 중요하며 통풍이 잘되는 곳이나 저온 저장이 필수적이다.

2) 탄수화물

(1) 전분

쌀을 이루는 고형분 중 약 80% 이상을 차지하는 것이 전분이다. 전분은 쌀알의 세포 내 백색체에서 합성되며, 구형의 입자로 되어 있는 복합전분립이다. 이것은 분리되면 다면체 전분 입자로 된다. 전분은 글루코스로 이루어진 호모다당류로 직선상의 아밀로스와 분지상의 아밀로펙틴으로 구성되어 있으며, 아밀로스와 아밀로펙틴의 구성비율이나 글루코스 사슬의 중합도, 분지도 등에 의해 특성이 달라진다.

찹쌀은 아밀로펙틴으로만 이루어진 전분을 함유하고 있기 때문에 끈기가 있고 수분 흡수율이 높아 수세 후 조리수를 가하지 않더라도 쌀에 흡수된 물에 의해 호화가 이루어져 밥을 지을 수 있다. 반면에 일반적인 멥쌀은 아밀로스 함량이 20% 내외로 가수량을 쌀 무게의 1.4~1.5배 첨가해야 호화가 진행된다.

(2) 식이섬유

최근에 식품에 함유된 성분 중에 비소화성 탄수화물인 식이섬유에 대한 관심이 증가하고 있는데, 이는 건강과 관련된 영양생리학적 면에서 중요한 성분으로 확인됐기 때문이다. 식이섬유는 도정률이 증가하면 감소하여 현미는 1~3%, 백미에는 1% 미만이 들어 있는데 제분한 밀가루보다는 많은 양이 들어 있다. 복합탄수화물의 중요성을 강조하며 정제되지 않은 곡류를 권장하고 있는 이유도 식이섬유의 섭취가 중요하기 때문이며, 나라에 따라 다르나 1일 25~35g을 섭취하도록 권장하고 있다.

3) 단백질

쌀 성분 중에 단백질은 6~9%가 들어 있는데 호분층으로 갈수록 많아 현미에 더 많이 들어 있으며, 품종이나 쌀알의 형태에 따라서도 차이가 난다. 쌀 단백질은 오리제닌이며 단백가가 74로 곡류 중에서 가장 질이 좋다. 쌀로 취반할 때 밥맛에 영향을 주는 성분 중에 전분 이외에 단백질이 있는데, 단백질 함량이 낮을수록 우리나라 사람들이 선호하는 윤택과 끈기가 있는 밥이 된다. 쌀에 함유된 단백질은 밀에 함유된 글리아딘이나 글루텔린과 달리 글리아딘이 거의 없어 글루텐을 형성할 수 없기 때문에 부풀거나 네트워크를 형성하는 식품가공학적 기능이 없다.

4) 지방질

지방질은 도정도에 따라 다르나 0.5~3% 정도 함유되어 있다. 주로 배아 부분에 불포화도가 높은 지방산으로 구성되어 영양적으로 바람직하나 저장 중에 산패되므로 품질을 저하시키는 원인이 된다. 신선할 때의 지방질은 밥의 윤기를 내어 밥맛에도 영향을 준다. 배아를 함유하는 벼나 현미를 저장할 때의 품질 변화는 지방질의 변화가 영향을 주며, 백미는 도정과정에서 배아가 제거되어 지방질의 함량이 낮아 상대적으로 변화가 적지만 고미의 밥맛이 떨어지는 원인은 지방질의 변패에 기인하는 것으로 생각되고 있다.

3. 쌀의 저장

쌀은 벼의 형태로 보관하였다가 사용 전에 도정을 하거나 현미나 백미로 도정하여 저장한다. 취반용으로 사용하거나 쌀 가공용으로 쌀가루를 제조할 경우에도 쌀의 신선도가 중요하므로 저장온도나 습도 또는 도정과정과 후의 저장조건을 충분히 고려해야 한다.

1) 수분함량과 습도

저장성을 유지하기 위해 미생물의 오염을 방지하는 수분함량은 수분활성A_w이 0.7 이하인 것이 가장 좋으나, 쌀의 특성을 고려했을 때 13~14%의 수분함량이 바람직한 것으로 알려져 있다. 최적조건으로 건조한 쌀도 저장 중 주위 환경의 습도에 따라 수분함량이 증가할 수 있기 때문에 저장용기나 포장재의 선택이 중요하며 온도의 영향도 받는다. 건조방법도 품질에 영향이 크다. 저장할 때는 저온에서 통풍이 잘되는 곳에 보관하면 좋다.

2) 도정

쌀의 도정률에 따라 배아의 유무, 배아가 공기 중에 노출되는 정도, 수분의 변화가 달라지므로 도정 정도에 따른 저장 방법과 조건을 고려해야 한다. 백미로 도정한 쌀을 오래 보관하면 안 좋은 냄새가 나고 취반 후 밥맛이 저하되므로 습도가 조절된 저온에 보관하는 것이 바람직하다.

3) 저장용기

쌀의 포장재 중 공기가 통과되는 재질의 경우 그대로 저온에서 보관 가능하나, 공기와 수분이 차단되는 포장재의 경우에는 구입 후 쌀 보관용기로 옮겨서 저온에 보관하는 것이 좋다. 쌀을 보관할 때 냄새가 나는 식품이나 물질과 함께 두면 냄새를 흡수하여 이취가 발생하기 때문에 분리 보관해야 한다. 탈취제나 항산화물질을 함께 넣어 보관하면 신선도 유지에 바람직하다.

4. 쌀의 조리

1) 취반

(1) 쌀의 선택

외형적으로 쌀을 선택할 때 멥쌀은 쌀알이 투명하고 찹쌀은 반투명한 유백색을 띠며, 이물질이 적고 광택과 맑은 느낌이 있으며, 심백이나 균열이 없고 싸라기가 없이 완전미율이 높은 것이 좋은 쌀이다. 품종이나 도정률에 따라 쌀알의 크기가 다르지만 크기가 균일한 것이 좋다. 쌀 포장지 겉면에 생산연도, 품종, 생산자 및 품질 인증 유무와 도정일자가 적혀 있으므로 이를 확인하고 선택하는 것이 중요하다.

(2) 취반 요령

① 씻기

취반할 때는 쌀을 씻어 이물질과 표면에 묻은 겨를 제거하고 수분 흡수가 잘 되도록 해야 하는데 수분 흡수속도가 현미와 백미가 서로 달라 씻은 쌀을 적당한 시간 동안 물에 담가 불린 다음 가열하는 것이 좋다. 청결미나 씻어 나온 쌀은 도정과정에서 수세 처리를 하였기 때문에 따로 씻지 않아도 된다.

② 불리기

불리는 과정에서 쌀알에 물이 고르게 스며들기 때문에 전분 호화가 잘되어 밥맛이 좋아진다. 지나치게 불린 쌀은 쌀알이 부서지고 영양성분 등이 빠져나가기 때문에 백미는 30분 정도가 적당하다.

③ 가수하기

현미와 백미, 찹쌀과 멥쌀, 햅쌀과 묵은쌀 또는 품종에 따라 취반할 때 가수량을 달리해야 하며, 사용하는 조리용기와 가열방법에 따라서도 가수량이 차이가 난다. 개인에 따라 선호하는 밥의 진정도가 다르나 일반적으로 밥의 수분함량이 65% 내외일 때 밥맛이 가장 좋다. 조리 중 수분 손실률을 감안하면 쌀 무게의 1.4~1.5배 가수량이 적합하다.

④ 가열하기

밥을 짓는 방법은 나라마다 차이가 있고 다량조리에서 사용하는 방법도 다르지만 우리나라는 일반적으로 불린 쌀에 가수하여 가열하는 방법을 사용해 왔다. 화력을 3단계로 조절하여 밥을 짓는데, 처음에는 강한 불로 끓여 전분에 물이 빠르게 침투되어 결정성 부분까지 들어가 호화되도록 한다. 가열 중 일부의 아밀로스가 용출되어 밥물이 끈기를 갖게 된다. 중간 세기의 불을 유지하면서 흡수되지 않은 물이 쌀알에

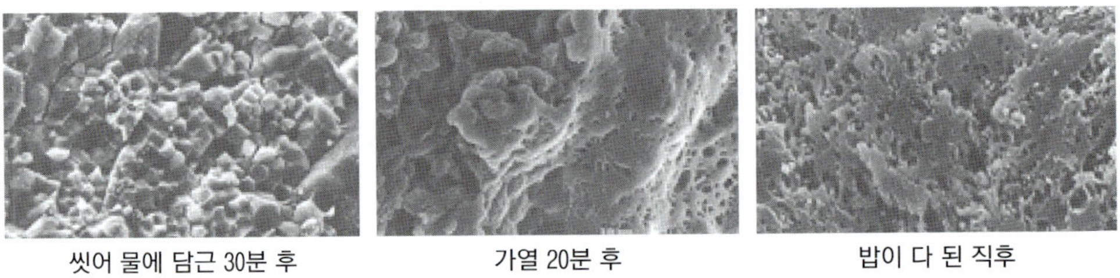

그림 4-4 **취반과정에서 일어나는 멥쌀의 내부 구조 변화**

출처 : 농촌진흥청, 2003

흡수되도록 하여 완전한 호화가 이루어지도록 한다. 화력을 약하게 조절하고 물이 전분과 쌀에 완전히 스며들어 자유로운 물이 겉돌지 않도록 하여 완전히 호화되도록 한다.

⑤ 뜸 들이기

가열과정이 끝나면 불을 끈 다음 10~15분간 뜸 들이기를 하는데, 이때 부분적으로 남아 있던 물기는 완전히 쌀알로 침투된다. 용출된 탄수화물이 다시 잦아들고 팽윤된 밥알이 윤기를 보이며 밥이 완성된다.

⑥ 밥 저어주기

완성된 밥을 그대로 두면 수증기가 다시 밥으로 응축하여 물기가 생기며, 용출된 아밀로스 등의 밥물이 잦아들면서 밥알끼리 붙어 있게 되어 식은 다음 덩어리지는 현상이 나타나므로 저어서 수분을 날리거나 밥알 사이에 공기가 들어가게 한다. 공간이 생기면 덩어리지는 현상을 막을 수 있다.

(3) 밥맛에 영향을 미치는 요인

우리나라에서는 밥용 고품질 쌀을 생산하기 위해 아밀로스 함량과 단백질 함량이 낮은 쌀 품종을 육종하였으며, 지역이나 기후조건에 따라 같은 품종의 쌀도 밥맛에 차이를 보여 재배지역을 구분하여 쌀의 품종을 장려하고 있다.

최근에는 안전성도 고려하여 유기농, 품질인증 쌀과 GAP쌀 등을 생산하고 있으며, 잡곡이나 유색미 등으로 혼합하여 밥을 짓고 있으므로 다양한 요인이 밥맛에 영향을 주게 된다.

① 쌀의 품종과 재배조건

쌀을 취반용으로 사용하기 위해서 자포니카형의 저아밀로스와 단백질 함량이 적은 품종으로 새롭게 육종하고 있다. 지속적으로 개발된 품종도 지역이나 재배조건에 따라 밥맛에 차이를 나타낸다. 대체로 만생종 쌀이면서 일모작으로 재배한 것이 좋은 품질을 보인다.

② 쌀의 구성성분

쌀의 수분함량인 13~14%보다 더 건조된 쌀은 수세과정에서 수분 흡수가 갑자기 일어나 팽윤 정도가 달라지는 불균일한 수분 이동으로 밥맛이 저하된다. 건조과정에서 균열이 생기고 쌀알이 깨어지면 외관의 품질이 떨어질 뿐만 아니라 밥맛도 저하된다. 쌀의 구성성분 중 전분 함량이 가장 많이 들어 있고, 단백질은 6~8%, 지방질은 1% 이하이이므로 전분의 역할이 중요하다. 쌀알의 배유세포의 세포벽과 세포막 내의 백색체에 전분 입자가 들어 있어 밥을 지을 때 전분의 팽윤에 세포벽이 영향을 준다. 전분의 아밀로스 함량과 쌀의 단백질 함량이 낮은 쌀은 윤택하고 끈기가 있는 밥이 되기 때문이다. 그 외에 아미노산이나 가용성 유기물질, 당류도 밥맛을 좋게 하며 향미에도 좋은 영향을 미친다.

③ 가수량

수분함량 65%가 맛있는 밥의 기준이라 했을 때 취반 중 손실되는 물의 양을 고려하면 가수량은 쌀 무게의 1.4~1.5배가 적당하다. 쌀의 아밀로스 함량, 저장기간, 조리방법 등에 따라 차이가 나며, 아밀로스 함량이 적고 저장기간이 짧은 햅쌀을 사용하여 압력솥으로 밥을 지을 때는 가수량을 줄여야 밥맛을 유지할 수 있다.

④ 취반방법

취반을 할 때 조리용구는 무쇠나 돌과 같이 두껍고 무거워 압력을 준 효과를 가지며 열 전달이 느려 가열 후 뜸 들이기에 적합한 재질이 좋다. 압력솥을 사용하면 단시간에 전분이 호화되고 호화도도 높아 밥맛이 좋다. 가스를 사용할 때는 불 조절이 중요하고, 전기밥솥은 자체 프로그램에 맞게 사용하며, 장작불에 무쇠솥을 사용하면 압력솥을 사용한 것과 같은 효과를 보인다. 쌀에 필요한 양의 물을 넣고 완전하게 잦아들도록 하는 방법, 과량의 물을 넣고 끓인 다음 여분의 물을 따라내고 뜸을 들이는 방법, 불린 쌀로 찌는 방법 등에 의해서도 밥맛이 차이를 보인다.

⑤ 쌀의 저장기간

쌀을 저장할 때는 벼의 형태로 저장하거나 제현 후 현미로 저장하는데 저장 후 쌀의 품질은 저장조건에 따라 달라지며, 일반적으로 저장기간이 길어질수록 밥맛이 떨어진다. 햅쌀보다는 묵은쌀의 수분함량이 낮으므로 취반 시 가수량을 늘려야 하며, 저장 중에 이취가 생기면 식초를 첨가하여 씻으면 냄새를 억제할 수 있어 맛을 향상시킬 수 있다. 저온에서 벼로 저장하고 도정 후 바로 사용하는 것이 가장 좋은 밥맛을 유지할 수 있다.

⑥ 도정률과 쇄미

쌀의 왕겨를 벗긴 현미는 도정률을 높인 백미와 비교하였을 때 수분 흡수력이 낮고 취반 시 수분 침투력이 낮아 완전한 호화가 되기 어려우며, 표면에 식이섬유나 단백질 등의 호분층이 거친 텍스처를 주므로 밥맛이 떨어진다. 밥맛을 향상시키기 위해서는 12분도 이상으로 도정률을 높인다. 재배조건이나 자연환경에 따라 쌀알의 품질이 떨어져 도정할 때 금이 가고 색택이 좋지 않으며 부서져 쇄미를 만들게 된다. 쇄미가 혼합되면 외형상 품질이 저하될 뿐만 아니라 수분 흡수력과 가열 시 열 전달속도가 다르고 손상된 세포에서 전분이 용출되어 나올 수 있어 밥의 품질을 저하시킬 수 있다.

2) 죽

죽은 쌀에 물을 많이 붓고, 오래 가열하여 무르게 만들어 소화되기 쉬운 형태로 만든 유동 상태의 음식이다.

죽은 함께 사용되는 재료에 따라 보양식, 환자식, 이유식, 구황식까지 다양한 용도로 이용되고 있다. 미음은 쌀, 차조, 메조 등의 곡물을 알맹이째 푹 무르도록 끓여서 고운체에 받친 것이다. 응이도 죽의 한 종류로 곡물을 갈아 나온 전분에 물을 붓고 주걱으로 저으면서 익힌다. 곡물을 갈아서 그대로 쓰지 않고 고운 천에 여과시킨 뒤 뿌연 물을 모두 짜내 가라앉힌 녹말로 쑨다. 암죽은 백설기를 말려서 곱게 가루 낸 것으로 쑨 죽으로 갓난아기에게 젖의 대용으로 먹였다.

흰죽

흑임자죽

팥죽

3) 떡

떡은 멥쌀이나 찹쌀을 씻어 수침하고 물기를 뺀 다음 가루화하여 만들며, 백설기나 시루떡과 같은 찐 떡, 인절미, 가래떡, 절편 등의 친 떡, 송편이나 경단과 같이 빚는 떡, 전병이나 화전 등의 지진 떡으로 구분한다. 떡의 재료로 멥쌀과 찹쌀을 사용하는데 모두 수세 후 6시간 이상 침지한 습식쌀가루를 사용한다.

시루떡

찐 떡은 쌀가루가 호화되기 위해서는 쌀가루의 수분함량과 가열조건이 중요하며 쌀가루 사이로 열 전달이 되도록 공간이 필요하다. 찹쌀은 아밀로펙틴으로만 구성되어 있어서 가열하면 완전히 풀어져 인절미 덩어리처럼 되기 때문에 익히기 위해 켜를 얇게 만들어야 한다. 떡이 완전히 익기 위해서는 밥과 같이 뜸 들이기가 필수적으로 필요하다.

송편

친 떡은 일반적으로 쌀가루로 만들지만 전통적인 방법은 쌀알을 물에 불려 익힌 다음 쳐서 만든다.

화전

빚는 떡에는 빚어서 찌는 떡인 송편과 쪄서 빚는 단자, 빚어서 삶는 경단으로 구분할 수 있다.

지지는 떡에는 전병과 화전이 있으며 주로 찹쌀가루를 익반죽하여 소를 넣거나 꽃, 잎 등으로 모양을 만들어 팬에 지져서 만든다.

약식

떡은 밀가루로 만드는 베이커리제품과는 달리 주원료인 쌀가루 외에 첨가되는 재료가 거의 없어 쌀을 구성하는 전분에 의해 품질이 달라진다. 떡의 수분함량은 40~60%로 저장하면 전분의 노화가 일어나 단단해지고 거칠어져 품질이 떨어진다. 노화 억제방법으로 저장온도와 수분함량을 조절하거나 당이나 지방질, 효소 등을 사용하는 방법이 있으나 지속적인 연구가 필요하다. 최근에 친 떡의 노화를 억제하는 방법이 농촌진흥청에서 개발되었지만 모든 떡에 적용되지 않으므로 좀 더 과학적인 연구가 필요하다.

유과

산자

4) 한과

한과는 전통과자인 정과, 다식, 숙실과, 과편, 엿강정 등이 포함되는데 과줄이라고도 말한다. 기름에 튀기는 강정류와 산자류, 꿀과 조청에 쌀가루를 넣고 반죽하여 판에 찍어내는 다식류, 밥을 지어 말려 튀긴 후 설탕, 물엿이나 조청 등에 버무려 반대기를 만들어 식힌 후 썬 엿강정이 있다. 엿은 엿기름의 전분분해효소, 특히 β-아밀레이스를 이용하여 당화시킨 다음 엿물을 고아서 만드는데 조청과 이것을 농축시켜 굳

쌀강정

흰 강엿, 강엿이 굳기 전에 여러 번 늘여서 공기가 들어가게 하여 만든 흰엿이 있다.

유과나 산자에 사용되는 찹쌀가루는 찹쌀을 장시간 물에 담가 삭혀서 사용하는데, 이 과정에서 전분의 구조가 변화되어 점성이 있는 찹쌀풀을 만들어 꽈리를 쳐서 공기가 함유되도록 하여 만들기 때문에 튀기면 부풀게 된다.

5. 기타 쌀 가공식품

우리나라의 쌀 소비양상은 주식인 밥으로 95% 정도를 소비하고 있으며, 나머지 5% 정도만이 쌀 가공식품으로 이용되고 있다. 쌀 가공식품에는 전통식품인 떡, 한과와 술 외에 새로운 형태로 개발한 즉석밥, 쌀과자, 쌀음료, 죽, 쌀라면, 쌀국수, 제과 등이 있다. 최근 들어 쌀 소비 촉진목적 이외 한식의 세계화와 쌀 가공산업의 경쟁력을 제고하기 위해 많은 노력을 기울이고 있어 새로운 식품들이 많이 출시되고 있다. 다양한 소스를 이용한 쌀떡볶이의 활성화나 호화면인 베트남 쌀국수와는 다른 형태의 쌀국수인 압출생면 등이 지속적으로 개발되고 있다.

2008년까지 조사된 국내 쌀 가공식품의 종류는 표 4-1과 같다.

표 4-1 국내 쌀 가공제품의 종류

생산품목		분류기준
대분류	소분류	
떡·면류	즉석 떡·면류	즉석으로 조리가 가능한 떡국떡, 떡볶이떡, 국수, 라면 등의 즉석제품
	떡·면류	떡류, 국수, 생면 등
	전통떡류	인절미, 절편 등 전통떡
쌀과자	쌀과자	비스킷, 건빵, 스낵 등의 쌀과자
	한과류	쌀강정, 유과 등 전통 한과류 제품
	쌀튀밥	쌀을 단순 뻥튀기한 형태의 쌀과자
	누룽지	누룽지 및 누룽지 형태의 과자
	생미분	쌀을 건식으로 단순 분쇄한 쌀가루 제품
	알파미분	알파미분, 활곡, 압출성형미분, 볶음쌀가루 등의 제품으로 쌀의 성분이 호화된 형태의 쌀가루

(계속)

생산품목		분류기준
대분류	소분류	
쌀과자	습식미분	침지공정 등의 과정을 거쳐 습식으로 분쇄된 쌀가루 제품
주류	탁약주	탁주와 약주 제품
	소주	소주제품
	맥주	맥주제품
	청주	청주제품
조미식품	엿류	엿 및 조청류 제품
	장류	고추장, 된장, 간장 제품
	식초	식초제품
기타	죽류	죽류제품
	식혜	식혜류제품
	스낵 부원료	스낵류 과자 부원료
	꼬치류	꼬치에 끼운 쌀제품
	선식류	미숫가루 등 선식제품
	쌀음료	쌀음료제품
	쌀빵	빵류제품
	가공쌀밥	무균포장밥, 레토르트포장쌀밥, 냉동쌀밥, 건조쌀밥, 컵라이스
	쌀라면	라면류

출처 : 쌀가공협회, 2008

국내 1인당 연간 쌀 소비량은 2000년 93.6kg에서 2018년 61.0kg, 2019년 59.2kg으로 매년 감소하는 추세이다. 2015년부터 쌀을 수입할 때 관세율 513%을 적용하는 쌀 관세화가 시행되고 있어 기존 TRQ(저율관세할당물량)인 40만 8,700톤은 제외하고는 쌀의 수입이 거의 이루어지지 않고 있다. 기존의 쌀 소비 촉진목적보다는 쌀 가공식품을 통해 쌀의 부가가치를 높이기 위한 노력이 지속적으로 이루어지고 있으며, 가공용을 위한 쌀 품종의 개발 및 새로운 쌀 가공식품의 개발도 활발하게 진행되고 있다. 국내 쌀 가공산업체를 통해 새롭게 개발된 쌀 가공식품의 종류와 그 특성은 표 4-2와 같다.

표 4-2 쌀 가공산업체에서 개발된 새로운 쌀 가공식품 종류와 특성

종류	쌀 가공식품의 특성
즉석건조쌀밥	쌀밥의 조리공정을 간소화하여 뜨거운 물만 부어 즉석 복원이 가능하도록 만든 레저, 비상식량용 편이식
즉석쌀죽	쌀 모양을 그대로 살리면서 조리시간을 단축한 인스턴트 전통식품
즉석고기덮밥	밥과 육류 등 영양부식을 동시에 열 처리 가공하여 인스턴트화한 밥의 간편식
즉석식혜	전통식혜의 산업화, 일반화가 가능하도록 전통의 맛이 보존된 분말식혜
쌀과자	쌀가루를 증련하고 건조한 후 유탕과정을 거쳐 조미한 쌀스낵류
쌀 베이커리제품	100% 쌀가루만을 밀가루 대신 베이커리에 사용하여 제조한 베이커리 제품
쌀라면	밀가루의 30%를 쌀가루로 대체한 즉석면류제품. 일반 즉석라면과 같이 단시간에 조리가 가능. 텍스처 및 식이 개선
증숙면	쌀가루 30%를 넣어 쪄서 건조한 즉석면으로 쌀 고유의 풍미와 식감을 유지하여 떡국 맛을 갖춘 인스턴트면
압출면	100% 쌀가루를 압출 성형기법으로 제조한 조리면, 쫄면, 냉면 형태 제품
즉석비빔우동	인스턴트 우동 형태로 가공한 면발이 굵은 즉석면. 독특한 비빔소스 및 조미수프 첨가로 조리 후 쌀 고유의 풍미와 텍스처 유지
쌀 쿠키 및 과자	멥쌀가루로 밀가루를 대체하여 만든 쿠키와 과자류 제품
현미플레이크	현미의 영양분을 손상시키지 않고 가공한 아침식사용 편이식품
알파화미분	압출 성형방법을 이용, 소화성과 가공적성이 좋도록 만든 중간 소재 제품
즉석미숫가루	기존의 미숫가루의 용해성을 개선하여 온수나 냉수에 쉽게 풀어지도록 제조한 편이식품
쌀 발효음료	쌀을 이용하여 유산균으로 발효시킨 요구르트형의 배합음료
쌀고기	쌀과 콩을 사용하여 압출 성형공법으로 조직화시킨 제품

출처 : 김태영, 2008

1) 낟알 형태의 쌀을 이용한 쌀 가공식품

(1) 가공쌀밥

가공쌀밥에는 무균포장밥, 레토르트포장밥, 건조쌀밥, 냉동밥 등이 있는데 무균포장밥의 판매가 증가하고 있다. 밥은 호화된 상태인데 실온으로 장기 저장이 가능하고 손쉽게 먹을 수 있기 때문에 무균포장밥의 개발은 쌀 가공산업에 획기적인 전환점이 되었다. 고품질 햅쌀로 밥을 짓고 무균상태에서 기밀성이 있는 포장재로 밀봉하였으며 리드 포장재로 P-2(PET/EVOH/EPL)를 사용한다.

(2) 죽의 상품화

죽은 바쁜 일상에 부담 없이 먹을 수 있는 주식이며 건강식으로, 오랫동안 가열하여 만들기 때문에 가정에서 조리하기 어려웠던 것을 죽 전문점이 생겨나면서 쉽게 먹을 수 있는 장점을 가지게 되어 관심이 증가되고 있다. 또한 즉석죽이 개발되어 분말이나 액상제품으로 만들고 있으며 쌀에 다른 소재를 활용하여 다양한 제품이 소개되고 있다.

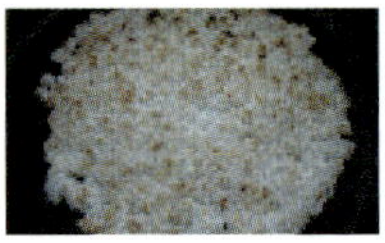

누룽지

(3) 누룽지

밥을 재래적 방법으로 지으면 강한 열로 인해 솥 밑바닥에 밥이 눌은 형태인 누룽지가 생기는데, 전기밥솥이 보편화된 요즘은 가정에서 누룽지를 만들기 어려워졌다. 누룽지는 그대로 물을 부어 숭늉으로 만들거나, 간식 또는 누룽지를 말려 튀겨서 과자로 먹기도 하였다. 중소기업의 제품화로 누룽지탕, 누룽지과자 등의 제품이 나오고 있다. 누룽지는 호화된 눌은 밥이 부분적으로 갈색화되어 구수한 향미를 주며 단단한 밥알의 텍스처가 특징이지만 특별한 기술이나 부가가치가 높은 가공식품은 아니며 소비계층이 얕다.

튀밥

(4) 튀밥

쌀 또는 호화된 밥을 건열로 처리하여 압력을 주고 갑자기 압력을 낮추면 쌀의 내부에서는 수증기가 쌀의 부피를 팽창시키는 팽화puffing가 일어난다. 이러한 팽화과정으로 인해 표면이 굳으면서 독특한 텍스처를 갖는 튀밥이 만들어진다. 쌀을 여러 개 함께 넣어 같은 원리로 뻥튀기하면 크게 팽창된 뻥튀기가 만들어지는데 전분의 호정화로 조리된 것이다. 입안에서 쉽게 녹으며 팽만감을 주기 때문에 젊은 여성층이 선호한다.

(5) 기타

그밖에 쌀을 낟알 형태로 조리, 가공하는 식품에는 식혜, 한과, 장류, 조청과 엿, 술, 식초 등이 있다.

2) 쌀가루를 이용한 쌀 가공식품

(1) 쌀가루 제조

쌀알의 구조는 6겹 외피로 구성된 밀알과 달라 낟알 자체를 그대로 제분하지 않고 현미나 백미로 제현, 도정한 다음 제분하게 되는데 일반적으로 쌀가루는 건식제분과 습식제분, 반습식제분으로 제조한다. 건식제분은 마른 상태의 생쌀을 그대로 사용하며, 수침한 쌀을 물속에서 제분하거나 수침한 쌀의 물기를 빼고 젖은 상태에서 제분하는 습식제분이 있다. 반습식제분은 쌀에 물이 흡수될 정도로 분사한 다음 순환하는 방식으로 탈수하여 제분한다. 쌀가루는 젖은 상태로 사용하기도 하지만, 최근 용도를 밀가루처럼 다양하게 사용할 때는 저장 유통성이 있고 취급이 간편한 마른 쌀가루 상태로 만들어야 하므로 건조과정을 거친다. 습식제분한 쌀가루는 열풍건조를 많이 사용하여 건조하고 다시 분쇄과정을 거친 다음 일정한 크기의 체를 통과시켜 용도에 맞는 쌀가루를 생산한다. 현재 대부분의 쌀가루 공장에서 많이 사용하는 방법으로 제분기의 종류, 수침조건, 쌀의 종류, 쌀가루 입자 등 여러 요인에 따라 쌀가루의 특성이 다르게 시판되고 있다.

기존의 방법과는 달리 제분공정을 단순화하고, 습식이나 반습식 쌀가루를 열풍건조할 때 나타날 수 있는 쌀가루의 변화를 줄이고, 유통기간을 늘리면서 용도에 따라

쌀가루의 KS 규격기준 제정

쌀가루의 KS 표준은 2017년 12월 31일 제정하였는데 용도별 쌀가루의 품질 특성에 대하여 규정하고 있다. 쌀가루의 용도를 떡용, 면용, 제빵용, 제과용으로 나누었는데 구분은 쌀가루의 성상, 기준입도 함량, 입도별 범위, 수분함량, 전분 손상도 및 이물로 나누어 기준을 정하였다. 성상은 용도와 관계없이 고유의 색택과 향미를 가지고 이미 및 이취가 없어야 한다. 이며 기준입도 함량과 입도별 범위는 용도에 따라 달라 떡용은 47~100 mesh의 입자 분포 70% 이상, 47~60 mesh 15~25%, 60~80 mesh 26~43%, 80~100 mesh, 6~15%, 면용은 100~160 mesh의 입자 분포 70% 이상, 100~120 mesh 15~25%, 120~140 mesh 26~43%, 140~160 mesh 6~15%, 제빵용은 100~300 mesh의 입자 분포 75% 이상, 150~200 mesh 15~28%, 200~300 mesh 25~42% 10~40%, 60~80 mesh 25~50%로 정하였다. 수분함량은 제과용만 7.0~13.0이며 나머지는 15.0%, 전분 손상도는 떡용은 5% 이내, 면용은 10.0% 이내이며 제빵용과 제과용은 기준이 없다. 이물질은 모두 불검출로 되어 있다.

입자 크기를 조절하여 제분할 수 있는 방법이 개발되었다. 쌀을 저온에서 일정시간 이상 수침하여 탈수하고, 쌀알을 그대로 저온상압 또는 감압 건조방법으로 건조(수분함량 12% 내외)한 다음 제분하여 일정한 크기의 체를 통과시켜 쌀가루를 제조하는 방법이다. 이 방법으로는 쌀의 선별, 수침, 탈수 및 건조 과정을 거쳐 수침 처리된 마른 쌀알을 얻을 수 있으며, 이를 제분기에서 용도에 맞게 일정한 크기의 체를 부착하여 제분과 포장을 바로 할 수 있다.

(2) 쌀과 밀의 차이점

① 쌀알과 밀알의 구조

쌀알은 벼의 왕겨를 제거하여 현미를 만들고 현미에서 외피와 쌀겨를 제거하는 정도에 따라 현미 → 5분도미 → 7분도미 → 9분도미 → 10분도미(백미) → 12분도미로 구분되는데 도정률에 따라 단백질, 식이섬유, 무기질 함량이 점차 줄어들고 전분 함량이 증가한다. 현미에는 배아가 포함되어 있으나, 백미에는 배아가 없어 저장 중 지방질에 의한 산패가 감소하지만 영양소면에서는 현미가 바람직하다. 쌀 배아에는 불포화지방산이 들어 있고, 현미의 발아에 중요한 영양소와 효소가 들어 있으며 발아

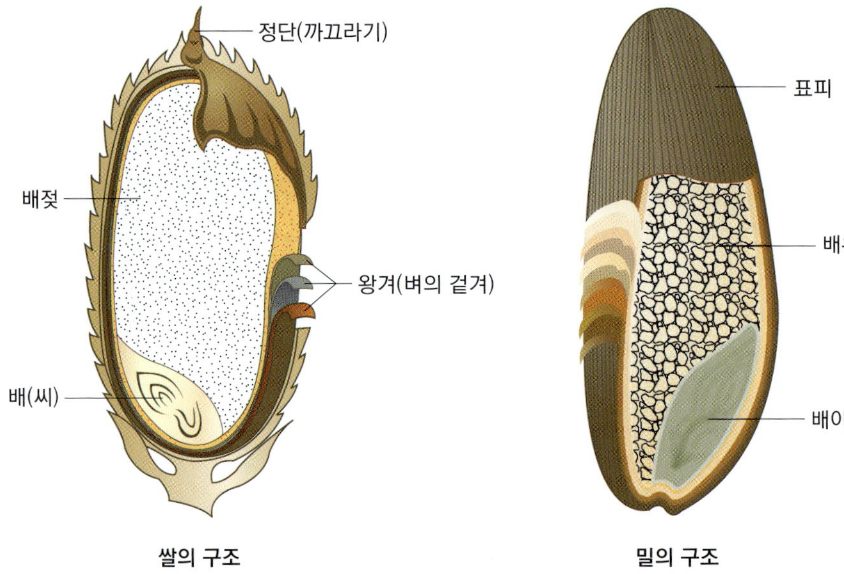

그림 4-5 **쌀과 밀의 구조**

과정에서 감마부티르산γ-aminobutyric acid, GABA, IP6 등이 생성된다.

밀알은 6겹의 식이섬유로 둘러싸여 있어 도정을 하여 통밀로 사용하기 힘들고 낟알 형태로 조리하지 않기 때문에 제분과정을 거친다. 템퍼링tempering 과정을 거쳐 껍질 부분이 질겨지고 밀알 내부의 세포 구조가 변화되어 조쇄롤밀break roll mill과 활면롤밀smooth roll mill로 처리하였을 때 제분이 용이하며, 입자의 크기로부터 글루텐(단백질) 함량과 회분 함량을 조절하여 용도에 맞는 밀가루를 제조한다.

② 쌀가루와 밀가루의 차이

쌀가루를 밀가루 대체용으로 사용하기 위해서는 쌀가루와 밀가루의 차이점을 비교해야 하는데 일반적인 내용을 표 4-3에 정리하였다.

표 4-3 쌀가루와 밀가루의 차이점

구분	쌀가루	밀가루
원료 곡류	쌀은 대부분 아시아에서 재배 단백질 함량 낮고, 글루텐 형성 안 됨	유럽, 아메리카, 오세아니아 등에서 재배 글루텐 단백질을 함유하며 함량에 따라 박력분, 중력분, 강력분으로 구분
전분 함량	75~80%	63~72%
전분 입자 크기	3~10μm(4~6μm)	1~10μm(B), 15~40μm(A)
단백질 함량	6~8%	8~14%
단백질의 구성	글루텔린 : 프롤라민 = 20 : 1	글리아딘 : 글루테닌 = 1 : 1(프롤라민 : 글루텔린 = 1 : 1)
지질	백미 0.8%, 배아 30%	배유 1~2%
식이섬유	백미 0.2~0.5%, 현미 0.6~1.0%	0.2%(모든 밀가루)
도정	건식상태로 도정률에 따라 도정	도정 안 함
제분	도정 후 제분	밀을 낟알로 템퍼링 후 배유 부분부터 가루화
구조와 수분 흡수(템퍼링)	벼의 외피와 호분층을 제거한 다음 수분 흡수(수침)하여 구조 변화	단단한 6겹의 밀기울을 질기게 하여 분쇄되지 않도록 하고, 구조 변화를 위해 가수하여 템퍼링 조작
품종	용도에 따라 다양한 품종 재배, 전분의 아밀로스 함량에 따라 찹쌀, 반찹쌀, 멥쌀, 고아밀로스쌀	겨울밀과 봄밀/경질밀과 연질밀/흰밀과 적밀, 전분의 아밀로스 함량에 따라 찰밀, 반찰밀, 보통밀
제분방법	건식, 습식, 반습식	템퍼링 후 제분(반습식)
가루등급(용도별)	입자 크기와 범위, 수분함량, 전분 손상도로 용도 구분(2017년 12월 제정)	단백질(글루텐)과 회분 함량으로 분류
입도	80~200mesh 통과	120mesh 통과

(3) 쌀가루의 고유 특성을 살린 글루텐 프리(gluten-free) 쌀제품

① 튀김 및 부침 가루용 쌀가루제품

쌀가루는 기름 흡수가 적어 밀가루 대체용으로 사용하였을 때 건강에 도움을 준다. 쌀가루는 글루텐이 없어 점도가 낮기 때문에 쌀가루를 사용할 때 조리법을 달리하거나 일부 호화쌀가루나 전분을 혼합, 단백질, 하이드로콜로이드 소재를 일부 첨가하여 점도를 조절하는 것이 필요하다.

> **쌀가루제품의 이용**
>
> 묽은반죽batter으로 이용할 경우의 쌀가루는 용도에 따라 찹쌀, 멥쌀 가루를 선택하며 액체로 우유나 두유, 달걀물 등을 이용한다. 덧가루를 사용할 때는 입자 크기가 작은 쌀가루를 사용하여 수분을 흡수하도록 하고 달걀을 덧씌워 사용한다.

② 떡용 쌀가루제품

떡을 만들 때는 쌀을 물에 담가 롤러로 제분한 젖은 쌀가루를 사용하기 때문에 쌀가루로 떡을 만들 때는 떡을 안치기 전에 물을 골고루 뿌려 흡수하도록 하는 것이 필요하며, 입자의 크기나 쌀가루의 입도 분포(유리전분 함량)가 떡의 종류에 따라 달라야 한다. 찹쌀가루와 멥쌀가루, 치는 떡, 찌는 떡, 부치는 떡, 삶은 떡에 따라 다르게 해야 한다. 일부 업체에서는 떡용 쌀가루믹스를 판매하고 있다.

③ 베이커리용 쌀가루제품

제과와 제빵용 쌀가루는 쌀 세포 입자에 전분 입자가 부분적으로 노출되어 반죽할 때 수분을 흡수하거나 혼합하는 과정에서 조리 가공성을 갖도록 해야 한다. 베이커리제품용 쌀가루는 자포니카형의 쌀가루로 아밀로스 함량이 20% 이내의 것이 바람직한 품질을 갖는다. 쌀가루는 쌀 품종, 수침조건, 제분방법, 입자 크기 등에 의해 영향을 받는다. 제과용은 묽은반죽batter이고 구조 형성을 위해 다른 재료(예 : 흰자의 거품)가 도움을 주기 때문에 반죽의 수분함량이 중요하다.

제빵의 경우 된반죽dough은 기본 구조력이 글루텐으로 형성되므로, 쌀가루를 사용할 경우 단백질 함량도 낮고 글루텐 형성도 안 되기 때문에 여러 가지 첨가재료를 활

그림 4-6 **쌀가루로 만든 글루텐 없는 쌀 베이커리제품들**

용하여 수분 유지와 구조력을 형성할 수 있도록 해야 하며, 이에 대한 연구가 지속적으로 진행되고 있다. 첨가물질로는 단백질, 효소, 검물질, 변성전분 등을 사용하고 있다.

④ 국수용 쌀가루제품

대부분의 쌀국수는 전분을 가열하여 형성된 젤 구조를 이용하거나 압출 성형과정을 거치면서 일어나는 전분의 아밀로스에 의한 젤화를 이용하는데, 그 텍스처는 쌀 종류와 가공방법에 따라 다르다. 베트남 쌀국수와 같은 호화면의 젤 구조는 아밀로스 함량이 높은 고아밀로스 쌀가루를 사용하면 젤화 능력이 개선되므로 인디카형의 동남아시아 재배쌀이나 고아미 등의 품종을 개발하여 연구하고 있다.

쌀 고유의 특성을 그대로 살리면서 밀가루나 글루텐을 첨가하지 않고 국수를 만들기 위해서는 국수의 면대를 형성할 수 있는 신장성과 탄성을 갖춘 쌀가루 반죽을 만들어야 한다. 그림 4-7 은 쌀가루의 면대 형성을 위해 쌀가루에 여러 종류의 천연첨가물을 가하여 제조한 쌀국수로 일본식 국수Japanese white salted noodle에 대한 연구가 지속적으로 이루어지고 있다.

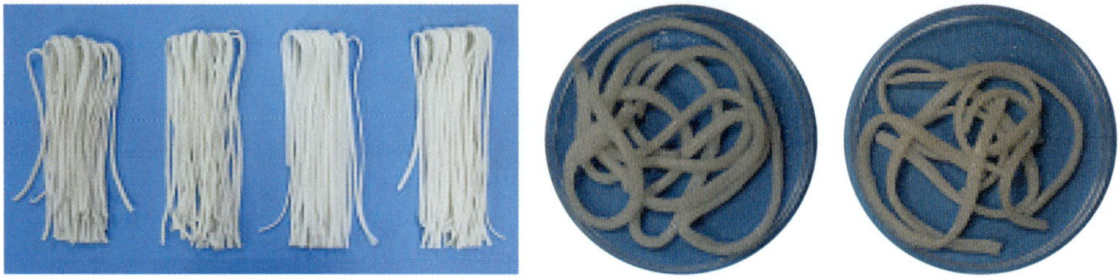

그림 4-7 쌀가루에 천연첨가물을 가하여 제조한 쌀국수 예

쌀라면과 즉석쌀국수

국내에서 쌀가루를 제조하는 산업체에는 라이스텍, 순쌀나라, 태평양물산, 대두식품(햇살마루), 대선제분, 농심미분, CJ제일제당 등이 있다.

쌀라면은 쌀가루를 밀가루의 30%까지 혼합하여 생산하고 있으며, 즉석쌀국수는 50%의 쌀가루를 혼합하여 생산하고 있다. 하지만 대부분 밀가루나 글루텐을 혼합하여 생산되고 있다.

(4) 쌀가루와 쌀 가공식품 개발에 대한 제안

① 쌀가루 활용의 제한점

현재 반습식 또는 습식 제분하여 건조한 쌀가루가 시판되고 있으며, 이를 이용한 다양한 제품이 개발되고 있지만 판매 수준은 증가하지 못하고 있다. 밀가루와 쌀가루의 가격 차이와 쌀가루에 대한 소비자들의 인식이 주원인으로 생각된다. 쌀가루도 용도에 따라 조리 및 가공 적성이 적합하도록 만들어 소비자가 가정에서도 쉽게 조리할 수 있도록 해야 하며, 이를 위해 체계적인 연구가 진행되어야 한다. 다수확 가공용 쌀, 재고미, 쇄미 등도 전처리를 함으로써 쌀가루 가공용으로 사용할 수 있어 원료가격의 조절이 가능하다.

최근 쌀 품종을 개발하여 건식제분이 쉽게 될 수 있는 한가루, 신길을 개발하였다. 제변, 도정으로 낟알을 얻기보다는 쌀가루로 바로 제분이 되는 품종이다.

② 쌀가루 고유의 특성을 활용

쌀가루는 밀가루와 달리 글루텐 형성 단백질이 없으며 전분이 차지하는 비율이 높아 가공성에 영향을 미치는 중요한 요인은 전분이다. 또한 6~9%의 단백질과 직경

2~10μm인 작은 크기의 전분 입자 및 아밀로스 함량과 중합도 등도 영향을 주는 요인이다. 쌀은 냄새가 없으며 맛이 부드럽고 글루텐이 없는 고유의 특성을 갖고 있어 밀 알레르기 환자들의 섭취 형태로 제안된 글루텐-프리 식품(글루텐 함량 20ppm 이하)의 원료로 적합하다.

이런 쌀가루를 밀가루제품에 응용하기 위해 밀가루나 글루텐을 혼합하고 있으나 점차 순수한 쌀가루만을 사용하려는 연구가 진행되고 있다. 표 4-2 에 새롭게 개발된 쌀 가공식품 중에는 쌀가루로만 된 제품도 있는데, 이런 연구를 바탕으로 다양한 제과, 제빵, 제면 등 좀더 많은 분야에 쌀가루로만 된 제품이 생산될 것으로 예상하고 있다.

③ 쌀가루의 특성과 용도

쌀가루의 가공적성은 쌀가루 제조방법과 입도뿐만 아니라 쌀의 품종과 쌀 가공식품을 제조하기 위한 원료 배합비 및 공정에 따라 달라지기 때문에 쌀가루의 특성과 용도별 쌀 가공식품의 가공적성 간의 상호 관계를 검토해야 한다.

예를 들어, 밥맛이 우수한 고품질 쌀을 개발하기 위해 그동안 연구를 지속했던 것처럼 가공식품 용도별 적합한 품종이나 쌀가루의 특성을 찾기 위한 노력이 필요하다. 농촌진흥청 국립식량과학원에서는 가공용으로 사용하기 위한 맞춤형 품종을 개발하는데 주력하고 있으며, 단위면적당 생산량이 증가되고 재배하기 쉬우며 가공 특성이 우수한 쌀을 개발하기 위해 노력하고 있다.

C H A P T E R

5

밀가루

1. 밀의 종류와 구조
2. 밀의 제분과 숙성
3. 밀가루
4. 밀가루 반죽
5. 팽창제
6. 밀가루의 이용

밀은 비교적 온화한 기후에서 잘 자라며 화본과에 속하는 1년생 식물이다. 밀은 기원전 6000~4000년경 이란에서 재배하기 시작하여 메소포타미아 문명에 전래되었고, 기원전 2000년경 인도에 전래된 후 중국을 거쳐 우리나라로 전해졌다. 우리나라에서 밀의 경작이 시작된 때는 고조선 시대로 추정하고 있다.

밀은 외피가 단단하여 외피를 분리하기 어려운 반면, 배유는 연하고 분상이어서 깨뜨리면 쉽게 가루가 되므로 밀은 제분하여 가루로 만들어 대부분 제과, 제빵, 제면 등에 사용하고, 일부는 아침식사용 시리얼 제조나 동물의 사료 등에 이용된다.

1. 밀의 종류와 구조

밀

밀은 파종 시기에 따라 겨울밀winter wheat과 봄밀spring wheat, 밀알의 단단한 정도에 따라 경질밀hard wheat과 연질밀soft wheat로 분류한다 표 5-1. 경질밀은 단백질 함량이 13% 이상이고 밀입자의 단면이 반투명하며, 연질밀은 단백질 함량이 9% 이하이고 입자의 단면이 흰색의 불투명한 분질상이다. 단백질 함량이 높고 매우 단단한 듀럼durum밀은 마카로니, 스파게티 같은 파스타, 인도의 빵인 난naan 제조에 이용된다. 한편 종피의 색에 따라 적색밀red wheat과 백색밀white wheat로 분류하는데, 밀에 함유된 대부분의 색소는 카로티노이드이며, 카로티노이드가 많은 밀로 제분한 밀가루는 누런색을 띤다.

표 5-1 밀의 종류와 특징

	종류	특징
파종 시기	겨울밀	겨울에 파종하여 다음해 초여름에 수확하며 세계적으로 생산량이 많음
	봄밀	봄밀은 동해를 입기 쉬운 매우 추운 지방에서 재배됨 봄에 파종하여 여름 또는 늦가을에 수확하며 겨울밀에 비해 수확량이 적음
경도	경질밀	낟알이 단단하고 단백질 함량이 높으며 주로 강력분 제조에 이용됨
	연질밀	낟알이 연하고 단백질 함량이 낮으며 주로 박력분 제조에 이용됨
종피의 색	적색밀	적황색, 적갈색, 황색, 황금색 등을 띰
	백색밀	연한 황색을 띰

밀은 겨층(과피, 종피, 호분층), 배유, 배아로 나뉘며 각각 82%, 16%, 2% 정도를 차지한다 그림 5-1. 배유는 밀을 제분할 때 가루가 되는 부분으로 호분층에 가까울수록 단백질 함량이 많고 전분 함량은 적다. 배아에는 단백질, 지질, 비타민이 많이 함유되어 있다.

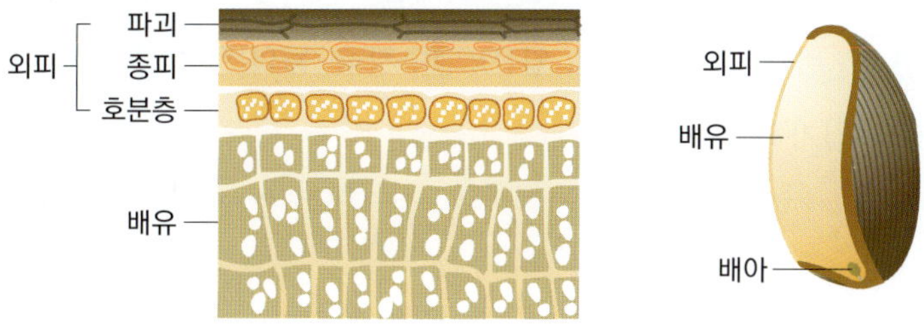

그림 5-1 **밀의 구조**

2. 밀의 제분과 숙성

1) 제분

밀은 겨층이 쉽게 제거되도록 일정시간 가수 처리하는 템퍼링tempering 과정을 거친 후 분쇄한다. 밀은 먼저 조쇄과정에 의해 거칠게 부서져 겨층과 배유로 분리된다. 배유의 중심부는 대부분 전분으로 이루어져 있어 중심부로 갈수록 단백질의 함량이 줄어든다. 중심부는 단백질 함량이 낮아 연하기 때문에 밀을 분쇄하면 가장 연한 배유의 최중심부부터 순차적으로 가루가 된다. 이때 대부분은 덩어리인 미들링middling이 되므로 체질하여 미들링을 분리하고, 이를 다시 분쇄한 후 체질하여 크기별로 분리한다. 이러한 과정을 5~6회 반복하면 거의 모든 배유가 가루가 되고 밀기울만 남게 된다.

2) 숙성

제분 직후의 밀가루는 제빵성이 좋지 않으므로 2주~2개월간 숙성시켜 사용한다. 제분한 밀가루를 수주일 동안 공기와 접촉시키면 밀가루의 카로티노이드 색소가 산화되어 흰색을 띠고 단백질 중의 이황화결합(S-S)이 증가하는 자연숙성이 일어나 제빵성이 좋아진다. 그러나 자연숙성은 많은 시간과 공간이 필요하고 품질이 균일하지 않으며 숙성 중 품질 저하도 일어나므로 일반적으로 품질개량제를 이용하여 인위적인 숙성을 한다. 밀가루 품질개량제로는 과산화벤조일, 과황산암모늄, 염소, 이산화염소 등이 사용된다. 숙성된 밀가루에는 제분 중에 손실된 영양성분인 비타민 B군(비타민 B_1, 비타민 B_2, 니아신, 엽산), 철, 칼슘 등의 무기질, 필수아미노산 등을 0.3~0.5% 정도 첨가하기도 한다.

3. 밀가루

1) 밀가루의 종류

(1) 글루텐 함량에 따른 분류

밀가루는 글루텐 함량에 따라 강력분, 중력분, 박력분으로 나뉘며, 시판되는 다목적 밀가루는 중력분이다 표 5-2. 일반적으로 경질밀과 연질밀을 단독으로 또는 적절하게 혼합한 혼합밀을 이용하여 글루텐 함량을 조절하여 용도에 맞게 사용한다. 글루텐 함량은 강력분 13% 이상, 중력분 10~12%, 박력분 9% 이하이다. 강력분은 제빵 및 스파게티용으로, 중력분은 면류 제조 및 부침용으로, 박력분은 과자·파이·케이크용으로 사용된다.

표 5-2 글루텐 함량에 따른 밀가루의 종류와 용도

종류	글루텐 함량(%)		용도
	건조 글루텐	젖은 글루텐	
강력분	≥13	≥35	제빵용(식빵, 단과자빵 등)
중력분	10~12	25~34	면류(칼국수, 소면, 우동 등)
박력분	9≤	24≤	제과용(과자, 비스킷, 파이, 케이크 등), 튀김옷

(2) 용도 및 목적에 따른 분류

용도 및 목적에 따라 빵용 밀가루bread flour, 다목적 밀가루all purpose flour, 케이크용 밀가루cake flour, 페이스트리용 밀가루pastry flour, 자가팽창 밀가루self-rising flour, 글루텐 밀가루gluten flour, 인스턴트 밀가루instantized flour 등으로 나눈다 표 5-3.

표 5-3 용도 및 목적에 따른 밀가루

종류	특징
빵용 밀가루	단백질 함량이 11.8% 정도로 식빵 제조에 사용
다목적 밀가루	단백질 함량이 10.5% 정도로 과자류, 페이스트리, 퀵브레드 제조에 사용
케이크용 밀가루	단백질 함량이 7.5%이며 케이크 제조에 사용
페이스트리용 밀가루	단백질 함량이 중력분과 박력분의 중간 수준인 9.7%로서 부드러운 페이스트리 제조에 적합
자가팽창 밀가루	밀가루에 팽창제와 염류를 배합한 것으로 퀵브레드 제조에 사용되며, 페이스트리나 발효빵 제조에는 적합하지 않음
글루텐 밀가루	활성 글루텐을 첨가하여 단백질 함량을 41%로 높인 밀가루
인스턴트 밀가루	다목적 밀가루에 습기를 준 다음 재건조하여 덩어리지게 만들어 체 칠 필요가 없는 밀가루

2) 밀가루의 구성성분

(1) 수분함량

밀가루에는 12~14%의 수분이 함유되어 있다.

(2) 탄수화물

밀가루에 가장 풍부한 탄수화물은 전분으로 75~80% 정도 함유되어 있다. 밀가루의 전분은 제과류의 구조에 중요한 역할을 한다. 즉, 빵을 굽는 동안 전분 입자는 물을 흡수하여 팽윤하고 자유수를 감소시켜 제빵류의 구조가 견고해진다. 셀룰로스는 주로 겨층에 존재하고 배유에 소량 존재하므로 제분과정에서 대부분 제거된다. 2~3% 함유되어 있는 펜토산 중 1/2 정도를 차지하는 수용성 펜토산은 반죽의 응집력 생성에 영향을 준다. 이외에 글루코스, 프럭토스, 말토스, 수크로스, 라피노스 등의 당류가 약 2%를 차지하고 미량의 덱스트린이 함유되어 있다.

(3) 단백질

밀가루의 단백질은 대부분 불용성 단백질인 글리아딘과 글루테닌으로 이들은 거의 배유에 존재한다. 밀가루에 물을 넣고 반죽하면 글리아딘과 글루테닌은 점탄성 있는 글루텐을 형성한다. 이외에 소량 존재하는 가용성 단백질인 알부민과 글로불린은 주로 겨층과 배아에 분포되어 있다. 알부민은 제빵류의 구조 형성에 중요한 역할을 하는 반면, 글로불린은 구조 형성에 큰 영향을 주지 않는다. 밀가루 단백질은 필수아미노산인 리신, 트립토판, 트레오닌 등이 부족하다.

밀가루에는 여러 종류의 효소가 들어 있는데 제빵성에 큰 영향을 주는 것은 아밀레이스이다. 아밀레이스는 밀가루의 손상전분에 작용하여 이스트 발효에 이용되는 말토스를 생성한다. 먼저 α-아밀레이스가 작용한 후 β-아밀레이스가 작용하는데 α-아밀레이스의 활성이 너무 높으면 빵의 속살이 끈적거리고 지나치게 부드러운 빵이 만들어지지만, 부족하면 제빵성이 좋지 않으므로 밀가루에 소량 첨가하기도 한다. 밀이 발아하면 α-아밀레이스 활성이 증가하므로 발아한 밀로 제분한 밀가루는 α-아밀레이스 활성이 높다. α-아밀레이스와 β-아밀레이스의 최적온도는 각각 60~65°C, 50°C이므로 α-아밀레이스는 굽는 과정에서 충분히 작용하는 반면, β-아밀레이스는 작용에 제한을 받는다.

(4) 지질

밀에는 약 2~3%의 지질이 함유되어 있는데 대부분 배아에 존재하고 1% 정도가 배유에 존재하므로 밀가루에는 약 1~1.5%의 지질이 함유되어 있다. 밀가루의 지질은 극성 지질과 비극성 지질이 3:7의 비율로 존재하며, 극성 지질로는 인지질(레시틴, 세팔린)과 당지질이, 비극성 지질로는 중성지질이 존재한다. 겨층과 배아에는 인지질이 많고 배유에는 당지질이 많다. 밀가루 지질을 구성하는 지방산에는 팔미트산, 스테아르산, 올레산, 리놀레산, 아라키돈산 등이 있으며 불포화지방산의 비율이 높다.

(5) 비타민과 무기질

밀의 비타민은 대부분 배아와 겨층에 존재하므로 밀의 제분율이 높을수록 비타민

B_1, B_2, B_6, 니아신, 판토텐산, 비타민 E의 함량이 증가한다.

무기질은 인, 칼륨 등이 많으며 0.5% 정도 함유되어 있다. 무기질은 배유에는 적고 주로 외피에 많이 함유되어 있으므로 무기질 함량은 제분율의 영향을 받는다. 밀가루는 회분 함량에 따라 분류하기도 하는데 0.55% 이하는 고급품, 0.7% 이하는 보통 제품, 0.7~1.5%이면 저급품으로 분류한다.

4. 밀가루 반죽

1) 글루텐 형성

밀가루와 50~60% 정도의 물을 혼합, 반죽하면 글리아딘과 글루테닌의 수화가 일어나고 3차원적 망상구조의 글루텐이 형성된다. 글루텐의 형성 정도는 밀가루의 종류와 반죽의 정도에 따라 달라지는데 일반적으로 반죽을 오래할수록 점탄성이 강한 글루텐이 만들어진다. 즉, 그림 5-2 와 같이 긴 실모양의 글루테닌이 여기저기 연결되어 헐거운 망상구조를 형성하며, 망상구조 사이에 짧고 동글동글한 모양의 글리아딘이 몇 개씩 모여 끼어서 글루텐이 만들어진다. 글루테닌은 잡아당겨도 잘 끊어지지 않을 정도로 탄성이 강하며, 글리아딘은 부드럽고 달라붙는 성질이 있어 밀가루 반죽에서 글루테닌은 탄성을, 글리아딘은 점성을 나타낸다.

글루텐의 양과 특성은 밀가루의 종류에 따라 다르다. 즉, 강력분에서 얻은 글루텐은 고무와 같은 탄력이 있으며 박력분에서 분리한 글루텐은 부드럽다. 분리된 글루

그림 5-2 **글루텐의 형성**

> **된반죽과 묽은반죽**
>
> 된반죽(도우, dough)은 손으로 뭉칠 수 있을 정도의 단단한 상태의 반죽이며, 묽은반죽(배터, batter)은 스푼 등으로 쉽게 저을 수 있는 반죽이다. 식빵, 과자빵, 만두피, 면류 등의 반죽은 된반죽에 속하며, 머핀, 와플, 케이크, 팝오버, 그리고 튀김옷 등의 반죽은 묽은반죽에 속한다.
>
> **밀가루 반죽을 물에 씻으면 글루텐이 얻어진다.**
>
> 밀가루 반죽을 오래 치댄 후 흐르는 물에 씻으면 뿌연 물이 생기는데 이것은 전분이 씻기기 때문이다. 전분이 완전히 제거되면 물이 맑아지고 노르스름한 글루텐이 남는다. 이 글루텐은 수분이 마르기 전이므로 젖은 글루텐이라고 하며, 이 글루텐을 오븐에 구워 건조시킨 것을 건조 글루텐이라고 한다.

텐의 양은 강력분이 가장 많고 중력분, 박력분의 순이다. 글루텐을 구웠을 때 글루텐 함량이 많을수록 큰 팽화율을 나타내며, 따라서 강력분에서 얻은 글루텐이 가장 많이 부풀어 오른다.

2) 글루텐 형성에 영향 주는 요인

(1) 밀가루의 종류

강력분은 박력분에 비해 더 단단하고 질긴 반죽을 형성한다. 밀가루의 글루텐 단백질을 수화시키기 위해서는 글루텐 무게의 2배의 수분이 필요하므로 강력분은 박력분에 비해 반죽할 때 더 많은 양의 수분을 필요로 한다. 또한 강력분은 박력분에 비해 글루텐 형성이 느리기 때문에 더 오래 반죽해야 한다.

(2) 물 첨가방법

같은 종류의 밀가루를 반죽할 때 동량의 물을 한 번에 첨가하는 것보다 소량씩 여러 번에 나누어 첨가하는 것이 더 많은 글루텐이 형성된다. 따라서 칼국수, 만두피 등을 만들 때는 물을 조금씩 나누어 첨가해야 글루텐이 잘 형성되어 텍스처가 좋아진다.

(3) 반죽 정도

밀가루에 물을 넣고 반죽하면 글루텐 형성에 따라 점점 끈기와 탄력성이 커지고 거칠거칠한 표면이 매끈해지면서 단단한 덩어리가 된다. 그러나 지나치게 반죽하면 글루텐 섬유가 너무 늘어나게 되어 여기저기 끊어질 정도로 가늘어지고 약해져 반죽이 다시 물러진다. 글루텐 섬유의 약화나 끊어짐은 손으로 반죽할 때는 거의 일어나지 않지만 기계를 사용하여 빵을 반죽하면 일어날 수 있다.

(4) 반죽의 방치시간

밀가루 반죽을 랩이나 젖은 수건 등으로 싸서 일정시간 방치하면 반죽 완료 직후보다 신장성이 커져서 밀기 쉬워진다.

(5) 온도

반죽할 때의 온도는 글루텐 생성속도에 영향을 미친다. 즉, 온도가 높으면 단백질이 빨리 수화되므로 글루텐 생성속도가 빨라지는데, 밀가루 반죽에는 보통 30°C 정도의 물이 이용된다. 한편 물의 온도가 너무 낮으면 밀가루의 흡수량이 낮아져 글루텐 형성이 억제된다. 튀김옷을 만들 때는 밀가루에 15°C 정도의 물을 혼합해 주면 글루텐 형성이 억제되어 바삭바삭한 튀김옷을 만들 수 있다.

(6) 첨가재료

① 액체

밀가루 반죽에 사용되는 액체에는 물, 우유, 과일즙, 채소즙 등이 있으며, 이들은 재료를 혼합, 반죽하여 굽는 과정에서 중요한 역할을 한다. 즉, 설탕, 소금, 베이킹파우더 등을 용해시켜 균일하게 혼합되도록 하고 베이킹파우더와 베이킹소다의 이산화탄소 생성을 돕는다. 액체는 글루텐 형성 및 전분 호화에 필요한 수분을 공급한다. 밀가루 단백질은 수화되어야만 탄력 있고 유연한 글루텐의 망상구조를 형성할 수 있다. 액체는 굽는 과정에서 수증기를 생성하여 팽창제로 작용한다.

② 지방

지방은 제빵류에 독특한 향미, 색을 부여할 뿐만 아니라 연화작용shortening effect과

팽화작용leavening effect도 한다. 밀가루 반죽에 지방을 첨가하면 지방이 글루텐의 표면을 둘러싸 길고 질긴 글루텐 섬유의 망상구조 형성을 억제함으로써 반죽을 부드럽고 연하게 한다. 또한 덩어리상태의 지방을 첨가하여 반죽하면 글루텐과 글루텐 사이에 넓은 지방막이 형성되어 글루텐의 연결을 방해함으로써 구운 후 파이와 같이 켜가 생기고 바삭바삭해진다. 또한 반고체상태의 고체지방은 크리밍 과정에서 다량의 공기를 혼입하여 구운 후 제빵류의 부피를 증가시키고 텍스처를 좋게 한다.

달걀

③ 달걀

달걀은 전란이나 난백 또는 난황만 사용한다. 달걀은 밀가루 반죽에 액체를 제공하고 제빵류의 맛과 색을 좋게 한다. 달걀 단백질은 구울 때 후반부에 변성, 응고되면서 글루텐이 팽창된 상태로 구조가 고정되도록 도와 제품의 형태가 유지되도록 한다. 달걀은 기포를 형성할 때 반죽 내에 공기를 혼입시키고 이 공기는 가열 시 부피가 증가하므로 팽창제로도 작용한다. 또한 난황은 유화작용이 있어 반죽의 액체와 지방을 고루 분산시킨다.

④ 설탕

설탕은 제빵류에 단맛을 주고 가열 시 캐러멜화를 일으켜 캐러멜향을 부여하고 표면이 먹음직스러운 갈색을 띠도록 한다. 설탕은 전분의 호화온도를 높이고 달걀 단백질의 응고온도를 상승시켜 제빵류의 최종 부피가 고정되기 전에 기공벽이 늘어날 충분한 시간을 제공하여 부피를 증가시킨다. 또한 설탕은 반죽 내의 수분을 흡수하여 글루텐의 형성을 저해한다. 따라서 설탕이 들어 있는 반죽은 설탕이 없는 반죽에 비해 오래 반죽해야 한다. 적당량의 설탕을 첨가하면 지나친 글루텐 형성이 억제되어 팽창제에 의해 쉽게 팽창되기 때문에 제빵류의 부피가 증가한다. 그러나 과량의 설탕을 사용하면 글루텐 형성이 부족하여 굽는 동안 가스 팽창에 의한 압력을 견디지 못해서 표면에 균열이 생긴다. 반면 너무 적은 양의 설탕을 사용하면 질기고 거친 제품이 된다.

⑤ 소금

적당량의 소금은 제품의 맛을 좋게 하고 글루텐의 강도를 높이지만, 과량의 소금

사용은 글루텐이 지나치게 강화되어 제품이 질겨진다. 또한 적당한 양의 소금은 이스트가 적당한 속도로 발효되어 좋은 텍스처의 제품이 만들어지도록 도와준다. 즉, 소금을 사용하지 않으면 매우 빨리 발효되어 조직이 거칠어지고 과량의 소금을 사용하면 발효가 너무 느려 잘 부풀지 않고 무거운 제품이 만들어진다.

5. 팽창제

밀가루와 물, 소금만을 혼합, 반죽하여 구우면 잘 부풀지 않아 납작하고 질긴 제품이 만들어진다. 여기에 이스트 또는 베이킹파우더 등을 첨가하고 반죽하여 구우면 잘 부풀고 가벼운 제품이 만들어지는데, 이것은 이스트나 베이킹파우더 등이 생성한 이산화탄소 때문이다. 이때 이산화탄소를 팽창제라고 하는데, 팽창제란 제품을 다공질상태로 가볍고 잘 부풀게 하기 위해 사용하는 것으로 적당량의 팽창제를 이용하면 텍스처가 좋은 제품을 만들 수 있다.

팽창제에는 공기, 수증기, 이산화탄소가 있다.

1) 공기

공기는 밀가루를 체로 치거나 반죽하는 과정, 즉 크리밍creaming, 폴딩folding, 난백거품 내기 등의 과정을 통해 밀가루 반죽에 혼입된다. 크리밍이란 버터나 쇼트닝과 같은 고체지방을 설탕과 혼합하는 과정으로 이때 공기가 혼입되면 반죽의 색이 엷어지고 부드러워진다. 폴딩은 반죽에 밀가루, 난백거품 등을 혼합하는 과정으로 이때 많은 양의 공기가 들어간다. 또한 난백을 거품 내기 위해 휘젓는 과정에서 다량의 공기가 혼입되어 난백은 거품이 생기면서 유동성이 없어지고 부피가 증가하며 흰색을 띠게 된다. 난백거품에 혼입된 공기는 스펀지케이크, 엔젤푸드케이크 같은 거품케이크에서 중요한 팽창제로 작용한다. 여러 과정에서 밀가루 반죽에 포함된 공기는 구울 때 부피가 증가하면서 제품을 부풀게 하고 다공질로 만든다.

2) 수증기

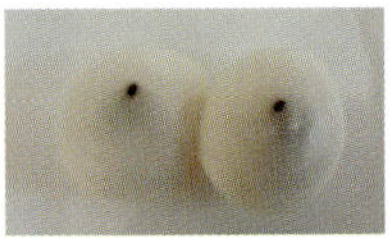
증편

밀가루 반죽에 사용된 액체 중의 수분은 가열하면 수증기가 되면서 부피가 1,600배 이상 팽창되어 제품을 부풀린다. 수증기가 주된 팽창제인 경우에는 밀가루에 대한 물의 비율이 높아야 하고, 한꺼번에 다량의 수증기가 생성되도록 단시간 내에 고온이 유지되도록 하여 충분히 부풀게 해야 한다. 수증기가 주된 팽창제인 식품에는 증편, 팝오버popover 등이 있다. 그러나 대부분 수증기만으로는 팽화시키기 어렵기 때문에 공기나 다른 팽창제를 같이 이용한다.

3) 이산화탄소

(1) 생리적 팽창제

① 이스트의 작용

밀가루 반죽에 이스트를 첨가하여 일정시간 발효시키면 이스트는 반죽 내의 당을 분해하여 이산화탄소와 에탄올을 생성한다. 반죽은 에탄올에 의해 독특한 냄새를 내고 이산화탄소에 의해 크게 부풀며, 굽는 동안 팽화를 도와 다공질의 부드럽고 가벼운 빵을 완성시킨다.

$$\underset{\text{글루코스}}{C_6H_{12}O_6} \longrightarrow \underset{\text{에탄올}}{2\,C_2H_5OH} + \underset{\text{이산화탄소}}{2\,CO_2\uparrow}$$

② 이스트의 성장

이스트는 생명체이기 때문에 성장하기 위해 적당한 영양소, 즉 당, 온도, pH가 필요하다.

당 이스트는 원래 밀가루에 함유되어 있는 1% 정도의 당, 첨가된 설탕, 밀가루 전분의 가수분해에 의해 생성된 말토스를 이용하는데 가장 좋아하는 당은 글루코스이다. 그러나 빵을 만들 때 이스트의 주된 당의 급원은 반죽에 첨가한 설탕으로 이스트가 분비하는 수크레이스에 의해 글루코스와 프럭토스로 분해한 후 이용된다. 이스트는 글루코스나 설탕이 없을 때 말토스를 이용한다. 말토스는 주로 β-아밀레이스에 의해 생성된다. 반죽에 적당량의 설탕을 첨가하면 발효가 빠르게 일어나지만, 밀가루 중량의 10%를 초과하는 과량의 설탕을 사용하면 삼투현상이 일어나 탈수되기 때문에 발효시간이 오래 걸린다.

온도 이스트 발효의 최적온도는 27~29°C이다. 온도가 높아지면 발효가 빠르게 일어나지만 최적온도보다 높은 온도에서는 다른 미생물의 성장도 활발해져 신맛을 내게 된다. 43°C가 되면 이스트가 1시간 내에 사멸하고 이산화탄소가 생성되지 않는다.

pH 이스트 발효의 최적 pH는 4~6이다. 발효에 의해 생성된 이산화탄소는 물에 쉽게 녹아 반죽의 pH를 적당하게 유지시켜 발효가 정상적으로 일어나도록 한다. pH 4 이하에서는 이스트 활성이 감소한다.

③ 이스트의 종류

이스트는 종류에 따라 발효하여 생성하는 물질이 다르다. 제빵에 사용되는 이스트는 *Saccharomyces cerevisiae*이며 다음과 같이 보통 세 가지 형태의 이스트가 이용된다.

압착이스트 압착이스트compressed yeast는 촉촉한 상태의 이스트를 옥수수전분과 함께 압착하여 덩어리지게 만든 것이다. 이 이스트는 72%의 수분을 함유하고 있어 냉장 보관해야 하며 냉장 유통기한은 5주 정도이다. 압착이스트는 소량의 따뜻한 물(32~38°C)에 분산시켜 반죽에 첨가해야 한다.

활성건조이스트 활성건조이스트active dry yeast는 생 이스트를 그대로 과립상태로 건조시킨 것으로 수분함량은 8% 정도이다. 수분함량이 적어 압착이스트에 비해 오래 보관할 수 있는데, 실온에서는 밀봉한 상태로 6개월, 냉장온도에서는 2년 이상 보관이 가능하다. 그러나 개봉한 것은 반드시 냉장 보관해야 하고, 단시일 내에 사용해야 한다. 활성건조이스트는 이스트에서 글루타티온이 빠져나오지 않도록 40~46°C의 온도에서 재수화시켜야 한다. 글루타티온이 빠져나오면 반죽의 이황화결합이 파괴되어 반죽의 탄성은 감소하고 끈적거림은 증가된다. 만일 활성건조이스트를 재수화하지 않고 반죽에 첨가하려면 재수화 때보다 높은 온도인 48~54°C가 적당한데 이는 다른 재료에 의해 액체의 온도가 내려가기 때문이다.

속성팽창건조이스트 속성팽창건조이스트instant quick-rising active dry yeast는 특별한 종의 *Saccharomyces cerevisiae*를 빠르게 건조한 것으로 다공성 막대기 모양의 입자 형태이며 표면적이 넓고 가볍다. 매우 빨리 재수화되므로 수화하지 않고 그대로 반죽에 첨가할 수 있어 편리한 반면, 공기 중에서는 불안정하므로 개봉한 것은 반드시 밀봉하여 냉장 보관해야 한다.

(2) 화학적 팽창제

화학적 팽창제는 가열이나 화학반응에 의해 이산화탄소를 생성하며 베이킹소다(중탄산나트륨, 중조), 베이킹파우더 등이 있다.

① 베이킹소다

베이킹소다인 중탄산나트륨($NaHCO_3$)은 가열하면 이산화탄소를 생성하여 구울 때 반죽을 부풀게 한다. 그러나 가열할 때 생성된 탄산나트륨(Na_2CO_3)이 남아 있어 씁쓸한 맛과 비누 냄새가 나고, 제품의 색을 황색이나 갈색으로 변화시킨다.

$$\underset{\text{중탄산나트륨}}{2\,NaHCO_3} \xrightarrow{\text{가열}} \underset{\text{탄산나트륨}}{Na_2CO_3} + \underset{\text{이산화탄소}}{CO_2} + \underset{\text{물}}{H_2O}$$

탄산나트륨을 중화시킬 수 있는 유기산과 같은 산을 첨가하면 무색, 무미, 무취의 중성염이 형성되어 제품의 질을 좋게 한다. 유기산을 함유한 식품에는 감귤주스(구연산citric acid)와 같은 과일주스, 당밀(아코니트산aconitic acid), 꿀(개미산formic acid), 버터밀크(젖산lactic acid), 식초(초산acetic acid) 등이 있으며, 중탄산나트륨 1작은술에 과일즙과 당밀은 1/2컵, 버터밀크는 1컵이 적당하다. 예를 들어, 식초를 첨가하면 다음과 같이 초산(CH_3COOH)이 중탄산나트륨과 반응하여 초산나트륨(CH_3COONa)을 생성한다.

$$\underset{\text{중탄산나트륨}}{2\,NaHCO_3} + \underset{\text{중탄산나트륨}}{CH_3COOH} \longrightarrow \underset{\text{이산화탄소}}{CO_2} + \underset{\text{물}}{H_2O} + \underset{\text{탄산나트륨}}{CH_3COONa}$$

또한 막걸리를 이용하기도 하는데 막걸리에는 소량의 이스트, 그리고 구연산·젖산·초산 등의 유기산이 들어 있어 탄산나트륨을 중화시킬 뿐 아니라 발효를 도와준다.

② 베이킹파우더

베이킹파우더는 중탄산나트륨의 단점을 보완하기 위해 중탄산나트륨, 한 종류 이상의 산염이나 산 생성물질, 전분을 혼합한 것이다. 따라서 베이킹파우더를 팽창제로 사용한 제품은 색이 황갈색으로 변하지 않으며 쓴맛과 비누 냄새가 없다. 전분은 수분을 흡수하여 베이킹파우더가 덩어리지지 않도록 하고, 수분에 의해 산과 알칼리가 반응하여 이산화탄소가 생성되는 것을 막아주며, 이산화탄소의 생성량을 12% 정도가 되도록 조절하는 역할을 한다.

베이킹파우더는 단일반응 베이킹파우더와 이중반응 베이킹파우더로 나뉜다. 단일반응 베이킹파우더는 반죽 초기에 이산화탄소를 생성하는 산염을 가지고 있다. 이산화탄소의 생성이 너무 빠르면 반죽의 기공 간에 결합이 생겨 덩어리지거나 굽는 동안 이산화탄소의 손실이 많아 잘 부풀지 않기 때문에 부피가 작고 표면에 균열이 있는 제품이 만들어진다. 따라서 시판되는 베이킹파우더는 반죽 초기에 반응하는 산염과 굽는 동안 이산화탄소를 생성하는 산염을 다 함유하고 있는 이중반응 베이킹파우더이다. 단일반응 베이킹파우더에는 주석산형과 인산형이 있으며, 이중반응 베이킹파우더에는 인산-황산의 복합형 베이킹파우더가 있다.

주석산형 베이킹파우더 주석산형 베이킹파우더는 탄산나트륨과 주석산tartaric acid 또는 주석영(타르타르크림)cream of tartar, potassium acid tartarate이 함유되어 있으며, 물에 닿으면 산이 용해되면서 곧바로 다량의 이산화탄소가 발생하는 즉각반응 베이킹파우더quick acting baking powder이다. 주석산은 주석영보다 빨리 물에 녹으며 약 2분 내에 이산화탄소가 생성되므로 초보자가 사용하기 힘들다. 이 베이킹파우더는 주석영과 중탄산나트륨을 2:1(v/v)로 혼합하여 가정에서도 간단히 제조할 수 있다.

$$\underset{\text{주석산}}{H_2C_4H_4O_6} + \underset{\text{중탄산나트륨}}{2\,NaHCO_3} \longrightarrow \underset{\text{이산화탄소}}{2\,CO_2} + \underset{\text{물}}{2\,H_2O} + \underset{\text{주석산나트륨}}{Na_2C_4H_4O_6}$$

$$\underset{\text{주석영}}{KHC_4H_4O_6} + \underset{\text{중탄산나트륨}}{2\,NaHCO_3} \longrightarrow \underset{\text{이산화탄소}}{2\,CO_2} + \underset{\text{물}}{2\,H_2O} + \underset{\text{주석산칼륨나트륨}}{KNaC_4H_4O_6}$$

인산형 베이킹파우더 인산형 베이킹파우더는 중탄산나트륨과 인산칼슘을 함유하고 있으며, 물에 닿으면 산이 용해되어 곧바로 다량의 이산화탄소가 발생하는 즉각반응 베이킹파우더이다. 물 1분자가 결합한 인산칼슘이 무수 인산칼슘보다 물에 더 잘 용해된다.

$3CaH_4(PO_4)_2$	+	$2NaHCO_3$	$\longrightarrow$	$8CO_2$	+	$8H_2O$	+	$Ca_3(PO_4)_2$	+	$4Na_2HPO_4$
인산이수소칼슘		중탄산나트륨		이산화탄소		물		인산삼칼슘		인산나트륨

복합형 베이킹파우더 대표적 복합형 베이킹파우더에는 SAS-인산 베이킹파우더가 있다. 이 베이킹파우더는 중탄산나트륨과 두 종류의 산염, 즉 인산칼슘의 1수화물과 SASsodium aluminum sulfate를 2:1의 비율로 가지고 있어 반죽할 때, 그리고 구울 때 이산화탄소가 생성된다. 반죽 시에는 인산칼슘에 의해 소량의 이산화탄소가 발생하고 구울 때는 다음과 같이 SAS가 작용하여 다량의 이산화탄소가 생성된다. SAS는 알루미늄을 함유하고 있어 알루미늄 중독의 위험성 때문에 우리나라에서는 사용이 금지되었으나 외국에서는 판매되고 있다. 우리나라에서는 알루미늄을 함유하지 않은 베이킹파우더가 개발, 판매되고 있다.

$Na_2SO_4Al_2(SO_4)_6$	+	$6H_2O$	$\longrightarrow$	Na_2SO_4	+	$2Al(OH)_3$	+	$3H_2SO_4$
SAS		물		황산나트륨		수산화알루미늄		황산

$3H_2SO_4$	+	$6NaHCO_3$	$\longrightarrow$	$6CO_2$	+	$6H_2O$	+	$3Na_2SO_4$
황산		중탄산나트륨		이산화탄소		물		황산나트륨

6. 밀가루의 이용

1) 제과제빵류

(1) 식빵류

식빵

식빵은 밀가루, 이스트, 액체, 지방, 설탕, 소금을 배합하여 만든다. 밀가루는 일반적으로 강력분을 사용하면 탄력이 생겨 부피가 커지는데 가정에서는 중력분을 사용해도 질이 좋은 식빵을 만들 수 있다. 빵 반죽은 모든 재료를 함께 섞어 탄력 있는 반죽이 될 때까지 치대기를 하는 직접 반죽법straight dough method을 주로 이용한다. 과도한 치대기는 글루테닌 중합체의 해리를 일으켜 결국 글루텐이 적당히 형성되지 못하여 빵의 탄력을 감소시킨다.

(2) 과자빵류

소보로, 앙금빵과 같은 일반 단과자빵은 스펀지법sponge method을 이용하여 반죽한다. 스펀지법은 두 번에 나누어서 반죽, 즉 스펀지 반죽과 본 반죽을 한다. 먼저 밀가루의 일부와 액체, 이스트를 섞고 가볍게 치대기를 하여 스펀지가 될 때까지 4~5시간 발효시킨 다음 나머지 밀가루와 설탕, 소금, 지방을 넣고 다시 치대기를 하여 발효시킨다. 이 방법은 이스트 사용량을 줄일 수 있으며, 가볍고 향미가 좋은 빵을 만들 수 있다.

소보로빵

앙금빵

(3) 케이크류

케이크에는 다량의 거품을 이용하여 팽창시키는 거품케이크foam cake와 많은 양의 지방을 사용하는 쇼튼케이크shorten cake가 있다. 거품케이크에는 엔젤푸드케이크, 스펀지케이크, 쉬폰케이크 등이 있으며, 쇼튼케이크에는 레이어케이크와 파운드케이크 등이 있다 그림 5-3.

엔젤푸드케이크 엔젤푸드케이크는 밀가루와 설탕을 섞은 다음 난백거품을 첨가하여 만드는 케이크로 밀가루에 대한 설탕의 비는 2.5:1이 적당하다. 케이크용 밀가루가 다목적 밀가루보다 부드럽고 부피가 큰 케이크를 만들 수 있어 보통 케이크용 밀가루로 만든다.

스펀지케이크 스펀지케이크는 난백거품 외에 난황거품도 사용하여 만든다. 먼저 난황거품에 케이크용 밀가루를 섞은 다음, 난백을 거품 피크가 굽을 때까지 거품을 내고 여기에 난황거품과 밀가루 혼합물을 천천히 섞어서 만든다.

쉬폰케이크 쉬폰케이크에는 액체 난황과 난백거품이 이용되는데 난백을 피크가

쉬폰케이크(쉬폰형)

레이어케이크

파운드케이크

그림 5-3 **여러 종류의 케이크**

똑바로 설 때까지 거품내어 이용한다.

레이어케이크 레이어케이크는 베이킹파우더를 이용하여 팽화시킨다.

파운드케이크 파운드케이크는 화학적 팽창제를 사용하지 않고 크리밍과 달걀을 거품낼 때 포함된 공기로만 부풀리기 때문에 다소 치밀한 텍스처를 갖는다.

(4) 퀵브레드

퀵브레드quick bread는 화학적 팽창제나 수증기로 부풀리는 빵이다 그림 5-4. 퀵브레드의 재료 배합은 표 5-4와 같으며 밀가루는 다목적 밀가루를 사용한다. 액체는 주로 우유가 사용되지만 과일주스나 물, 채소즙의 이용도 가능하며, 액체에 대한 밀가루의 비율은 종류에 따라 다르다. 지방은 좋은 향미를 내는 버터나 마가린이 주로 사용된다. 머핀법으로 반죽할 때는 녹인 지방을 사용하는데 머핀이나 팬케이크를 제조할 때는 녹인 지방보다 식용유를 더 많이 이용한다.

머핀

와플

팝오버

그림 5-4 **퀵브레드**

표 5-4 **퀵브레드의 재료 배합**

종류	밀가루(C)	액체(C)	지방(Ts)	설탕(ts)	달걀(개)	베이킹 파우더(ts)	소금(ts)
비스킷	1	1/3	2½	0	0	2	1/2
머핀	1	1/2	1~2	3~6	1/2	2	1/2
와플	1	1/10	4	1	1	1~2	1/2
팝오버	1	1	0~1	0	2	0	1/2
팬케이크	1	1	1	1	1	1~2	1/4~1/2
크림퍼프	1	1	8	0	4	0	1/2

출처 : 신말식 외, 2001

(5) 페이스트리

페이스트리에는 플레인 페이스트리plain pastry와 퍼프 페이스트리puff pastry가 있다. 플레인 페이스트리는 주로 파이 껍질pie crust로 사용되며, 잘게 자른 고체지방을 밀가루와 섞은 다음 소량의 물을 첨가, 반죽하여 만든다. 이 페이스트리는 층이 뚜렷하지 않지만 켜가 많고 얇아서 바삭바삭하고 연하다. 퍼프 페이스트리는 밀가루 반죽으로 반고체상태의 지방을 싸서 접어 밀기를 여러 번 반복해서 만드는 것으로 켜가 뚜렷하고 플레인 페이스트리에 비해 부피가 크다 그림 5-5.

플레인 페이스트리

퍼프 페이스트리

그림 5-5 **퍼프 페이스트리와 플레인 페이스트리**

(6) 비스킷

비스킷은 화학적 팽창제를 사용하여 부풀린 것으로 지방과 설탕 사용량이 적은 하드 비스킷hard biscuit, 지방과 설탕을 많이 사용한 소프트 비스킷soft biscuit, 달걀과 우유의 사용량이 많은 팬시 비스킷fancy biscuit 등이 있다. 소프트 비스킷 제조에는 박력분을 사용하지만, 하드 비스킷은 중력분이나 강력분을 사용하며 글루텐 형성을 조절하면 다양한 특성을 가진 비스킷을 만들 수 있다.

비스킷

2) 면류

면류는 밀가루 글루텐의 점탄성을 이용한 것이다. 면류 제조 시 부재료인 소금은 글루텐을 강화시키고 반죽에 탄력을 주어 면의 균열을 막아주는데, 과량 사용하면 반죽의 결합력이 떨어진다. 한편 식용유는 면이 달라붙거나 건조되는 것을 막는다. 면류에는 우동면·소면·중화면과 같이 반죽을 길게 뺀 신연면, 마카로니와 같이 압

우동면

중화면

페투치니

파르펠레

마카로니

펜네

푸실리

파스타면

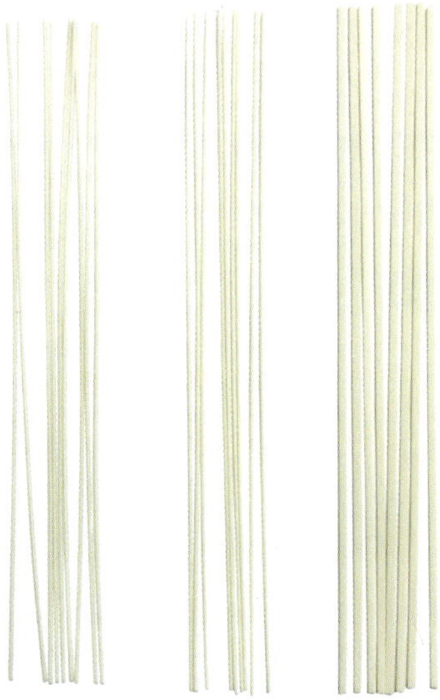

그림 5-6 **소면, 중면, 칼국수면**

그림 5-7 **스파게티, 링귀니, 탈리아텔리**

출하여 만드는 압출면, 그리고 라면과 같은 즉석면 등이 있다.

중화면 중화면은 강력분이나 준강력분 밀가루로 만들고 알칼리성 간수를 첨가하여 글루텐 형성이 촉진되었기 때문에 강한 탄력이 있으며 간수에 의해 노란색을 띤다. 중화면도 우동면처럼 건조시키지 않는다.

파스타 스파게티, 마카로니와 같은 파스타는 조금 굵게 제분한 세몰리나와 소금, 물, 달걀, 올리브유 등을 혼합 반죽한 다음 압출, 건조시킨 것으로 크기와 모양이 다

스파게티는 조금 덜 익은 정도로 삶아야 한다.

스파게티는 냄비에 많은 양의 물을 붓고 물이 끓으면 1%의 소금을 넣고 스파게티를 부채 모양으로 넣어 면이 달라붙지 않게 삶는다. 스파게티는 조금 덜 익은 정도인 알덴테al dente로 삶아야 씹었을 때 쫄깃쫄깃함을 느낄 수 있다. 스파게티는 삶은 다음 절대로 물에 헹구지 말고 체에 받쳐 물기를 완전히 뺀 다음 소스를 버무려 먹는다.

양하다. 너무 빨리 건조시키면 균열이 생기므로 주의해야 한다.

라면 라면의 면은 중력분 또는 준강력분 밀가루로 만든다. 밀가루와 소금, 물을 혼합, 반죽하여 압연하고 가늘게 잘라 면을 만든다. 면은 95°C 증기로 2분 정도 쪄서 전분을 호화시킨 다음 1인분씩 성형하여 150~160°C에서 1~2분 정도 튀긴다.

3) 기타

밀가루는 수프나 소스의 점성을 부여하는 루roux의 제조에 사용된다. 또한 밀가루 반죽을 얇게 펴서 만두피를 만들거나 맑은장국에 밀가루 반죽을 얇게 떼어 넣고 끓이는 수제비를 만들기도 하고, 매작과와 약과 같은 한과, 시리얼 제조 등에 이용된다.

CHAPTER

6

두류·서류·기타 곡류

1. 두류
2. 서류
3. 기타 곡류

리마콩

동부

청완두

1. 두류

두류는 한 쌍의 자엽으로 된 콩과식물로서 남아메리카가 원산지인 강낭콩을 제외하고 모든 두류는 유라시아가 원산이다. 두류는 양질의 단백질과 지질의 중요한 공급원으로 콩깍지인 꼬투리 안에 여러 개의 종실을 가지고 있다. 두류의 종실은 종피, 배아, 자엽으로 구성되어 있으며, 종실의 88~90%를 차지하는 자엽이 가식부이다. 두류에는 완숙 종자인 강낭콩, 녹두, 대두, 리마콩lima bean, 완두, 잠두, 팥 등과 미숙한 종자인 청완두green pea, 풋콩(미숙 청대두 또는 청대콩) 등이 있다.

1) 두류의 성분

두류는 표 6-1과 같이 종류에 따라 구성성분에 차이가 있다. 즉 대두와 땅콩은 단백질과 지질 함량이 높으며, 강낭콩, 녹두, 동부, 완두, 적두 등은 지질이 거의 없고 탄수화물과 단백질 함량이 높다. 한편 날개콩, 풋완두, 풋콩 등은 채소처럼 수분과 비타민 C 함량이 높다.

표 6-1 두류의 구성성분

(가식부 100g당 함량)

종류		수분 (g)	단백질 (g)	지질 (g)	탄수화물		무기질				비타민					
					당질 (mg)	섬유 (mg)	Ca (mg)	Fe (mg)	P (mg)	K (mg)	베타카로틴 (μg)	B_1 (mg)	B_2 (mg)	니아신 (mg)	엽산 (μg)	C (μg)
건조 두류	대두	11.2	36.2	14.7	30.7	5.0	260	6.66	660	1838	11	0.56	0.38	1.64	180	3.27
	땅콩	10.8	25.7	42.6	29.1	6.4	67	3.07	425	746	4	0.39	0.21	10.51	89	0
	강낭콩	10.4	21.2	1.1	63.9	4.0	99	8.9	338	-	0	0.41	0.31	1.90	-	0.0
	녹두	9.4	24.5	1.5	62.0	4.6	100	4.11	441	1420	243	0.16	0.36	1.63	428	5.29
	동부	11.9	18.8	1.8	60.3	1.7	44	4.32	550	1335	38	0.16	0.64	2.73	484	0
	완두	8.1	20.7	1.3	67.1	5.9	85	5.8	248	926	522	0.49	0.25	1.70	-	0
	적두(팥)	8.9	19.3	0.1	68.4	4.7	82	5.6	424	1180	tr	0.54	0.14	3.30	-	0
신선 두류	풋완두	89.8	3.2	0.1	5.5	0.8	65	0.9	65	-	-	0.15	0.13	0.9	-	55.0
	풋콩	69.8	11.5	6.6	8.5	1.9	90	1.7	170	-	-	0.32	0.16	1.3	-	30.0

출처 : 농촌진흥청 국립농업과학원, 2007; 2016

(1) 수분함량

땅콩을 제외한 건조두류에는 10~12% 정도의 수분이 함유되어 있으며, 건조하지 않고 그대로 조리하여 먹는 풋콩과 풋완두에는 각각 72%, 90% 정도의 수분이 들어 있다.

(2) 단백질

대부분의 두류에는 20~40%의 단백질이 함유되어 있으며, 특히 대두의 단백질 함량이 높다. 두류 단백질에는 메티오닌, 시스테인과 같은 함황아미노산이 다소 부족하지만 이소류신, 류신, 페닐알라닌, 트레오닌, 발린 등의 필수아미노산이 풍부하다. 특히 두류 단백질은 곡류에 부족한 리신 함량이 높고 곡류에는 메티오닌이 풍부하므로 곡류와 두류를 혼합하여 먹으면 균형 잡힌 단백질을 섭취할 수 있다.

대두 단백질은 글로불린globulin에 속하는 글리시닌glycinin이 대부분이고 알부민albumin에 속하는 레규멜린legumelin이 소량 함유되어 있다. 땅콩 단백질의 대부분은 글로불린에 속하는 아라킨arachin이다.

(3) 지질

대부분의 두류에는 2% 내외의 지질이 함유되어 있으나 대두와 땅콩은 각각 17%, 40~50%의 많은 지질을 함유하고 있다. 두류에는 포화지방산보다 불포화지방산이 많이 존재하며, 필수지방산인 리놀레산과 리놀렌산의 함량이 높다. 이외에 레시틴, 세팔린 등 소량의 인지질이 함유되어 있다.

(4) 탄수화물

대두에는 20% 정도의 탄수화물이 들어 있는데 전분은 함유되어 있지 않고 라피노스, 스타키오스와 같은 올리고당이 함유되어 있다. 강낭콩, 녹두, 동부, 완두, 팥 등에는 40% 이상의 탄수화물이 함유되어 있으며 이 중 75~80%가 전분이다. 특히 녹두, 동부, 팥의 전분은 세포 내 단백질에 의해 단단히 싸여 있어 가열해도 잘 호화되지 않는다.

(5) 비타민과 무기질

두류는 비타민 B군(B_1, B_2, 니아신), 판토텐산을 함유하고 있다. 비타민 C는 풋완두, 풋콩 등에 풍부하지만 대부분의 두류에는 거의 존재하지 않고 비타민 A도 녹두, 완두 외에는 거의 함유되어 있지 않다. 한편 두류에는 3~5%의 무기질이 함유되어 있으며 칼륨과 인의 함량이 높다. 두류에 존재하는 인은 대부분 피틴 형태로 존재한다.

(6) 파이토케미컬

두류에는 이소플라본, 올리고당, 피트산, 사포닌, 피니톨pinitol 등의 기능성 물질이 함유되어 있다. 이들은 항암 및 항산화 효과가 있고, 심혈관질환, 골다공증, 당뇨병 등에 예방효과를 나타내며, 장내 유익한 미생물의 생육을 촉진하는 등 여러 생리활성을 나타내는 것으로 알려져 있다 표 6-2. 대두에는 제니스테인genistein, 다이제인daidzien, 글리시테인glycitein 등과 같은 이소플라본이 100~300mg% 함유되어 있으며, 이들은 배당체로 존재한다. 또한 대두에는 기능성 올리고당인 라피노스가 0.1~0.9%, 스타키오스가 1.4~4.9% 존재하고, 피트산이 1~1.5% 함유되어 있다. 피니톨3-O-methyl-chiro-inositol은 두류와 콩잎에 존재하는 혈당 강하성분이다. 대두에는 0.3~0.8% 정도의 사포닌이 함유되어 있다.

표 6-2 두류의 파이토케미컬과 생리활성

파이토케미컬	생리활성
올리고당	장내균총 개선, 비피더스균의 생육 촉진, 혈중 콜레스테롤과 중성지방 저하
이소플라본	항암(대장암, 유방암, 전립선암 등)효과, 동맥경화 예방, LDL-콜레스테롤 저하
사포닌	노화 예방, 면역 증진효과, 항암 및 항산화 효과, 혈중 콜레스테롤 저하
트립신 저해제	항암작용(간암, 장암, 대장암 등), 당뇨병 예방
피트산	항고혈압효과, 항암효과, 항혈전작용, 안지오텐신 전환효소(ACE) 작용 저해
피니톨	혈당 강하, 혈중 콜레스테롤 저하

(7) 기타

두류에는 두류 및 두류 가공품에 이취를 생성하는 리폭시데이스, 적혈구의 응고를 촉진하는 헤마글루티닌 등이 함유되어 있으나 이들은 100°C에서 4~5분 정도 가열하면 불활성화된다. 트립신의 작용을 방해하는 트립신 저해제도 함유되어 있다.

2) 두류의 조리 특성

(1) 흡수성

두류는 말려서 저장하기 때문에 단단한 외피로 둘러싸여 있어 쉽게 물을 흡수하지 못하므로 미리 물에 담가 충분히 물을 흡수시킨 후 조리해야 가열시간을 줄일 수 있고 익은 상태도 균일하다. 대두는 표피 전체에서 물을 흡수하므로 5~6시간 정도 물에 담가 두면 콩 무게의 90% 이상의 물이 흡수된다. 그러나 표피가 단단한 팥과 녹두는 표피의 작은 구멍을 통해 흡수가 일어나므로 장시간 물에 담가 두어도 물을 잘 흡수하지 못하기 때문에 물에 불리는 과정 없이 그대로 삶는다. 두류의 흡수성은 물의 온도가 높을수록 커진다. 또한 두류는 중조, 탄산칼륨, 탄산나트륨 등을 넣은 물에 담가 두면 물을 빨리 흡수한다. 중조를 첨가하면 비타민 B_1이 파괴되므로 너무 많이 사용하지 않도록 주의해야 하며 일반적으로 0.3% 정도 첨가한다. 한편 대두는 소금물로도 쉽게 연화시킬 수 있는데 보통 1% 정도의 소금물을 사용한다.

(2) 가열 조리

① 대두

대두에 물을 넣고 가열하면 종피는 물을 흡수하여 팽윤하지만 자엽은 팽윤이 느려 주름이 생기기 때문에 끓기 전에 찬물을 넣어 물의 온도를 50°C보다 낮게 조절하면 종피와 자엽의 온도가 같아져 물을 잘 흡수하고 부드러워진다. 대두를 묽은 소금물에 담가 팽윤시킨 후 물에 넣어 삶으면 대두의 글리시닌 단백질이 용해되므로, 소금물에 넣지 않고 바로 가열한 것에 비해 빨리 부드러워진다. 대두 삶는 물에 중조를 넣고 가열하면 빨리 연해지지만 비타민 B_1이 파괴되고 맛도 좋지 않다. 대두를 가열하면 트립신 저해제가 파괴되어 아미노산의 이용률이 높아진다.

② 팥과 녹두

팥은 20시간이 지나야 최대 흡수에 도달하기 때문에 물에 담가서 불리는 과정을 거치지 않고 직접 가열하며, 녹두는 껍질이 두꺼워서 보통 반으로 쪼개어 물에 불려 껍질을 제거한 다음 조리에 이용한다. 녹두 전분은 적당량의 물을 넣고 가열한 후 냉각하면 탄력성 있는 젤을 형성하므로 청포묵을 만들어 먹는다. 한편 팥과 녹두는 전분이 단단한 세포막에 둘러싸여 있기 때문에 가열하여도 팽윤, 호화된 전분이 세포 밖으로 빠져나오지 않는다. 따라서 세포는 호화된 전분으로 가득 차게 되고 세포벽은 응고되어 안정화되므로 각 세포는 분리되어 보슬보슬한 가루가 된다 그림 6-1. 팥과 녹두로 각각 팥 앙금(팥소), 녹두 앙금 등을 만들 수 있는 것은 이 때문이며, 강낭콩과 동부를 이용하여 앙금을 만들 수 있는 것도 이 성질 때문이다.

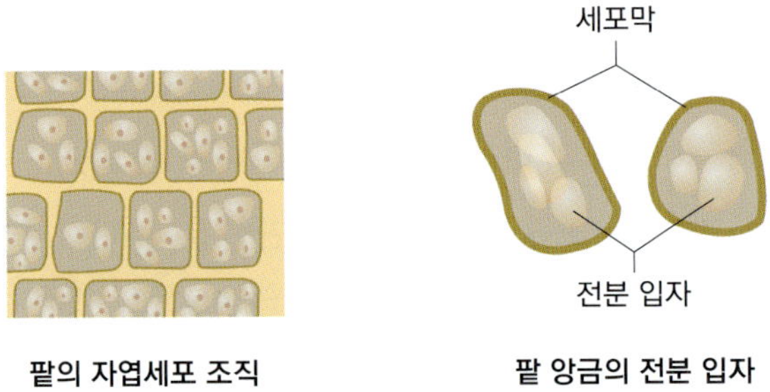

그림 6-1 **팥의 자엽세포 조직과 팥 앙금에서의 전분 입자**

(3) 용해성과 응고성

대두를 마쇄하여 물로 추출하면 글리시닌이 90% 정도 용출된다. 글리시닌은 열에는 안정하지만 산이나 금속염에는 불안정하여 쉽게 응고, 침전된다. 즉, 산을 첨가하여 글리시닌의 등전점인 pH 4~5로 맞추면 대부분의 단백질이 불용성이 되어 침전이 일어나게 된다. 또한 글리시닌은 칼슘염이나 마그네슘염의 묽은 용액에서도 응고가 일어나는데 이 성질을 이용하여 두부를 만든다.

(4) 기포성

대두와 팥에는 사포닌이 함유되어 있어 삶으면 거품이 일면서 끓어 넘친다. 따라서 삶을 때는 사포닌을 제거하기 위해 먼저 팥에 물을 넣고 한소끔 끓인 후 삶은 물을 버리고 다시 물을 붓고 끓이는 것이 좋다. 두유를 끓일 때 소량의 기름을 소포제로 첨가하면 끓어 넘치는 것을 막을 수 있다.

(5) 지질 산화 및 발아

대두는 불포화지방산인 리놀레산과 리놀렌산이 많아 공기 중의 산소와 접촉하면 리폭시데이스에 의해 쉽게 산화되어 콩 비린내가 나게 된다. 대두나 콩나물을 삶을 때 뚜껑을 닫아 산소를 차단하면 콩 비린내 생성을 막을 수 있다. 한편 두류를 어둡고 따뜻한 곳에서 발아시키면 원래 두류에 존재하지 않았던 비타민 C 함량이 크게 증가하고 비타민 B_1, 비타민 B_2, 아스파라긴 등의 함량도 높아진다. 대표적 콩 발아 식품에는 나물콩을 발아시킨 콩나물과 녹두를 발아시킨 숙주나물이 있다.

3) 두류의 이용

(1) 대두

① 두유

두유는 콩을 물에 충분히 불려서 삶은 다음 마쇄, 여과하여 만든다. 두유를 만들 때 콩을 덜 삶으면 콩 비린내가 나고 너무 오래 삶으면 메주콩 냄새가 나기 때문에 삶는 시간을 잘 조절해야 고소한 두유를 만들 수 있다.

콩 가공품

② 두부

두부는 대두를 물에 충분히 불린 후 마쇄, 여과하여 얻은 두유에 응고제를 넣어 대두의 주 단백질인 글리시닌을 응고, 성형한 것으로 생추출법과 가열추출법이 있다. 생추출법은 수침한 콩을 마쇄, 여과하여 얻은 두유를 가열한 후 응고제를 첨가하여 응고, 압착 성형하여 두부를 만들며, 가열추출법은 콩즙을 가열한 후 여과하여 분리한 두유에 응고제를 첨가하여 응고, 압착 성형하여 두부를 만드는 것이다. 가열추출하면 생추출에 비해 고형분과 단백질의 추출수율이 높아지지만, 가열온도가 너무 높거나 오래 가열하면 오히려 추출수율이 낮아지고 조직이 단단해지므로 주의해야 한다. 두부 제조에는 표 6-3과 같이 여러 종류의 응고제가 사용되며, 응고제의 종류에 따라 두부는 다른 특성을 나타낸다. 일반적으로 두유의 가열온도가 높고 응고제의 양이 많을수록 단단한 두부가 만들어진다. 두부 제조 시 응고제로 사용되는 간수는

표 6-3 두부 응고제의 종류

응고제	두부의 특성
글루코노 δ-락톤	표면이 매끈하고 부드러워 순두부 제조에 이용되지만 풍미가 좋지 않음
염화마그네슘	응고와 탈수가 빠르고 두부의 풍미와 맛이 좋음
염화칼슘	빨리 탈수되어 주로 튀김두부 제조에 사용하나 풍미가 좋지 않음
황산칼슘	색깔은 좋으나 표면이 거칠고 황산칼슘이 많이 잔류하여 풍미와 맛이 좋지 않음

풍산나물콩

포두부란?

포두부란 간수를 넣은 두유를 두부판에 얇게 깔고 천을 덮는 과정을 10회 이상 반복하여 만든 두께 3mm 정도의 탄력 있는 두부로 점성이 작으면 찢어진다. 포두부란 종이처럼 얇다고 해서 붙여진 이름이며, 밀전병처럼 채소, 고기 등을 싸서 먹는다.

다원콩

바닷물에서 염화나트륨을 결정화시킨 후 남은 여액으로 염화마그네슘, 황산칼슘, 황산마그네슘 등이 주성분이다.

녹채콩

③ 비지

비지는 두부를 만들기 위해 두유를 제거하고 남은 것으로 콩물을 가열하기 전에 여과하여 얻은 생비지와 콩물을 가열한 후 분리한 온비지가 있다. 비지에는 단백질은 많이 함유되어 있지 않으나 섬유질이 함유되어 있어 독특한 질감을 나타내며 비지찌개를 만들어 먹는다.

풍산나물콩 콩나물

④ 콩자반

콩자반은 콩을 충분히 물에 불린 후 삶아서 간장, 설탕을 넣어 조린 것이다. 콩을 조릴 때 설탕을 한꺼번에 넣으면 콩이 단단해지므로 2~3회 나누어 넣는 것이 좋다.

다원콩 콩나물

⑤ 콩나물

콩나물은 나물콩을 5일 정도 발아시킨 것이다. 콩나물은 콩을 물에 불려 어두운 곳에서 수분을 공급하면서 발아시킨 것으로 수분 공급이 부족하면 잘 발아되지 않고 잔뿌리가 많이 생긴다. 콩나물은 아스파라긴산, 글루탐산 등의 아미노산 함량과 단백질, 비타민 A, 비타민 C, 식이섬유 함량이 높고 전분이 단당류로 분해되어 소화율이 좋다.

녹채콩 콩나물

숙취 해소에 도움이 되는 아스파라긴산은 콩나물의 뿌리 부분에 많이 존재한다.

⑥ 장류

간장 재래식 간장은 콩을 쪄서 만든 메주를 햇빛에 말린 후 소금물에 담가 1~2개월 정도 숙성시킨 뒤 메주를 건져낸 장물로 만든다. 개량식 간장은 대두, 밀, 코지를 섞어 소금물에 담가 숙성시킨 후 간장을 분리하여 살균한다.

된장 된장에는 재래식 된장, 개량식 된장이 있다. 재래식 된장은 메주에 소금물을 부어 숙성시킨 후 장물을 떠내고 남은 건더기로 담그며, 개량식 된장은 콩과 곡류를 혼합하여 주먹 크기로 빚은 메주에 소금물을 부어 한 달 정도 지난 후 메주를 다른 독에 옮겨 담은 것으로 소금을 켜켜이 뿌려 만든다. 메주의 콩 단백질은 원료 콩이 충분히 가열되어 무르게 삶아졌을 때 효소 분해가 잘 일어난다. 덜 삶아진 콩으로 메주를 만들면 효소 분해가 잘 일어나지 않아 장의 맛이 떨어지지만, 콩을 너무 오래 가열해도 효소가 잘 작용하지 않으므로 콩은 고온에서 단시간 가열하는 것이 바람직하다.

청국장 대두를 삶아 깨끗한 볏짚을 깔고 2~3일 정도 덮어두면 볏짚에 있는 고초균*Bacillus subtilis*이 번식하여 발효가 일어나 특유의 향미와 감칠맛이 나는 청국장이 된다. 청국장을 띄우면 콩 표면에 실과 같은 흰색의 점액성 물질이 만들어지는데, 이것은 글루탐산이 중합된 폴리펩티드와 프럭토스가 중합된 프락탄의 혼합물이다. 청국장에는 단백질분해효소와 전분분해효소의 활성이 강하여 소화가 잘된다.

⑦ 대두유

대두유는 처음 생산되었을 때는 특유의 이취 때문에 주로 산업용 페인트로 사용되었다. 제2차 세계대전 때 기름이 부족하여 마가린 원료로 사용하기 시작하면서 소비가 증가되어 현재 가장 많이 소비되는 식용유이다.

대두유

⑧ 콩단백

분리대두단백, 농축대두단백 등을 알칼리용액에 녹인 후 압출, 응고시켜 실모양으로 신연시키면 분자가 일정한 방향으로 배열되면서 섬유를 형성하여 육류와 같은 텍스처를 갖게 된다. 이들 단백섬유에 색소, 조미료, 향료를 첨가하고 난백과 같은 결착제를 첨가하여 적당한 모양으로 성형, 응고 건조한 콩단백은 텍스처가 고기와 같아 육류 유사제품meat analog으로 각광받고 있다.

(2) 팥

팥

팥은 쌀이나 다른 곡류와 혼합하여 밥을 짓거나 팥소, 떡고물, 팥죽, 단팥죽, 양갱 등을 만드는 데 이용된다. 팥소는 팥을 12시간 정도 수침한 후 10분 정도 끓인 다음 윗물을 따라내고 다시 물을 부어 끓인다. 손가락으로 문질렀을 때 부서질 정도까지 팥이 삶아지면 찬물 속에서 잘게 부순 후 체에 걸러 껍질을 제거하고 팥소인 팥 앙금을 분리한다. 팥을 삶을 때 윗물을 따라내는 것은 탄닌, 검질 등 떫은맛 성분을 제거하기 위해서이다. 팥소는 팥죽이나 양갱 제조에 이용된다.

(3) 녹두

녹두

녹두는 특유의 향미를 가지고 있을 뿐 아니라 전분 함량이 높아 빈대떡, 떡소, 떡고물, 녹두죽, 그리고 청포묵 등을 만드는 데 이용된다. 또한 녹두를 발아시켜 숙주나물로 이용하기도 한다. 숙주나물은 줄기가 유백색을 띠고 머리가 황색이며 잎이 나오지 않은 것이 좋다. 데칠 때 냄비의 뚜껑을 닫고 데쳐야 특유의 비린내가 나지 않는다.

(4) 강낭콩

강낭콩

강낭콩은 조림용으로 많이 이용되지만 양갱을 만들어 먹거나 앙금을 만들어 제과·제빵 재료로도 사용된다.

(5) 땅콩

땅콩

땅콩은 과자, 미숫가루, 강정, 조림, 땅콩버터, 땅콩기름을 만드는 데 이용된다. 소립종 땅콩은 지방 함량이 높아 주로 기름을 짜거나 땅콩버터 제조에 사용되는 반면, 대립종 땅콩은 단백질 함량이 높아 주로 볶아서 간식용으로 이용된다. 땅콩버터는 땅콩을 볶아 속껍질을 제거하고 마쇄한 다음 소금을 첨가하여 조미한 것이다. 땅콩기름은 샐러드유나 튀김용으로 사용되는데 땅콩에 함유된 지질의 80% 이상이 불포화지방산으로 구성되어 있으며 올레산이 주요 지방산이다.

(6) 렌틸콩

고대 그리스인의 주식이었던 렌틸콩lentils은 콩을 반으로 나눈 모양이 카메라 렌즈를 닮았다고 하여 렌즈콩이라고도 부른다. 렌틸콩은 붉은색, 노란색, 주황색, 초록색, 갈색 등 10여 가지 색을 띠며 샐러드, 수프, 퓨레에 이용한다. 인도에서는 수프와 커리 등 일상적 음식에 널리 사용되며 붉은색 렌틸콩은 달dal의 주재료로 이용하고, 유럽에서는 스튜, 샐러드 등에 곁들여 먹는다. 렌틸콩은 단백질, 식이섬유, 엽산, 칼륨이 풍부한 반면 지방 함량은 매우 낮다. 두류 중에서 렌틸콩은 대두 다음으로 단백질 함량이 높으며, 초록색 렌틸콩은 붉은색에 비해 더 많은 식이섬유를 함유하고 있다.

렌틸콩

(7) 병아리콩

병아리콩chickpea은 병아리 얼굴을 닮았다고 해서 붙여진 이름으로 이집트콩이라고도 한다. 병아리콩은 단백질이 풍부하고 철, 비타민 C·E 등도 많이 함유되어 있으며, 지방 함량은 낮고 대부분 불포화지방산이다. 병아리콩은 껍질색이 희거나 노르스름한 흰병아리콩과 검은색을 띠는 검은병아리콩이 있으며 검은병아리콩의 껍질을 벗긴 것을 차나달이라고 한다. 흰병아리콩의 알이 더 굵고 부드럽다. 병아리콩은 구수한 맛이 나며 콩 비린내는 거의 나지 않는다. 건조한 것은 물에 불린 후 삶아서 사용하며 통조림 캔에 든 것은 샐러드, 수프에 이용한다.

병아리콩

2. 서류

서류는 땅속의 줄기나 뿌리 일부가 비대해져서 전분이나 기타 다당류를 저장하는 덩이로 감자, 고구마, 토란, 마 등이 있다. 서류의 주성분은 탄수화물이지만 70~80% 정도가 수분이어서 곡류에 비해 칼로리는 낮은 편이며 냉해에 약하고 쉽게 발아한다.

1) 감자

감자

남미의 안데스산맥이 원산지인 감자는 가짓과에 속하는 1년생식물로 땅속줄기의 비대해진 부분인 괴경을 식용한다. 감자는 두 개의 껍질층, 즉 가장 바깥쪽에 주피라고 하는 얇은 코르크층은 색소를 함유하고 있어 흰색, 노란색, 보라색 등 여러 가지 색을 내며, 그 안쪽에 다소 두꺼운 후피에는 전분 입자가 들어 있다.

(1) 감자의 구성성분

감자의 구성성분은 품종, 수확시기 등에 따라 다소 차이를 보이며, 성장함에 따라 수분과 당분 함량은 낮아지고 전분 함량이 크게 증가한다. 일반적으로 감자는 가식부의 노란색이 진할수록 단백질 함량은 높고 전분 함량은 낮다.

감자는 표 6-4와 같이 수분이 약 80%를 차지하고 15~20% 정도가 탄수화물이다. 탄수화물의 대부분은 전분 형태로 존재하며 당분은 1% 정도이다. 감자에는 1~2%

표 6-4 서류의 구성성분

(가식부 100g당 함량)

종류	칼로리 (kcal)	수분 (g)	단백질 (g)	지질 (g)	탄수화물 (g)	총당류 (g)	총식이섬유 (g)	무기질				비타민					
								Ca(mg)	Fe(mg)	P(mg)	K(mg)	베타카로틴 (μg)	B_1 (mg)	B_2 (mg)	니아신 (mg)	엽산 (μg)	C (mg)
감자(수미)[1]	53	81.1	1.9	0.03	16.1	0	1.7	6	0.40	62	335	0	0.03	0.04	0.45	10	4.47
감자(수미)[2]	56	79.8	1.9	0.05	17.3	0	1.4	6	0.42	58	318	tr	0.03	0.02	0.33	23	5.80
고구마(분질)[1]	108	60.6	1.0	0.11	37.2	9.8	2.7	15	0.45	49	370	32	0.07	0.03	0.59	90	7.12
고구마(점질, 호박)[1]	100	63.9	1.2	0.20	33.8	9.8	2.0	21	0.52	55	379	896	0.09	0.03	0.76	43	14.49
고구마(점질, 호박)[2]	111	59.9	1.1	0.15	37.9	14.5	3.4	23	0.46	57	394	553	0.11	0.03	0.45	47	30.62
돼지감자[1]	35	81.4	2.2	0.09	14.9	6.4	1.8	17	0.53	100	561	0	0.04	0.09	0.47	39	1.34
마(장마)[1]	35	87.8	1.6	0.28	9.55	2.2	1.8	15	0.22	44	374	2	0.05	0.03	0.41	5	1.42
천마[1]	55	79.9	0.9	0	18.5	-	-	16	0.9	21	332	2	0.10	0.05	0.6	-	92
토란[1]	53	80.8	2.1	0.14	15.77	0	2.8	11	0.6	55	520	10	0.08	0.02	0.63	37	1.21

[1]생것, [2]찐 것

출처 : 농촌진흥청 국립농업과학원, 2016

내외의 단백질이 함유되어 있으며 주 단백질은 글로불린에 속하는 튜베린tuberin이다. 곡류에 비해 단백질 함량은 낮고 메티오닌이 부족하지만 필수아미노산 조성이 우수한 편이다. 감자에는 약 5~6mg%의 비타민 C가 함유되어 있는데 특히 감자 껍질에 많다. 감자를 가열하면 전분이 호화되면서 비타민 C와 결착되어 비타민 C의 파괴를 막아주기 때문에 감자는 비타민 C의 좋은 급원이다. 감자에는 칼륨과 인이 많이 함유되어 있으며 칼슘 함량은 매우 낮다. 최근 속살이 자주색, 보라색, 붉은색인 컬러감자가 생산되고 있는데, 이들 감자에는 기존의 흰색 감자에는 없는 안토시아닌과 여러 천연 생리활성물질이 다량 함유되어 항암효과 등을 나타낸다고 한다.

홍영

자영

추영

감자는 햇볕을 쬐면 솔라닌solanine이라는 독성물질이 생성되는데, 이 물질은 껍질의 녹변된 부분과 발아 중인 싹에 존재하며, 섭취 시 두통, 현기증, 설사, 복통 등을 일으킨다. 솔라닌은 열에 강하여 가열조리에 의해 파괴되지 않으므로 발아된 부위나 녹변 부위를 제거한 후 조리해야 한다. 한편 감자가 썩기 시작하면 셉신sepsin이라는 독성물질이 생겨 심한 중독증상을 일으킨다.

생으로 먹는 감자

속살이 보라색, 붉은색을 띠는 컬러감자는 생 감자 특유의 아린맛이 없어 즙을 내어 먹거나 껍질을 벗겨 그대로 샐러드를 만들어 먹는다. 컬러감자는 일반 감자보다 페놀화합물과 비타민 C가 2배 이상 많이 함유되어 있다.

(2) 감자의 종류

감자는 가열조리 후의 텍스처에 따라 점질waxy인 점질감자와 분질mealy인 분질감자로 나뉜다. 점질감자와 분질감자의 비중은 각각 1.07~1.08, 1.12~1.15로 차이가 있기 때문에 소금물에 넣어 두 감자를 구별할 수 있다. 즉, 소금과 물을 1:11(v/v)로 혼합한 소금물에 넣으면 분질감자는 바닥에 가라앉고 점질감자는 물 위에 뜬다 그림 6-2. 점질감자는 가열해도 육질이 촉촉하고 끈기가 있으며, 찌거나 삶아도 잘 부서지지 않아 볶음요리나 샐러드, 조림, 튀김 등에 이용된다. 분질감자는 가열하면 외관상 불

소금물에서의 모양

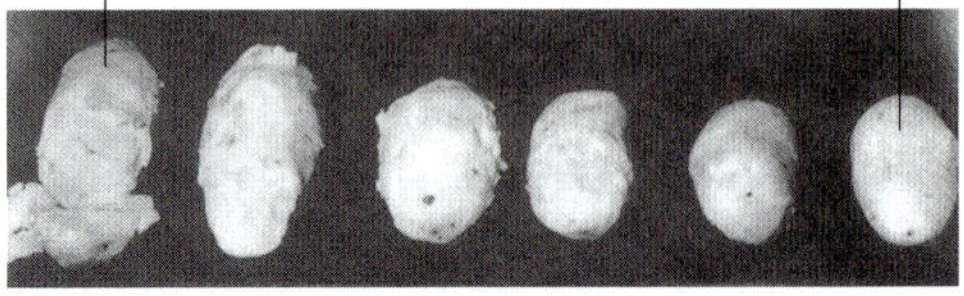

익힌 후의 모양

그림 6-2 **점질감자와 분질감자**

투명하고 건조한 흰색을 띠며 윤기가 없고 파삭파삭한 느낌을 준다. 이 감자는 찌거나 구웠을 때 부서지기 쉬우므로 구운 감자baked potato, 매시드 포테이토mashed potato 등에 적합하다. 가열하면 점질감자는 세포가 거의 분리되지 않고 서로 단단하게 결합되어 있지만, 분질감자는 세포가 한 개씩 또는 몇 개가 붙은 채로 분리되므로 각 세포가 분리되어 분질감자의 파삭한 텍스처가 형성된다. 분질감자는 점질감자에 비해 전분 함량이 많고 전분 입자가 크기 때문에 가열하면 전분 입자가 커져서 세포막에 힘이 가해져 세포가 분리되기 쉽다고 한다.

(3) 감자의 갈변

감자는 껍질을 벗기거나 썰어서 공기 중에 방치하면 적갈색을 거쳐 갈색으로 변한다. 이것은 감자에 함유된 티로시네이스가 공기 중의 산소에 의해 활성화되고 티로신이 산화되어 갈색의 멜라닌을 생성하기 때문이다. 이 효소는 수용성이고 기질인 티로신도 물에 용출되므로 껍질을 벗기거나 채 썬 감자를 물에 담가 두면 갈변을 막을 수 있다. 또한 산소와의 접촉을 피하거나 산이나 아스코르브산의 첨가, 아황산 훈증 등에 의해서도 감자의 갈변을 막을 수 있다. 감자는 익힌 후에도 공기 중에 방치하면 서서히 갈변하며, 갈변현상은 티로신 함량이 높은 감자에서 더 잘 일어난다.

(4) 감자의 이용

감자는 맛이 담백하여 주식, 부식, 간식 등으로 다양하게 이용되며, 우리가 흔히 즐기는 감자볶음, 매시드 포테이토, 포테이토 칩potato chip, 프렌치프라이french fried potato(감자튀김) 등이 감자를 주재료로 한 음식이다. 감자볶음은 점질감자를, 매시드 포테이토와 프렌치프라이는 분질감자를 이용한다. 매시드 포테이토는 삶은 감자가 뜨거울 때 빨리 체에 내리거나 으깨면 세포가 쉽게 분리되어 부드럽고 맛이 좋다. 감자가 식으면 으깨는 도중 세포막이 파괴되어 호화된 전분이 밖으로 빠져나와 끈적거리고 맛이 없게 된다. 프렌치프라이는 감자의 자른 단면에 전분이 남아 있으면 끈적거리고 서로 달라붙으므로 전분을 잘 제거한 후 튀겨야 한다. 감자는 전분, 물엿, 포도당 등을 제조하기 위한 가공원료로도 사용된다.

맛있는 감자볶음을 만들려면?

채 썬 감자를 물에 씻어 전분을 제거하고 물에 잠시 담갔다가 건져서 물기를 제거한 다음 기름을 두른 프라이팬에 감자를 넣고 볶는다. 프라이팬이 뜨거울 때 감자를 볶기 시작해야 빨리 익고 기름의 흡수가 적다. 다소 건조하고 질척거리지 않도록 볶는다.

2) 고구마

고구마

호박고구마

자색고구마

고구마는 땅 속의 덩이뿌리가 비대해져 생긴 작물로 중앙아메리카, 멕시코 등이 원산지이며 우리나라에는 18세기경에 전해졌다. 고구마는 껍질 부분이 주피와 피층으로 나뉜다. 가장 바깥쪽을 차지하는 주피에는 전분은 없고 색소가 들어 있어 고구마의 껍질 색에 영향을 주며, 그 안쪽의 피층에는 전분 입자가 들어 있고 탄닌이 있어 공기와 접촉하면 갈색으로 변한다. 껍질 안쪽의 내부는 전분이 풍부한 큰 유세포로 되어 있다. 고구마는 단맛은 약하나 전분이 많고 주로 식용으로 이용되는 분질고구마와 당분은 많지만 전분은 적고 식용보다는 가공용으로 사용되는 점질고구마로 나뉜다. 고구마의 껍질은 적자색이고 육색은 황색 또는 황백색을 띠는 것이 많은데 육질이 호박처럼 노란색을 띠는 호박고구마(일명 속 노란고구마)와 육질이 자색을 띠는 자색고구마도 있다.

(1) 고구마의 구성성분

고구마는 품종, 생육조건 등에 따라 구성성분에 차이가 있으나 일반적으로 수분함량 60~76%로 감자에 비해 적다. 탄수화물은 대부분 전분이고 글루코스, 프럭토스, 수크로스 등의 당질이 20% 정도 함유되어 있어 단맛이 강하다. 고구마에는 1~2%의 단백질이 함유되어 있으며, 주 단백질은 글로불린에 속하는 이포마인ipomain이다. 고구마에는 비타민 B군, 비타민 C 등의 비타민이 풍부한데, 특히 고구마의 비타민 C는 열이 안정하여 찐 후에도 70~80%가 남아 있으며 칼륨과 칼슘이 풍부하다. 한편 황색을 띠는 호박고구마는 일반 고구마에 비해 100배 이상 많은 카로티노이드를 함유하고 있으며 이의 대부분은 β-카로틴이다. 자색고구마에는 시아니딘, 페오니딘 등의 안토시아닌이 다량 함유되어 있다.

고구마를 자르면 자른 단면에서 점성이 있는 유백색의 점액이 나오는데 이 점액은 얄라핀jalapin이라고 하는 수지배당체이다. 얄라핀은 공기와 접촉하면 검은색으로 변하는데 물에 녹지 않기 때문에 제거하기 어렵다. 이 물질은 고구마가 자라면서 감소하다가 수확시기가 되면 다시 증가하고 그 후 다시 감소하는데 완전히 성숙하지 않은 고구마에 많이 존재한다. 고구마는 저장하는 동안 리조퍼스 니그리칸스*Rhizopus nigricans*에 의한 연부병이나 흑반병(검은무늬병)에 의해 변질되기 쉽다. 흑반병에 걸리면 이포메아마론ipomeamerone이라는 물질이 생성되는데, 이 물질은 강한 쓴맛과 독특한 냄새를 낸다. 고구마는 냉장온도에 보관하면 냉해를 입으므로 13°C 정도에서 보관하는 것이 좋다.

(2) 고구마의 조리

고구마는 수확할 때 전분 함량이 높지만 저장하면 전분 함량은 낮아지는 반면 당함량은 증가하는데 이는 전분에 β-아밀레이스가 작용하여 전분이 말토스로 분해되기 때문이다. 따라서 고구마를 가열 조리할 때 β-아밀레이스가 잘 작용하여 당화작용이 충분히 일어날 수 있도록 하면 강한 단맛이 나는 고구마를 만들 수 있다. β-아밀레이스는 최적온도가 55°C이며 65°C 정도까지 작용하므로 고구마를 구울 때는 서서히 가열하여 고구마의 내부온도가 β-아밀레이스가 잘 작용하는 온도를 오래 유지하도록 해야 강한 단맛을 내는 군고구마를 만들 수 있다. 전자레인지로 구운 것보다 뜨겁게 가열한 돌 속에 묻어서 구운 군고구마가 더 달고 맛있는 것은 β-아밀레이스가 잘 작용했기 때문이다.

(3) 고구마의 갈변

고구마도 감자처럼 껍질을 벗기거나 썰어서 공기중에 방치하면 갈색으로 변하는데, 이는 폴리페놀 산화효소polyphenol oxidase가 클로로겐산과 같은 폴리페놀 화합물에 작용하여 갈색을 내는 멜라닌 화합물을 생성하기 때문이다. 고구마는 껍질을 벗긴 후 바로 물에 담가 공기와 접촉하지 못하도록 하면 갈변을 막을 수 있다. 폴리페놀 산화효소와 클로로겐산은 고구마의 피층에 많이 존재한다. 한편 고구마는 중조가 들어 있는 튀김옷을 입혀 튀기면 튀긴 고구마의 표면의 색이 서서히 녹색으로 변하는데 이는 클로로겐산이 변하기 때문이다.

(4) 고구마의 이용

고구마는 일반적으로 생것 그대로 샐러드 재료로 사용하거나 찐 고구마, 군고구마, 튀긴 고구마 형태로 먹기도 하고, 밥 또는 떡, 빵에 넣어 먹기도 한다. 이외에 고구마는 전분, 당면, 물엿, 잼, 고추장, 주정 제조의 원료로 이용되기도 한다.

3) 토란

토란taro은 인도, 인도네시아 등 동남아시아가 원산지이며 우리나라는 경남 함양과 거창이 주산지이다. 토란은 7~8월경에 수확하여 추석에 절기음식인 토란탕을 만들어 먹는다. 토란의 성분은 감자, 고구마 등과 비슷한데, 탄수화물이 13% 정도 차지하며 대부분 전분이고 무기질로는 칼륨이 많다.

토란

흙이 묻어 있는 알토란의 껍질을 벗길 때 미끈거리는 것은 갈락탄이라고 하는 점질물질 때문이며, 갈락탄은 단백질과 결합한 당단백질 형태로 존재한다. 껍질을 벗긴 토란은 표면이 점질물질로 싸여 있어 맛성분의 침투가 어려우므로 조미하기 전에 점질물질을 제거하는 것이 좋다. 토란의 점질물질은 쌀뜨물 또는 소금물에 데치거나 소금으로 문지르면 제거된다. 또한 점질물질은 토란탕 등을 끓일 때 조리수 중에 녹아 나와 거품을 생성하여 끓어 넘치는 원인이 되며, 국물을 걸쭉하게 하여 열 전달이나 맛성분의 침투를 방해한다. 조리수에 1%의 소금을 첨가하면 점질물질이 응고되므로 점성이 낮고 맑은 토란탕을 만들 수 있다. 한편 토란의 아린맛은 호모젠티스산homogentisic acid에 의한 것으로 토란을 물에 담가 두거나 데치면 아린맛을 제거할 수 있다.

토란의 껍질을 벗길 때 손에 가려움증이 나타나는 것은 껍질 내 즙액에 소량 존재하는 수산염이 피부를 자극하기 때문으로 식초물 또는 소금물에 담그거나 가열하면 이 현상이 나타나지 않는다. 수산oxalic acid은 특히 껍질에 많으므로 껍질을 조금 두껍게 벗기는 것이 좋다.

참마

4) 참마

참마yam는 마과에 속하는 다년생 덩굴식물로 주성분은 전분이다. 참마는 점질 다당류를 다량 함유하고 있어 점성이 강한데, 이 점질물은 뮤신으로 글로불린과 만난이라는 다당류가 결합한 것이다. 또한 참마에는 α-아밀레이스와 같은 여러 소화효소가 들어 있어 익혀 먹지 않아도 소화가 잘되며 가열조리 시 비타민의 손실도 적다. 참마는 토란처럼 수산염이 많고 마쇄하면 티로시네이스에 의해 갈변될 수 있으므로 껍질을 벗긴 후에는 식초에 담가 갈변되지 않도록 해야 한다. 마는 점성이 강하여 생것을 갈아서 마시거나 찌거나 구워서 먹으며, 마의 겉껍질을 벗긴 후 말린 산약은 한약재료로도 널리 이용된다.

돼지감자

5) 돼지감자

돼지감자*Jerusalem artichoke*는 돼지의 먹이로 이용한다고 붙인 명칭이며, 우리나라 전역에서 야생하는 돼지감자는 '뚱딴지'라고 한다. 돼지감자는 북미 원산으로 아메리카 인디언들이 오랫동안 식용했다. 돼지감자의 주성분은 프럭토스의 중합체인 이눌린으로 이를 산이나 효소로 분해하면 프럭토스를 얻을 수 있다. 생 돼지감자는 특이한 냄새가 나고 사람의 체내에는 이눌린을 분해하는 효소가 없어 소장에서 흡수되지 못하므로 생것으로 먹기보다는 조림, 무침, 튀김, 찜 등을 만들어 먹는데 대부분은 사료로 이용된다.

6) 카사바

카사바cassava는 마니오크manioc라고도 불리는 남아메리카 원산의 덩이뿌리로 동남아시아와 남태평양의 여러 섬에서 재배되고 있다. 카사바는 전분 제조, 주정의 원료로 사용되며 사료로도 이용된다. 카사바는 물에 담가도 불지 않기 때문에 음료 등에 이용하고 가열 후 물에 담가 후식으로 제공하기도 한다. 카사바의 주성분인 전분을 추출한 것은 타피오카tapioca 또는 마니오카manioca라고 한다. 타피오카는 세척한 카사바를 마쇄한 다음 물속에서 전분을 씻어내고 이를 침전, 건조시킨 흰색의 가루이다. 카사바는 칼슘과 비타민 C가 풍부하지만 리나마린이라는 시안배당체가 들어 있어 조직이 파괴되면 유독물인 시안(청산)이 생성되므로 물에 담가서 리나마린을 제거한 후 타피오카 제조에 사용해야 한다. 타피오카는 우동면을 제조하거나 인조미 형태로 가공하여 곡류 대용으로 사용한다.

카사바

3. 기타 곡류

1) 보리

겉보리

쌀보리

보리는 세계 4대 작물의 하나로 쌀, 밀, 옥수수 다음으로 많이 재배된다. 보리는 인류가 가장 먼저 재배했던 작물의 하나로 1500년대 중반에 스페인인들에 의해 남아메리카에 전달되었다. 보리에는 성숙 후 겹질이 잘 분리되는 쌀보리naked barley와 겹질이 잘 분리되지 않는 겉보리covered barley가 있다. 겉보리는 볶아서 주로 보리차용으로 사용한다. 또한 보리는 보리알이 배열된 수에 따라 두줄보리와 여섯줄보리로, 파종시기에 따라 가을보리와 봄보리로 나누기도 한다. 일반적으로 엿기름(맥아), 미숫가루, 보리차 등을 만들 때는 여섯줄보리를 이용하지만 맥주, 위스키 제조에는 두줄

보리를 사용한다.

(1) 보리의 구성성분

보리의 조성은 밀과 비슷하지만 섬유질이 많아 소화가 잘되지 않는다. 보리는 표 6-5와 같이 종류에 따라 다소 차이가 있으나 71% 정도의 탄수화물이 함유되어 있으며 전분이 대부분을 차지하고 8~10% 펜토산, 소량의 수크로스, 글루코스, 라피노스가 들어 있다. 보리의 주 단백질은 프롤라민prolamin에 속하는 호르데인hordein과 글루텔린glutelin에 속하는 호르데닌hordenin이며, 리신, 트레오닌, 트립토판 등의 함량이 적어 질적으로는 우수하지 않으나 쌀에 비해 많은 양의 단백질을 함유하고 있다. 보리에는 2% 정도의 지질이 함유되어 있으며, 특히 배아에 많이 들어 있고, 주된 지방산으로는 리놀레산, 올레산 등이 있다. 보리는 쌀과 달리 배유에 비타민 함량이 높아 도정 후에도 비타민의 손실이 적으며, 특히 비타민 B가 많이 들어 있다. 무기질로는 칼슘, 인, 철 등이 풍부하다.

표 6-5 보리의 구성성분

(가식부 100g당 함량)

종류	에너지 (kcal)	수분 (g)	단백질 (g)	지질 (g)	탄수화물 (g)	총당류 (g)	총식이섬유 (g)	무기질				비타민			
								Ca (mg)	Fe (mg)	P (mg)	K (mg)	B_1 (mg)	B_2 (mg)	니아신 (mg)	엽산 (μg)
쌀보리(도정, 생것)	316	13.5	9.30	1.81	74.39	4.50	12.8	30	2.59	206	282	0.06	0.16	1.82	24
겉보리(압맥, 생것)	316	13.4	8.74	1.66	75.38	0.32	11.0	30	2.40	161	202	0.23	0.05	2.02	26
겉보리(할맥)	327	10.5	9.30	1.67	77.71	1.93	17.0	31	2.02	163	211	0.21	0.06	1.00	41
찰보리(생것)	322	12.6	11.87	2.15	72.29	12.48	20.8	34	3.37	224	296	0.12	0.18	0.97	75
찰보리(할맥)	333	7.7	8.5	1.0	82.0	-	-	28	1.8	127	269	0.32	0.15	1.7	-

출처 : 농촌진흥청 국립농업과학원, 2016

(2) 보리의 이용

배유가 많은 쌀보리는 압맥(납작보리)과 할맥으로 가공하여 이용하며, 배유가 적은 겉보리(껍질보리)는 볶아서 보리차로 이용하거나 미숫가루 제조에 이용하기도 하고 엿기름을 만들어 식혜, 고추장, 된장을 만들기도 한다. 또한 보리는 체내 콜레스테롤 감소효과가 있는 수용성 식이섬유인 β-글루칸이 풍부하여 보리빵, 보리건빵 등을 만들어 먹기도 한다.

① 압맥과 할맥

보리는 등쪽에 배아가 있고 배 쪽에 골이 파여 있는데 이 골에 껍질이 밀착되어 있어 도정에 의해 겨층을 완전히 제거하기 어려우며 가운데 깊게 파여 있는 홈에는 섬유질이 많아 소화가 잘 되지 않는다. 따라서 쌀보리는 소화가 잘 되도록 누른 압맥이나 할맥으로 가공하여 판매한다. 압맥이란 도정한 보리를 뜨거운 증기로 쪄서 부드럽게 한 후 기계로 눌러서 만든 것이고, 할맥은 도정한 보리를 골을 중심으로 두 쪽으로 나눈 후 다시 도정한 것으로 크기는 쌀알과 비슷하다.

압맥

할맥

② 엿기름

엿기름은 겉보리를 물에 씻어 따뜻한 곳에서 8~10일 정도 발아시켜 보리 길이의 2배 정도가 되도록 한다. 발아가 끝난 녹맥아는 강한 아밀레이스 활성이 유지되도록 30~45°C에서 수분함량이 6~8%가 되도록 건조시켜 뿌리를 제거하고 가루로 내어 사용한다. 엿기름에는 싹이 튼 보리알이 길이의 1.2~2배 정도로 긴 장맥아와 2/3~3/4 정도로 짧은 단맥아가 있다. 장맥아는 단맥아보다 아밀레이스 활성이 1.5배 정도 높아 식혜, 물엿, 된장, 고추장 제조에 이용되고, 단맥아는 전분 함량이 많아 맥주 제조에 이용된다.

2) 옥수수

옥수수corn는 멕시코가 원산지이고 16세기 초 포르투갈인에 의해 인도에 전해진 것이 중국을 거쳐 고려시대 때 우리나라로 전해졌다. 옥수수는 세계 3대 작물의 하나로 단위면적당 생산량이 가장 많고 저장성이 가장 좋은 곡류이다.

(1) 옥수수의 종류와 이용

옥수수는 황색, 백색, 적색, 흑색, 청자색 등 다양한 색을 띠며, 종자의 모양과 특성에 따라 마치종dent corn, 경립종flint corn, 감미종sweet corn, 나종glutinous corn(찰옥수수),

그림 6-3 **옥수수의 종류**

폭립종pop corn 등으로 나뉜다 그림 6-3. 우리나라에서 재배되는 대부분의 재래종 옥수수는 경립종이다. 마치종은 우리나라에서 가장 많이 재배되고 있으나, 껍질이 두꺼워서 사료나 전분, 기름 등의 원료로 이용된다. 경립종은 마치종보다 껍질이 얇고 알이 굵다. 맛이 좋아 오래전부터 식용으로 재배되어 왔으나, 주로 옥수수전분, 글루코스, 소주 등의 원료로 사용되거나 사료용으로 이용된다. 감미종은 당분이 많고 섬유질이 적어 굽거나 쪄서 먹거나 수프, 크로켓, 떡, 샐러드, 통조림용으로 이용한다. 중국요리나 샐러드에 이용되는 영콘baby corn도 생식용으로 만든 감미종이다. 폭립종은 옥수수 알의 크기가 매우 작고 대부분이 단단하며 중앙에 연질 부분이 있다. 열을 가하면 연질 부분이 갑자기 부풀어 부피의 20~30배 정도로 폭발popping하기 때문에 팝콘 제조에 이용된다. 한편 옥수수의 열매 부분을 싸고 있는 옥수수 수염은 옥수수 수염차를 만드는 데 사용되며, 주로 음료, 빙과류, 캔디, 제빵 제조, 식품의 향료, 식품첨가물 등으로 이용된다.

(2) 옥수수의 구성성분

옥수수의 탄수화물은 주로 전분이며, 주 단백질은 제인zein으로 리신, 트립토판 함량이 적고 트레오닌 함량이 비교적 많다. 지질의 대부분은 배아에 존재하며 주 지방산은 올레산과 리놀레산이고, 옥수수 기름에는 비타민 A와 비타민 E가 많이 들어 있다. 옥수수 수염에는 사포닌 3.2%, 알칼로이드 0.05% 정도가 함유되어 있으며, 항암 및 항균 효과를 보이는 마이신maysin이 들어 있다.

3) 기타

(1) 호밀

호밀가루

호밀

호밀rye은 검은색이 진할수록 단백질, 지질, 무기질, 섬유질이 많고 당질은 적다. 호밀은 다른 곡류에 비해 리신 함량이 높아 쌀, 밀과 같은 곡류에 호밀을 혼합하면 아미노산 조성이 좋아진다. 호밀은 밀에 비해 단백질과 전분 함량이 낮고 유리당과 식이섬유 함량은 높기 때문에 호밀로 만든 빵은 부피가 밀가루 빵의 1/2 정도이지만 밀가루 빵에 비해 맛과 향이 좋고 오래 저장할 수 있다. 호밀은 밀가루처럼 글루텐을 함유하고 있지 않지만 다당류인 펜토산이 들어 있기 때문에 빵을 만들 수 있는데 밀가루 빵에 비해 질기고 거칠며 부피가 작은 빵이 만들어진다. 호밀가루와 밀가루를 적절히 혼합하면 부드럽고 잘 부푼 빵을 만들수 있다.

(2) 귀리

귀리

오트밀

귀리oat는 도정 시 겉껍질만 제거되고 배아와 배유의 대부분이 남아 있어 도정에 의한 영양소 손실이 적은 곡류이며, 다른 곡류에 비해 단백질과 지질 함량이 높다. 귀리는 양질의 단백질을 함유하고 있으며, 특히 필수아미노산인 리신이 많고 주 단백질은 글로불린이다. 지질을 구성하는 주 지방산은 올레산, 리놀레산이며, 지방산의 75~80%가 불포화지방산이다. 또한 칼슘, 인, 철 등 무기질과 비타민 B도 풍부하다. 귀리는 주로 오트밀로 가공하여 먹는데 오트밀은 소화가 잘되어 노인용, 유아용, 환자용 등으로 많이 이용되며, 머핀, 과자 등 제과제빵용 원료로 사용되거나 알코올, 종국, 장류 제조에 이용된다.

(3) 메밀

메밀

메밀buckwheat은 단백질이 풍부한 곡류로 리신, 메티오닌, 트립토판 등의 필수아미노산이 많고, 비타민 B_1, 비타민 B_2, 니아신, 철 등이 많이 함유되어 있다. 메밀의 잎과 꽃에는 모세혈관을 강화하여 뇌출혈과 같은 혈관 손상 예방에 효과가 있는 루틴 rutin이 많이 들어 있다. 루틴은 메밀국수를 삶을 때 조리수 중으로 녹아 나오므로 메밀국수를 삶은 물은 버리지 않고 마시거나 조리에 이용하는 것이 좋다. 메밀의 껍질을 제거한 후 제분한 메밀가루는 점성이 부족하므로 밀가루와 혼합하여 메밀국수를 만든다. 또한 메밀묵, 제과 원료 등으로 사용하고 껍질을 벗긴 낟알을 수프 등에 이용하기도 한다.

차조

(4) 조와 기장

조italian millet는 곡류 중 가장 종실이 작고 저장성이 우수하며 탄수화물의 대부분은 전분이고 칼슘, 비타민 B군이 많이 들어 있다. 조의 단백질에는 필수아미노산인 리신의 함량은 적지만 루신, 트립토판 등의 함량이 높다. 조는 소화율이 매우 높아 이유식이나 치료식에 많이 이용된다. 조에는 메조와 차조가 있으며 차조는 메조에 비해 단백질과 지질 함량이 높다. 조는 주로 밥, 죽, 떡, 엿, 소주, 종국 제조에 이용된다.

찰기장

기장millet은 조에 비해 빨리 자라고 메마른 땅에서도 잘 자라기 때문에 주로 산간지방에서 재배한다. 기장에는 메기장과 찰기장이 있으며 탄수화물의 대부분은 전분이고 단백질, 무기질, 비타민 함량이 높다. 기장은 쌀과 혼합하여 밥을 지어 먹거나 떡, 엿, 소주 제조에 이용된다.

수수

(5) 수수

수수sorghum는 아프리카, 일부 아시아지역, 중앙아메리카, 인도 등에서 주식으로 이용하는 중요한 곡류로, 이들 나라에서는 주로 죽을 만들어 먹거나 주정 원료, 사료로 사용한다. 수수는 외피가 단단하기 때문에 다른 곡류에 비해 소화가 잘되지 않으며, 단백질은 글루텔린에 속하고 메수수보다 찰수수의 단백질 함량이 다소 많다. 수수는 오곡밥의 재료로 이용되는데 탄닌 함량이 높아 떫은맛이 있으므로 잘 문질러 씻어야 한다. 수수는 제분하여 수수경단, 수수부꾸미와 같은 떡, 과자, 전분, 엿, 주정의 원료로 이용된다.

CHAPTER

7

채소류와 과일류

1. 채소와 과일의 분류
2. 채소와 과일의 구조
3. 채소와 과일의 성분
4. 채소와 과일의 색
5. 채소와 과일의 향기성분
6. 숙성과 저장
7. 채소와 과일의 조리
8. 잼과 젤리

다양한 색의 채소

채소와 과일은 비타민과 무기질이 풍부한 식물성 식품이며, 식이섬유는 장을 자극하여 배변을 도와주는 생리적 작용이 있다. 아름다운 색과 독특한 향미가 있으며, 특히 과일은 단맛과 신맛이 잘 조화되어 있고 질감이 다양한 관능적 특성이 있다. 이외에 채소와 과일에서 다양한 생리활성물질이 새로이 밝혀지면서 건강을 위해 다양한 색의 채소와 과일을 충분히 섭취할 것을 권장하고 있다.

1. 채소와 과일의 분류

식물 중에서 그 일부나 전체를 식용할 수 있는 식물을 채소라 하며, 주된 가식부에 따라 채소를 근채류(무, 당근), 경채류(셀러리, 아스파라거스), 엽채류(배추, 미나리), 화채류(콜리플라워, 브로콜리), 과채류(오디, 토마토), 종실채류(완두콩, 청대콩) 등으로 나눌 수 있다.

과일은 어느 부위가 성장하여 가식부가 되는가에 따라 인과류(사과, 배), 핵과류(복숭아, 매실), 장과류(포도, 파인애플), 견과류(밤, 호두) 등 네 가지로 분류한다.

2. 채소와 과일의 구조

식물의 조직은 크게 피부조직, 관조직, 바탕조직으로 이루어지며, 피부조직은 성숙되면서 변화되지만 표면을 보호하고 수분 증발을 막는 역할을 한다. 관조직은 도관과 체관으로 구성되는데 도관은 물을 이동시키며, 체관은 용액 내의 유기물질을 운반하는 역할을 한다. 피부와 관조직을 제외한 나머지 조직이 식용 부위를 차지하는 바탕조직이다.

식물세포는 형태를 지지해 주는 골격구조가 없는 대신 식물세포가 단단한 세포벽으로 둘러싸여 있으며 유세포, 후각세포, 후막세포로 이루어져 있다.

1) 유세포

채소와 과일의 주된 가식부인 유세포parenchyma cells는 11~20개의 다면체로 품종

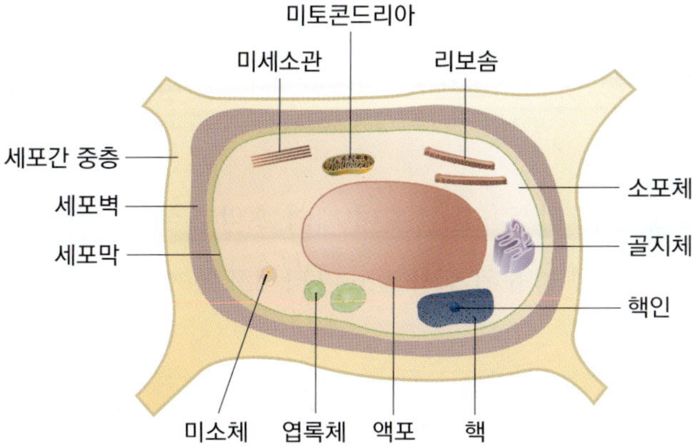

그림 7-1 **식물세포의 구조**

에 따라 면의 수가 다르고 세포 사이의 이음새와 세포간극도 다르다. 감자의 유세포는 세포 사이의 공간이 1%뿐이나 사과는 이음새가 맞지 않아 부피의 약 25%를 공기가 차지하므로 물에 뜬다. 세포질에는 전분, 색소, 수분, 향기성분 등이 함유되어 있는데 전분과 색소는 색소체에 들어 있으며, 일부 수용성 성분은 액포에 들어 있다 그림 7-1.

색소체plastids에는 전분이 저장된 백색체와 클로로필이 들어 있고 탄수화물 합성에 필수적인 엽록체, 카로티노이드 색소가 함유된 유색체 등이 있다.

액포vacuole는 유세포에 있는 주머니를 말하며, 수분, 안토시아닌 색소, 당, 염류, 유기산 등이 녹아 있다. 이들 성분은 식품 특유의 향미와 산도 등에 기여하며 액포에 들어 있는 수분 양에 따라 채소나 과일의 수분함량이 달라진다. 채소를 물(저장액)에 담가 두면 세포가 물을 흡수하여 액포 속에 물이 많이 저장되는데, 액포 속에 물이 많이 저장되어 있으면 세포막이 세포벽을 밀어내는 압력(팽압)이 높아져서 더 아삭아삭한 질감을 갖게 된다.

2) 후각세포

후각조직은 섬유상의 줄기에 있는 길이가 긴 세포를 말하며, 세포벽은 가열로도 부드러워지지 않으므로 채소와 과일에서 씹히는 느낌을 제공한다. 이것을 가진 식물의 식용 부분이 밖으로 나타나는 전체 구조에 기여하므로 지지조직이라 한다.

아스파라거스

3) 후막세포

후막세포는 모래 같은 텍스처를 가지며 배의 후막조직인 석세포가 대표적인 예이다. 아스파라거스와 콩에 함유된 섬유질도 후막세포를 가진다.

3. 채소와 과일의 성분

1) 영양성분

과일은 수분이 70~95%로서 에너지, 지질, 단백질 함량이 낮다. 과일 1인분(100g 또는 200g)의 에너지는 약 50kcal로서, 주로 글루코스, 프럭토스, 수크로스 등이 칼로리를 공급한다. 미숙한 과일은 전분 함량이 비교적 높다. 성숙된 과일은 과일이 성숙됨에 따라 전분이 당류로 가수분해되어 당도가 증가한다. 과일에는 난소화성 탄수화물인 펙틴과 다른 가용성 섬유질이 많아서 혈당량과 혈장 콜레스테롤을 낮추어 준다.

과일은 대개 지질의 함량이 낮으나, 예외적으로 코코넛과 아보카도는 지질의 함량이 높다(1컵당 300~400kcal).

과일은 비타민 C, β-카로틴, 섬유질의 함량이 높아서 암 발병의 위험을 줄여 주는 식품이다. 오렌지는 비타민 C가 풍부한 식품이다. 파파야, 구아바, 키위, 딸기는 오

허니듀

표 7-1 비타민 C 함량이 높은 과일

(단위 : mg)

과일	비타민 C	과일	비타민 C	과일	비타민 C
파파야	188	키위	74	파슬리(1/2C)	29
구아바	165	오렌지	70	레몬	31
캔털루프(1/2)	113	망고	57	탄제린	26
딸기(1C)	84	포도(1/2)	41	아보카도	24
허니듀(1/4)	77	라즈베리(1/4C)	32	파인애플(1C)	24

*표시가 없는 것은 중간 크기 1개

출처 : Amy Brown, 2000

렌지보다 비타민 C 함량이 더 높은 과일이다. 망고, 살구, 감, 캔털루프 등은 β-카로틴 함량이 높아서 비타민 A의 좋은 급원이다. 과일은 대체로 무기질 함량이 낮으나, 건포도와 건살구는 철이 풍부하며, 아보카도·살구·바나나·대추·무화과·오렌지·자두·메론·건포도에는 칼륨이 풍부하다.

2) 유기산

유기산은 과일의 신맛 성분으로 과일이 덜 익었을 때에는 과일의 산도가 높으며 성숙될수록 과일의 산도가 낮아진다. 신맛이 감소된 과일은 더 달게 느껴진다. 구연산citric acid은 감귤류와 토마토에 풍부하며, 사과산malic acid은 사과, 살구, 체리, 복숭아, 배, 딸기에 풍부하다. 주석산tartaric acid은 포도에 많이 함유되어 있다.

레몬

대부분 과일의 pH가 5.0 이하이며 신맛을 낸다. 특히 레몬, 라임, 크랜베리의 pH는 약 2~3으로 신맛이 가장 강하며, 바나나와 배의 pH는 4.5 이상으로 산도가 낮은 편이다. 과일의 휘발성 유기산은 과일을 오래 가열하면 손실된다.

라임

3) 파이토케미컬

크랜베리

파이토케미컬phytochemical은 인체에 다양한 생리활성을 나타내어 건강을 증진시키는 화합물로 페놀화합물, 터페노이드terpenoid 화합물, 카로티노이드, 플라보노이드, 알릴 화합물, 이소티오시아네이트, 이소플라본, 사포닌 및 여러 가지 항산화물질이 포함된다 표 7-2.

블루베리

표 7-2 채소와 과일에 존재하는 파이토케미컬

식품	종류	기능
토마토, 수박	라이코펜	전립선암 예방, 심장질환 예방
사과	페놀 화합물	노화 지연, 암 예방, 콜레스테롤 강하
딸기	안토시아닌, 엘라그산	노화 지연, 폐기능 강화, 암 예방, 당뇨병성 합병증 예방
배	케르세틴	알레르기 염증반응 저하, 뇌와 기관지 종양 성장 저지, 오염물질과 흡연으로부터 폐 보호

(계속)

식품	종류	기능
블루베리	안토시아닌, 엘라그산	노화 방지, 암 예방, 콜레스테롤 강하
포도	레스베라트롤, 엘라그산, 케르세틴	심장병 예방, 암 예방, 알레르기 염증반응 저하, 뇌와 기관지 종양 성장 저지, 오염물질과 흡연으로부터 폐 보호
당근, 늙은호박, 고구마	β-카로틴	항산화작용
오렌지, 자몽, 귤	탄제린, 헤스페리딘, 리모넨	항산화작용, 암 예방, 심장질환 예방, 폐 보호기능
브로콜리, 케일, 시금치	β-카로틴, 루테인, 지아잔틴	노화 지연, 암 예방, 폐기능 향상, 황반 퇴화 및 백내장 예방, 시력 감퇴 둔화, 당뇨병성 합병증 예방
양배추	설포라판, 인돌	암 예방
잎상추	케르세틴	알레르기 염증반응 저하, 뇌와 기관지 종양의 성장 저지, 오염물질과 흡연으로부터 폐 보호
마늘, 양파	알릴 화합물, 케르세틴	암 예방, 콜레스테롤 및 혈압 강하, 알레르기 염증반응 저하, 뇌와 기관지 종양 성장 저지
검은콩, 검은깨, 검은쌀	안토시아닌	암 예방, 노화 억제, 콜레스테롤 강하, 시력 개선 효과, 혈관 보호기능, 항궤양기능

출처 : 이주희 외, 2008

4) 식이섬유

식물세포의 세포벽에는 셀룰로스, 헤미셀룰로스, 리그닌, 검, 펙틴 등의 식이섬유가 함유되어 있다. 펙틴, 헤미셀룰로스는 세포벽의 구성성분이며, 세포벽과 세포벽 사이에서 시멘트와 같은 역할을 한다. 식물의 껍질층에는 내부 층보다 셀룰로스와 헤미셀룰로스의 비율이 높다. 껍질층을 이루는 세포는 방수효과를 나타내는 왁스를 분비하여 식물을 보호한다.

(1) 셀룰로스

셀룰로스는 글루코스 분자가 β-1,4-글루코시드 결합에 의해 연결되어 있고, 분자량은 다당류 중에서 가장 크며, 천연상태에서 수만~수십만에 이르고, 알칼리에는 상당히 강하나 산에서는 가수분해된다. 흡수성이 있어 변에 부피와 연함을 주어 배변을 촉진시킨다.

표 7-3 식이섬유의 종류 및 함유 식품

성질	종류	함유 식품
불용성	셀룰로스, 헤미셀룰로스, 리그닌	밀, 현미, 호밀, 쌀, 채소, 식물의 줄기
수용성	펙틴, 검, 일부의 헤미셀룰로스	사과, 바나나, 감귤류, 보리, 귀리

표 7-4 식이섬유 함량이 높은 콩과 채소

(단위 : g/0.5컵)

채소	식이섬유	채소	식이섬유	채소	식이섬유
강낭콩	7	완두콩	4	브로콜리	2
네이비빈(흰강낭콩)	6	옥수수	3	브르셀스프라우트	2
리마콩	5	미나리	3	당근	2
렌즈콩	4	감자	3	그린빈	2

출처 : Amy Brown, 2000

리마콩

렌즈콩

브르셀스프라우트

(2) 헤미셀룰로스

헤미셀룰로스는 D-자일로스, D-갈락토스, L-아라비노스, D-글루쿠론산의 중합체이다. 셀룰로스의 절반 정도라는 뜻이지만 10,000~40,000 정도이다. 식물세포벽에 분포하여 세포벽을 구성하고 있다. 묽은 산이나 염기에 의해 셀룰로스보다 더 쉽게 가수분해되므로 가열조리과정에서 분해되어 함량이 감소된다.

(3) 리그닌과 검

리그닌은 페놀의 중합체로서 탄수화물에 속하지 않으며, 채소가 성숙할수록 리그닌의 함량이 증가되므로 시금치의 줄기, 아스파라거스 순, 브로콜리 등은 성숙됨에 따라 점차 질겨지고, 가열해도 잘 부드러워지지 않는다.

검물질은 수분을 잘 흡수하여 부피가 크게 팽창되고 점성도가 높은 다당류의 총칭이다. 식물성 검 물질로는 알긴산alginic acid(해조류), 카라지난carrageenan(해조류), 아라비아 검gum arabic(아카시아 나무의 수액), 구아 검gua gum(구아콩), 메뚜기콩locust bean 검, 트래거캔스tragacanth 검, 카라야karaya 검 등이 있다.

(4) 펙틴질

펙틴질pectic substances은 D-갈락투론산이 α-1,4 결합한 식선상의 중합체이며, α나 선상의 형태를 갖고 있다. 갈락투론산의 카복실기 일부가 메틸에스터화되고, 일부는 염기에 의해 중화되어 있는 탄수화물 유도체이다. 펙틴질의 종류와 각각의 성질은 표 7-5와 같다.

표 7-5 **펙틴질의 종류**

펙틴질	구조	성질
프로토펙틴	펙틴의 모체가 되는 물질로서 미숙한 과일에 존재	물에 불용성이나 가열하면 수용성인 펙틴과 펙틴산으로 가수분해됨
펙틴	분자 내 유기산의 상당수가 메틸에스터화된 폴리갈락투론산	설탕(최적농도 60~65%)과 산(최적 pH 3.0~3.5)의 존재하에서 함께 가열하면 젤을 형성함
펙틴산	분자 속에 유산기의 일부가 메틸에스터기를 가진 갈락투론산의 중합체	당이나 산 또는 금속염기 등의 존재로 젤을 형성함
펙트산	과일이 과숙함에 따라 펙틴산이 펙틴메틸에스테레이스의 작용을 받아 에스터기가 없는 것	젤 형성능력이 없으며, 산성에서는 물에 녹지만 칼슘염 등은 침전함
갈락투론산	펙트산에 폴리갈락투로네이스가 작용하여 당류로 분해된 형태	젤 형성능력이 없음

4. 채소와 과일의 색

채소와 과일에 있는 색소 중 지용성 색소에는 클로로필과 카로티노이드 색소가 있고, 수용성 색소에는 안토시아닌 색소, 안토잔틴 색소 및 베탈레인 색소가 있다.

1) 클로로필

시금치

클로로필(엽록소)은 녹색 색소로서 구조는 클로로필 분자의 중앙에 마그네슘 원자가 있으며, 4개의 포피린 고리의 질소 원자와 결합하고 있고, 피톨기를 가지고 있다 그림 7-2.

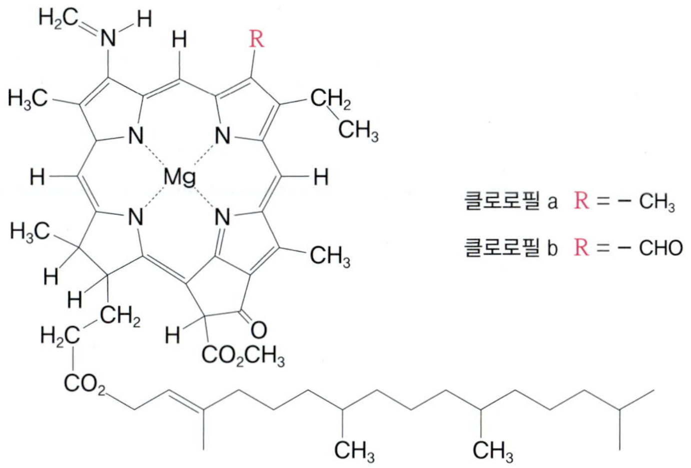

그림 7-2 **클로로필의 구조**

(1) 산성 또는 가열에 의한 변화

대부분의 채소에 함유되어 있는 유기산은 가열조리과정이나 피클과 김치 등의 침채류 조리과정에서 용출되어 클로로필을 페오피틴으로 변하게 한다 그림 7-3. 녹색 채소를 끓이면 유기산이 유리되어 5~7분 이내에 클로로필의 포피린 고리의 Mg^{2+}이 수소이온으로 치환되어 녹갈색의 페오피틴으로 바뀌어 변색된다. 이 반응은 비가역적이며 급속하게 일어난다.

계속 가열하거나 산의 작용이 지속될 경우 페오피틴이 페오포바이드로 분해되어 갈색이 된다. 그러나 녹색 채소를 단시간에 데치면blanching 녹색이 선명해지는데, 그

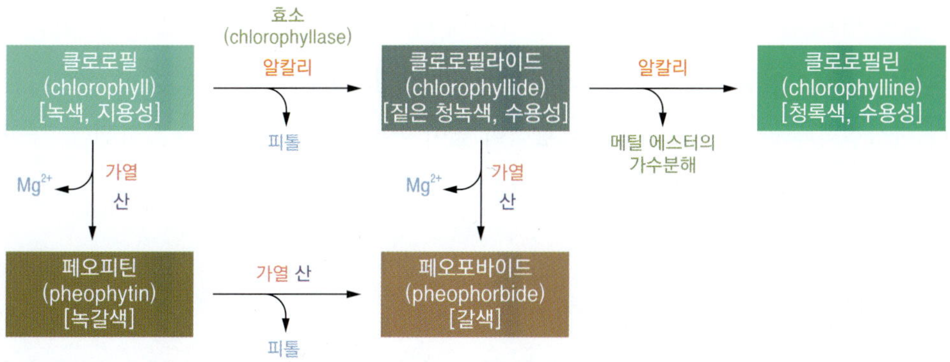

그림 7-3 **조리 시 클로로필의 변화**

이유는 조직 세포 간 공기층이 데치는 과정에서 제거되기 때문이다.

(2) 알칼리성에서의 변화

클로로필은 알칼리성 물질에 의해 피톨기와 메틸기가 가수분해되어 짙은 청록색인 클로로필라이드나 청록색의 클로로필린으로 가수분해된다. 그러므로 중조 등을 넣을 경우 색깔은 선명하게 유지되지만 조직이 물러지는 단점이 있다.

(3) 조직 절단으로 인한 변화

채소를 자르거나 갈거나 하면 클로로필레이스가 유리되는데, 이 효소가 클로로필에서 피톨기를 제거하여 수용성의 진한 청록색인 클로로필라이드로 분해되기 때문에 조리수에 잘 녹게 된다.

호박

2) 카로티노이드

카로티노이드 색소는 노란색, 주황색, 빨간색을 나타내는 지용성 색소로서 크게 카로틴과 잔토필로 분류할 수 있다. 카로틴은 탄화수소로만 이루어져 있으나, 잔토필은 -OH기 등의 산소분자를 함유하고 있다.

당근, 고구마, 노란호박, 옥수수, 토마토, 감귤류와 같은 채소나 과일에 많이 함유되어 있다. 녹색 채소와 미숙한 과일에도 들어 있으나 짙은 초록색의 클로로필에 가려져 보이지 않는다. 지용성 색소이며 카로틴 중 일부는 비타민 A의 전구체로 작용하는데 카로틴과 달리 잔토필은 비타민 A로 전환되지 않는다. 카로티노이드는 가열조리에 비교적 안정하며, 약산이나 알칼리에 의해 쉽게 파괴되지 않는다. 그러나 카로티노이드는 이중결합이 많으므로 장시간의 가열, 빛에 노출, 산에 의해 산화되거나 이성질화*trans-cis* isomerization되어 황색이 엷어지며 비타민 A 활성이 저하된다. 특히 건조식품에서 이중결합이 산화되기 쉽다.

3) 플라보노이드

플라보노이드계 색소는 수용성이며, 넓은 의미에서는 안토시아닌 색소, 안토잔틴

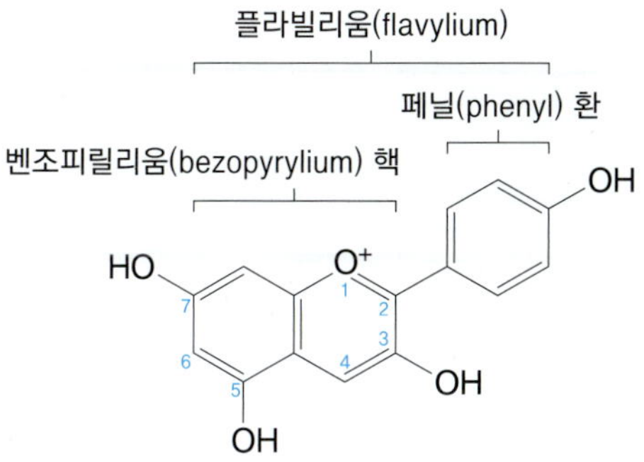

안토시아닌

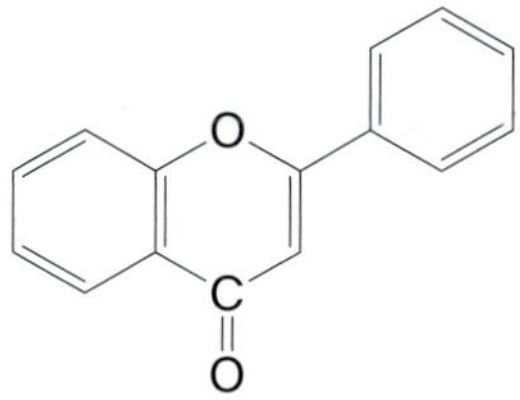

안토잔틴

그림 7-4 **안토시아닌과 안토잔틴의 기본구조**

색소 및 베탈레인 색소를 포함하지만, 좁은 의미에서는 안토잔틴 색소만을 뜻한다.

(1) 안토시아닌

안토시아닌은 채소와 과일의 보라색이나 적색을 나타내는 수용성 색소로 pH에 따라 색이 달라진다. 산성에서는 적색계통, 중성에서는 보라색, 알칼리성에서는 청색계통으로 변한다. 안토시아닌은 플라본flavone, 2-phenyl-1,4-benzopyrone을 기본구조로 가지고 있다 그림 7-4. 자색 양배추, 가지, 포도, 블랙베리 등의 적자색과 딸기, 앵두, 자두, 복숭아, 사과, 라즈베리 등 붉은색 과일에 함유되어 있다.

블랙베리

안토시아닌은 조리과정에서 매우 불안정한 색소이며, 이러한 변화는 가역적이다. 산성 조건에서는 선명한 붉은색을 나타내므로 자색양배추를 조리할 때 사과주스나 레몬즙을 첨가하면 붉은빛을 띤다. 생강이나 토란줄기를 데친 후 식초에 담그면 분홍색이 되었다가 중성 조건에서는 퇴색해 보라색으로 변한다. 알루미늄(Al^{3+})이나 철(Fe^{2+})과 같은 금속이온과 안정된 착염을 형성하므로 가지로 침채류를 만들 때에 철이나 못을 넣어 두면 안정된 청색을 유지할 수 있다.

라즈베리

(2) 안토잔틴

무색(백색) 또는 담황색을 띠는 수용성 색소로서 산성에서 무색, 알칼리성에서는 황색을 띠며 플라본flavone, 2-phenyl-1,4-benzopyrone을 기본구조로 가지고 있다 그림 7-4. 연근, 콜리플라워, 감자, 고구마, 무, 배추 줄기, 양배추 속, 양파, 우엉 등의 백색 또

양파

표 7-6 채소의 가열 조리, pH 및 금속에 의해 일어나는 색소의 변화

색소		천연의 색깔	산	알칼리	열	금속
클로로필	클로로필 a	진녹색	어두운 녹색	선명한 녹색 (클로로필린)	초기에는 밝아졌다가 녹갈색으로 변색	Cu, Zn - 녹색 유지, 독성 우려
	클로로필 b	녹색	녹갈색 (페오피틴)	선명한 녹색 (클로로필린)	초기에는 밝아졌다가 녹갈색으로 변색	
카로티노이드		주황-빨강 노랑-주황	색조가 밝아짐	갈색을 띰	밝은 주황색	영향을 받지 않음
플라보노이드	안토시아닌	빨강-보라	빨강	청색, 보라, 녹색(변색)	붉은 톤의 갈색	Cu, Fe, Al, Sn - 녹색, 청색화
	안토잔틴	백색(무색)-담황색	더 밝아짐	누런색	큰 변화는 없으나 백색을 잃고 누렇게 변함	Cu, Fe - 흑갈색화 Al - 누런색 변색
	베탈레인	보라-붉은색-황색	빨강	누런색	어두운 색으로 변함	Fe - 어두운 색 변색 Al - 밝은 노란색 변색

출처 : Amy Brown, 2000

는 담황색채소 등에 널리 함유되어 있다. 안토잔틴은 열에 비교적 안정하지만 장시간 동안 과다하게 가열하면 색이 어두워진다. 산성에서는 안정하여 더욱 선명한 흰색을 띠므로, 조리할 때 흰색을 잘 유지시키기 위해 식초나 주석영을 첨가하기도 한다. 알칼리성에서는 황색으로 변한다. 구리나 철 등과 결합하여 착염을 형성하여 흑갈색으로 변한다. 철제 칼로 감자나 양파, 연근 등을 썰면 청록색 또는 흑갈색으로 변하는 것을 볼 수 있다. 안토잔틴 색소는 배당체glycosides의 형태로 존재하는 경우가 많은데, 가열하면 당이 분리되어서 아글리콘의 형태가 되어 색깔이 더욱 진해진다. 감자나 고구마, 옥수수를 가열 조리하면 생으로 있을 때보다 담황색이 더욱 진해지는 경우가 그 예이다.

비트

(3) 베탈레인

비트는 안토시아닌과 유사한 색의 수용성 색소인 베탈레인을 함유하는데 이 색소에는 질소가 함유되어 있으며 베타시아닌과 베타잔틴으로 분류된다. 베타시아닌에

는 베타니딘과 베탄닌이 포함되는데 산성에서는 더 선명한 적색, 중성이나 약알칼리에서는 검붉은색에 가까운 푸른색을 나타낸다.

5. 채소와 과일의 향기성분

1) 채소의 향기성분

채소의 독특한 냄새는 소량의 유기산, 알데하이드, 알코올, 케톤 및 에스터 등이 복합적으로 영향을 주어 나타난다. 오이, 당근, 감자, 고구마, 시금치, 쑥갓, 가지, 호박, 완두콩, 토마토와 같은 채소는 맛과 냄새가 부드럽다.

이와 대조적으로 백합과와 십자화과 채소에는 위의 화합물 이외에도 황화합물이 함유되어 있어 썰거나 다지면 조직이 파괴되면서 효소작용에 의해 황화합물이 휘발성이 강한 저분자 황화합물로 분해되어 강한 냄새를 나타낸다.

(1) 백합과 채소

마늘, 파, 양파, 부추, 달래 등의 백합과 채소는 시스테인의 유도체인 황화합물이 함유되어 있다. 이들 채소는 썰거나 다지는 등 조직이 파괴되면 효소가 기질인 황화합물과 접촉하면서 자극적인 강한 냄새성분을 형성한다.

마늘

마늘에 함유되어 있는 알린은 조직이 파괴될 때 유출되는 알리네이스에 의해 알리신으로 전환된다. 알리신은 마늘의 주된 매운맛 성분으로 불쾌한 냄새는 없다. 그러나 알리신은 매우 불안정하므로 곧 디알릴 설파이드, 디알릴 디설파이드, 디알릴 트라이설파이드 등으로 분해되어 마늘 특유의 강한 냄새와 매운맛을 나타낸다 그림 7-5.

이 냄새성분들은 가열 조리에 의해 휘발되므로 가열하면 냄새가 약화된다. 특히 양파에는 최루성분이 있어 눈을 자극하여 눈물을 나게 하며 매운맛을 나타낸다.

(2) 십자화과 채소

배추, 양배추, 무, 갓, 브로콜리, 콜리플라워 등의 십자화과 채소와 겨자, 와사비(고추냉이) 등의 가공품에는 황화합물이 함유되어 있다. 배추류에는 시니그린sinigrin이라는 알릴 이소티오시아네이트의 배당체인 황화합물이 함유되어 있어 조직을 절단하

브로콜리

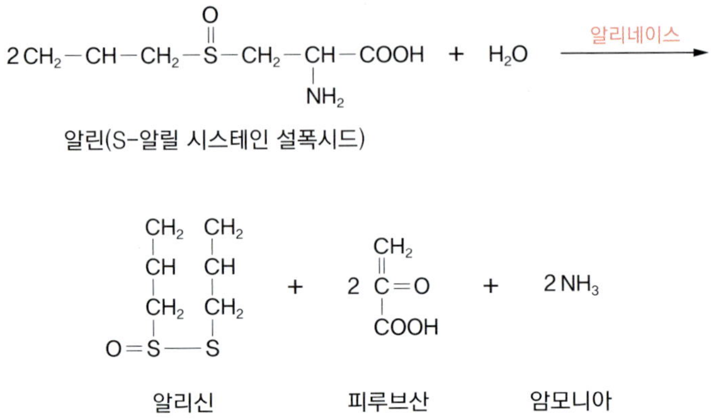

▸ 그림 7-5 **백합과 채소의 향기성분**

콜리플라워

배추

면 미로시네이스myrosinase의 효소작용에 의해 포도당과 $KHSO_4$가 제거되면서 독특한 향기와 매운맛을 나타내는 겨자유allyl isothiocyanate가 생성된다 그림 7-6. 이 효소는 30~40°C가 최적온도이므로 겨잣가루의 매운맛을 강하게 내기 위해서는 따뜻한 물로 개어야 한다.

배추류를 가열조리하면 겨자유가 분해되어 디메틸 설파이드와 황화수소H_2S 등이 생성, 강한 불쾌취를 내므로 단시간 가열하는 것이 좋다.

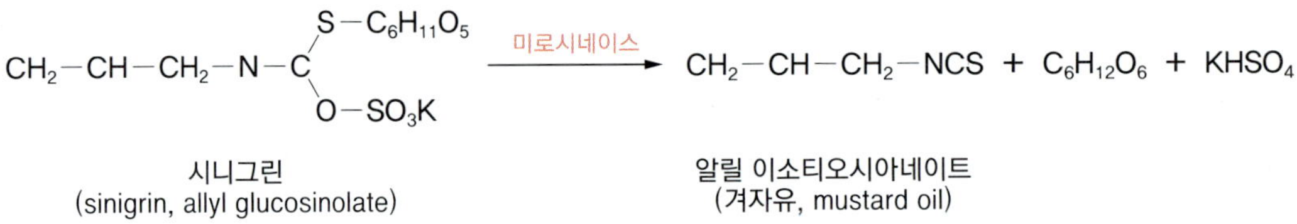

▸ 그림 7-6 **십자화과 채소의 향기성분**

2) 과일의 향기성분

과일 냄새의 주된 성분은 에스터 화합물이며, 이외에 알데하이드, 알코올도 향기성분이다. 파인애플에는 메틸 부티르산이라는 에스터, 살구에는 벤즈알데하이드의 유도체가 특유의 냄새를 나타내는 주된 성분이다.

과일의 주된 향기성분인 에스터는 과일을 오래 가열하면 손실되므로 너무 오랜 시간 가열하지 않아야 과일의 향기를 보유할 수 있다.

6. 숙성과 저장

채소와 과일은 성숙함에 따라 색, 조직, 향기 및 각종 성분이 변한다. 성숙함에 따라 엽록소가 분해되고 카로티노이드 색소가 나타난다. 효소작용에 의해 프로토펙틴이 펙틴으로 전환됨에 따라 조직이 부드러워진다. 과일이 과숙되면 펙틴이 펙트산으로 전환되어 조직이 물러진다. 바나나, 사과 등은 전분이 분해되어 당류 함량이 증가된다. 그러나 전분이 전혀 들어 있지 않은 복숭아도 당의 함량이 증가한다. 또한 유기산이 호흡작용에 의해 소모되고, 과일 고유의 향기를 나타내는 에스터로 전환되므로 산도가 저하되고 향기로워진다. 산도가 감소되므로 과일의 단맛을 더 많이 느낄 수 있다. 성숙함에 따라 탄닌이 분해되어 떫은맛이 감소되며, 비타민 C, 카로티노이드의 함량이 증가한다.

1) 과일의 호흡작용과 숙성

과일은 일반적으로 수확 후에도 호흡작용과 동시에 다른 생화학적 반응이 진행된다. 따라서 과일의 호흡속도를 낮추기 위해 저장 시 이산화탄소 농도를 증가시키기도 하며, 반대로 호흡속도를 높여 과일을 숙성시킬 목적으로 에틸렌($CH_2=CH_2$)을 이용하여 숙성을 촉진시키기도 한다.

수확 후에 호흡률이 높으면 과일의 숙성이 빠르게 진행되어 단시일 내에 신선도가 떨어지고 쉽게 부패되므로, 저온 저장에 의해 효소작용을 억제하여 호흡률을 저하시키는 것이 과일의 신선도를 유지하기 위해 필요하다. 또한 저온 저장은 실온 저장보다 과일의 건조를 방지하고 비타민의 분해를 줄일 수 있다. 과일이 숙성될 때는 전분이 분해되어 포도당, 프럭토스, 수크로스의 함량이 증가되고 엽록소의 함량이 감소되며 안토시아닌 등의 색소가 과일 껍질에 나타난다. 또한 pH가 저하되고 휘발성 향기물질이 생성되며, 세포벽이 얇아지고 펙틴 함량이 감소되어 육질이 연해진다. 호흡기 과일의 경우 CO_2 방출량이 증가된다.

망고

일반적으로 채소는 수확 후에 호흡률이 수확할 때와 비슷한 수준이거나 서서히 저하되지만, 과일은 채소와 달리 호흡기 과일climacteric fruits과 비호흡기 과일nonclimacteric fruits로 구별된다.

호흡기 과일은 수확 후에 호흡속도가 급속히 증가되어 숙성될 때까지 호흡률이 최대로 증가되므로 유통과정에서 과일이 손상되는 것을 방지하기 위하여 덜 익은 상태에서 수확한 다음 실온에서 저장하여 숙성시키고 있다. 수확 후에 호흡률이 증가되지 않는 과일인 비호흡기 과일은 충분히 숙성된 후에 수확하는 것이 맛이 좋다.

아보카도

호흡기 과일은 저장 중에 이산화탄소, 에틸렌, 휘발성 가스 등의 과실 저장에 유해한 성분을 발생하므로 호흡기 과일과 비호흡기 과일을 혼합 저장하는 것은 피하는 것이 좋다.

구아바

표 7-7 **호흡기 과일과 비호흡기 과일**

분류	호흡기 과일	비호흡기 과일
특징	수확 후에 호흡률이 증가되므로 계속적으로 숙성됨	수확 후에 호흡률이 저하되므로 충분히 숙성된 과일을 수확하는 것이 좋음
종류	사과, 멜론, 복숭아, 살구, 배, 감, 자두, 망고, 바나나, 파파야, 아보카도, 구아바, 토마토, 단감, 캔털루프	딸기, 포도, 감귤류(귤, 오렌지, 자몽, 레몬), 체리, 블루베리, 올리브, 파인애플

파파야

2) 저장

(1) 냉장

채소는 수확 후에 호흡률이 높으면 숙성이 빠르게 진행되는데 단시일 내 부패되어 신선도가 떨어진다. 따라서 저온 저장으로 효소작용을 억제하여 호흡률을 낮춰 부패를 지연시키면 3일 이상 신선도를 유지할 수 있다. 클로로필 등의 분해가 감소되어 색감 저하가 지연되며, 수분 증발로 인한 질감 저하를 막아 싱싱하게 저장할 수 있다. 그러나 열대과일은 냉장온도에서 저장하면 한랭장해를 받아 연부현상이 일어나므로 냉장온도보다 높은 온도에서 저장하는 것이 신선도가 잘 유지되고 저장기간을 연장할 수 있다.

냉장 저장 시 건조를 막기 위해 구멍을 낸 비닐봉지에 넣어두는 것이 좋다. 구멍을 내는 것은 채소의 호흡을 위해서이다. 또한 채소의 건조 방지를 위해 높은 습도를 유지하고 미세한 연무 스프레이를 뿌리거나 식용 가능한 필름을 입히는 등의 방법도 있다. 감자는 10°C 이하의 냉장온도에서는 전분이 당으로 분해되어 질감이 물러지므로 10~21°C에서 저장하는 것이 전분 함량을 잘 유지할 수 있는 방법이다.

(2) CA 저장

CA 저장Controlled-atmosphere storage을 하면 호흡작용과 에틸렌의 생성 및 작용이 억제되므로 유기산 감소, 과육의 연화, 엽록소의 분해 등과 같은 과실의 후숙 및 노화 현상이 지연되며, 미생물의 생장과 번식이 억제되는 효과로 인해 과실의 품질이 유지되면서 장기간의 저장이 가능해진다. 따라서 과일을 CA 저장하면 신선도를 장시간 유지할 수 있으므로 품질이 좋은 상태로 출하 시기를 조절할 수 있다.

CA 저장의 조건은 산소 농도는 대기보다 약 4~20배 낮추고, 이산화탄소 농도는 약 30~150배 증가시킨 조건(O_2 : 1~5%, CO_2 : 1~5%)에서 저온 저장한다. 양상추를 CA 저장하면 75일까지 신선도를 유지할 수 있다.

(3) 건조

최근 채소와 과일을 오래 보관하며 먹을 수 있는 방법이 다양해지고 가공기술의 발달로 가정에서도 쉽게 채소와 과일을 건조시켜 먹고 있다. 거의 모든 채소와 과일을 건조하여 먹을 수 있는데 수분이 거의 없으므로 아삭한 식감은 없으나 부피가 줄고 오래 저장이 가능하다는 장점이 있다. 건조로 단맛이 증가되므로 많이 섭취하지 않도록 한다.

건조과일

7. 채소와 과일의 조리

1) 색

(1) 클로로필

녹색채소를 데치면 채소의 유기산이 조리수로 나와 클로로필 색소는 페오피틴으로 변한다. 뚜껑을 열고 데치면 가열 초기에 휘발성 유기산이 휘발하므로 pH의 저하를 줄일 수 있다. 김치나 오이피클 같은 발효식품은 발효로 생성된 유기산에 의해 클로로필의 페오피틴 변화가 일어난다. 또 김치는 클로로필라이드가 생성되어 산에 의해 페오포바이드로 변하므로 녹황색을 띤다. 이러한 색의 변화를 막기 위해 통조림 시 구리나 아연을 첨가하여 클로로필과 결합시켜 선명한 녹색을 유지시킨다.

(2) 카로티노이드

채소나 과일은 공기 중에 방치하면 카로티노이드는 산화되지만 다른 자연의 색소에 비해 가열의 조건, 산, 알칼리 등에 안전하여 큰 변화가 없다.

(3) 플라보노이드

플라보노이드 중 안토시아닌은 수용성으로 물에 쉽게 녹아 조리 시 손실되기 쉬우며, pH에 의해 색의 변화가 커서 산에서는 붉은색으로, 중성에서는 보라색, 알칼리에서는 파란색으로 변한다. 금속과 반응하여 녹색에서 담황색, 검은색 등으로 변화한다.

안토잔틴은 산에 의해서는 더욱 희게, 알칼리에서는 누런 황색으로 변하는데 밀가루에 식소다를 넣었을 때 누렇게 변하는 것은 이런 이유에서다. 또 중화면의 면이 누런 이유도 향을 위해 첨가한 약알칼리성 물질이 밀가루를 누렇게 하기 때문이다.

(4) 과일의 갈변

갈변된 사과

과일에는 폴리페놀 화합물이 함유되어 있으며, 과일에 약간의 쓴맛을 나타내거나 구강 안에서 수렴성을 나타낸다. 페놀 화합물은 과일에 상처가 생기거나 껍질을 벗겼을 때 효소적 갈변반응을 일으킨다.

효소적 갈변반응에서 기질로 작용하는 페놀 화합물이나 폴리페놀 화합물은 탄닌 tannin 성분으로 알려져 있으며, 카테킨, 타이로신, 카페산, 클로로겐산 등이 있다. 페놀 화합물은 미숙한 과일에 함량이 높고, 쓴맛을 나타내며 먹고 난 후 구강점막에 수렴성을 나타낸다. 과일의 페놀 화합물이나 폴리페놀 화합물이 공기 중의 산소와 접촉하였을 때 조직 내 효소, 즉 폴리페놀 옥시데이스에 의해 산화되어 갈색물질이 생성되는데 이 반응을 효소적 갈변반응이라 한다. 과일의 효소적 갈변반응은 과일을 갈변시켜서 바람직하지 않지만, 홍차나 우롱차를 제조할 때에는 유용하게 이용된다.

녹차

우롱차

홍차

① 갈변 예방법

페놀 화합물이 효소에 의해 산화되는 것을 억제하기 위해서는 산소, 효소 또는 페놀 화합물 중 어느 한 가지를 제거하면 갈변을 어느 정도 방지할 수 있다. 갈변을 예방하는 방법은 표 7-8에 제시하였다.

표 7-8 갈변 예방법

요인	방법		기작
효소	pH		효소의 최적 pH 5.8~6.8를 벗어나게 보관
	온도	가열	효소를 변성시켜 작용을 제어함
		저온	효소의 최적 작용온도를 벗어나게 함
	기타		염소이온이나 아황산가스 등을 사용
산소	공기 차단		물, 설탕물, 소금물에 담가 산소 차단
	산소 대체		탄산가스나 질소가스로 대체하여 산소의 작용 차단
기질	아황산염 사용		기질을 환원시켜 효소의 공격 차단
	-SH 화합물 사용		시스테인, 글루타티온을 사용하여 환원시킴
	비타민 C 등		기질을 환원시켜 산화 방지

출처 : 이경애 외, 2008

2) 향미

조리 시 채소와 과일의 유리당과 유기산은 수용성으로 쉽게 용출되거나 일부 성분이 휘발되지만 아미노-카보닐 반응으로 새로운 향미를 만들기도 한다. 양파는 매운맛성분이 가열에 의해 단맛으로 바뀌는데 이는 n-프로판티올에 의한 맛으로 강한 단맛을 낸다. 양배추는 가열하면 알릴 이소티오시아네이트가 분해되면서 황화수소와 디메틸 다이설파이드가 생성되어 향미가 강해진다.

3) 텍스처

채소를 가열하면 세포벽의 투과성이 증가하고 헤미셀룰로스가 부분적으로 분해된다. 세포간질의 펙틴은 수용성으로 변하는데 여기에 칼슘이온이 결합하면 염이 형성되면서 조직이 단단해진다. 그림 7-7 은 펙틴질의 숙성 중 변화를 나타내었다. 세포의 투과성이 증가하면 세포 내의 수분이 손실되어 팽압이 감소하여 부드러워진다. 세포 공간은 조리수로 치환되면서 색은 선명해진다. 옥수수, 완두콩, 우엉 같은 채소는 전분을 가지고 있어 조리를 하면 전분이 호화되면서 단단한 조직이 부드러워진다.

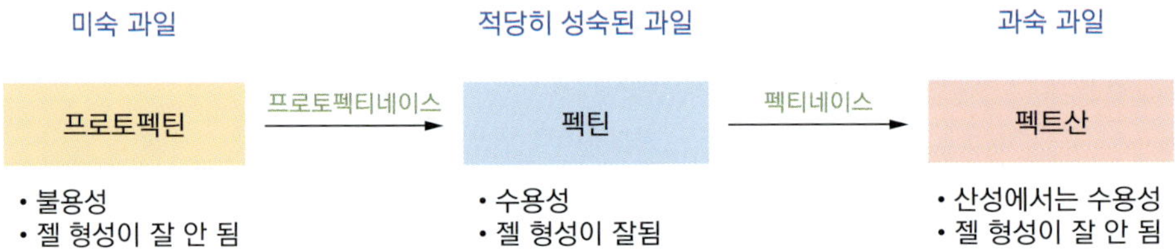

그림 7-7 **과일의 숙성에 따른 펙틴질의 변화**
출처 : 이주희 외, 2008

4) 조리법

채소와 과일은 생채소로도 먹을 수 있지만 다양한 가열조리가 가능하다. 가열로 인해 열에 약한 영양소가 파괴될 수 있지만, 일부 영양소는 흡수가 더 잘되고 식감이 부드러워지므로 다양한 조리법을 이용할 수 있다.

(1) 습열조리

데치기와 삶기 물을 이용한 조리이므로 수용성 성분이 손실되고 색과 질감의 변화가 크다. 그러나 100°C 이상의 고온은 아니므로 열에 의한 손실은 크지 않다. 조리

시 단시간에 가열하고 데칠 때는 충분한 양의 물을 사용하고, 삶을 때는 적은 양의 물을 사용한다.

찌기 데치기와 삶기보다 영양소와 색, 질감, 향미가 더 잘 유지된다.

전자레인지 조리 가열시간이 짧고 영양소와 질감, 색의 유지에 좋으나 많은 양의 채소를 한 번에 가열할 수는 없다.

(2) 건열조리

직화구이와 오븐조리 물에 담그지 않으므로 수용성 성분의 손실은 적으나 온도가 높아 영양소 파괴가 일어난다.

볶음과 튀김 수용성 성분의 손실이 적고 지용성 영양소의 흡수에 도움이 되며 기름의 향미가 음식의 맛을 돋울수 있다. 그러나 기름을 사용하므로 에너지가 높아지며 당 함량이 높은 재료인 경우 마이야르반응으로 갈변이 일어날 수 있다.

8. 잼과 젤리

과일에는 복합다당류의 일종인 펙틴질이 식물의 여러 부분, 특히 겁질과 조직 내에 다량 함유되어 있으며, 세포와 세포 사이를 연결하고 과일의 구조를 형성해 준다.

과일에 소량의 물을 넣고 가열하면 펙틴물질이 추출되어 졸상태의 펙틴 교질용액 pectin sol을 형성하며, 산성 조건에서 펙틴분자의 교질용액에 설탕을 첨가하면 펙틴분자들은 수화에 의해 안정되었던 상태가 불안정해져서 침전되어 펙틴 젤을 형성한다.

1) 펙틴 젤 형성에 영향을 주는 조건

펙틴의 젤화는 펙틴의 양, 펙틴 분자량, 메톡실기의 양, 설탕의 양, pH, Ca^{2+} 등의 영향을 받는다.

(1) 펙틴의 함량

펙틴의 함량이 높을수록 단단한 젤을 형성한다. 따라서 좋은 젤리와 잼을 만들려면 성숙도가 적당한 과일을 선택해야 하며, 펙틴 함량이 낮은 과일을 사용할 때에는 펙틴을 첨가해야 한다. 펙틴을 추출할 때에는 펙틴이 희석되지 않도록 최소량의 물을 가하여 펙틴을 추출한다. 사과, 포도, 딸기, 자두, 감귤류 등의 펙틴과 유기산 함량이 펙틴 젤 형성에 적당하다.

(2) 펙틴의 구조

펙틴의 분자량이 클수록 젤을 형성할 때 당과 산이 소량 필요하다. 메톡실기가 7% 이하인 저메톡실 펙틴은 당이나 산의 양에 관계없이 Ca^{2+} 또는 Mg^{2+}이 존재할 때 젤을 형성하므로 당의 농도가 낮은 저칼로리 잼이나 젤리의 제조에 사용할 수 있다. 고메톡실 펙틴은 메톡실기가 7% 이상인 펙틴으로 높은 당 함량과 낮은 pH는 고메톡실 펙틴에서 젤 형성에 필수적이다.

(3) 펙틴 젤 형성조건

펙틴 젤 형성에 적합한 펙틴과 산 및 당의 배합비는 다음과 같다.

펙틴 젤 형성조건

- 펙틴 : 1~1.5%(펙틴 함량이 높을수록 점증도가 증가됨)
- 산 : 0.3%(과일의 유기산), pH 2.8~3.4
- 당 : 60~65%

2) 펙틴 젤의 형성기전

펙틴분자는 갈락투론산이 연결된 중합체로서 음전하($-COO^-$)를 띤 친수성 교질상태로 존재한다. 이 펙틴 교질용액에 설탕을 첨가하면, 펙틴분자에 수화되어 있는 물분자가 제거되므로 불안정하고 침전되기 쉬운 상태로 변한다. 과일 내의 유기산에 의해 형성된 수소이온(H^+)에 의해 펙틴분자 표면의 음전하가 중화되면, 펙틴분자들이 서로 결합하여 3차원의 망을 형성한다. 이때 설탕 등의 용질분자는 망 사이의 공간에 들어가 머물게 되어 반고체상태의 펙틴 젤이 형성된다.

3) 펙틴 젤 식품의 종류

펙틴 젤을 이용한 식품에는 여러 가지가 있으며 각각의 특징은 다음과 같다.

젤리 과즙으로 만든 투명한 펙틴 젤로 그릇에서 꺼내어도 형태가 유지될 수 있을 정도로 조직이 단단하다.

잼 과일을 으깨거나 갈아서 만들며 젤리보다 조직이 덜 단단하다.

프리저브 잼을 의미하는 경우가 많으나 으깨지 않은 과일이 들어 있는 펙틴 젤 식품이다.

컨저브 감귤류 과일과 여러 가지 과일을 혼합하여 만든 잼이다. 건포도와 견과류를 섞는 경우가 많다.

마멀레이드 감귤이나 오렌지의 겉껍질을 잘게 썬 조각이 들어 있는 젤리이다.

CHAPTER

8

유지식품

1. 유지의 종류
2. 유지의 물리적 성질
3. 유지의 산패와 변향
4. 유지의 조리
5. 유지의 가공
6. 지방 대체재

지질 식품

지질은 물에는 쉽게 녹지 않고 에테르나 벤젠 등의 유기용매에는 잘 녹는 물질로서, 대부분 지방산과 글리세롤의 에스터 화합들이다. 식용유지를 구성하는 대부분의 지질은 중성지질로서, 중성지질은 여러 종류의 트라이글리세라이드 triacylglycerol(트라이아실글리세롤) 혼합물이다.

지질의 분류

지질을 그 구조에 따라 분류하면 단순지질, 복합지질, 유도지질로 나눌 수 있는데, 그 종류는 표 1과 같다. 트라이글리세라이드는 글리세롤 한 분자에 지방산 세 분자가 에스터 결합한 물질로서, 결합된 지방산의 종류에 따라 그 성질이 달라진다.

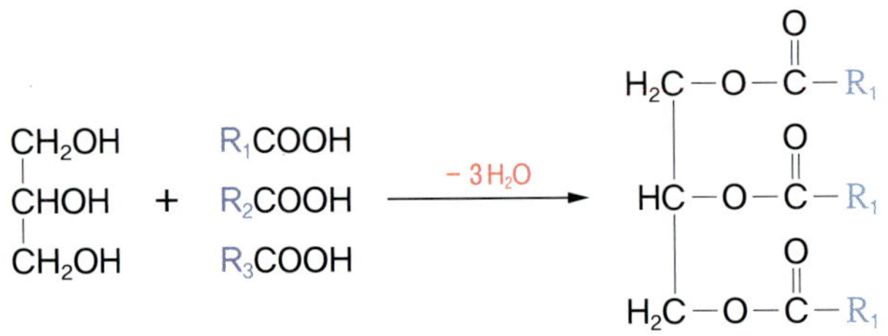

글리세롤 3지방산 트라이글리세라이드

트라이글리세라이드의 구조

표 1 지질의 구조에 따른 분류 및 특징

분류	특징	종류
단순지질(simple lipid)	지방산과 알코올의 에스터	트라이글리세라이드, 왁스, 콜레스테롤 에스터
복합지질(compound lipid)	지방산과 알코올 외 질소, 인, 당 등을 함유	단백지질, 인지질, 당지질
유도지질(derived lipid)	지방산, 고급 알코올, 탄화수소 등	탄화수소, 지용성 비타민

한편 지질은 알칼리에 의해 가수분해되는 성질에 따라 비누화될 수 있는 지질saponifiable lipid과 비누화될 수 없는 지질unsaponifiable lipid로 나뉜다 표 2.

표 2 지질의 성질에 따른 분류 및 특징

	분류	특징
비누화될 수 있는 지질	중성지질, 왁스, 인지질	알칼리에 의해 가수분해되는 지방질
비누화될 수 없는 지질	스테롤류(콜레스테롤, 에르고스테롤), 탄화수소와 지용성 비타민(스쿠알렌, 비타민 K, 비타민 E), 지용성 색소(카로티노이드)	알칼리에 의해 가수분해되지 않는 지방질

지방산

트라이글리세라이드를 구성하는 지방산은 대개 4~24개의 짝수 개 탄소원자를 가지고 있는 직쇄상 분자로 말단에 카복실기-COOH를 가지고 있다. 지방산은 이중결합을 가지고 있지 않은 포화지방산과 이중결합을 하나 이상 가지고 있는 불포화지방산으로 크게 나눌 수 있다 표 3.

표 3 대표적인 지방산들

일반명	탄소 수	이중결합 수	일반명	탄소 수	이중결합 수
부티르산(butyric acid)	4	0	아라키드산(arachidic acid)	20	0
카프로산(caproic acid)	6	0	베헨산(behenic acid)	22	0
카프릴산(caprylic acid)	8	0	올레산(oleic acid)	18	1
카프르산(capric acid)	10	0	리놀레산(linoleic acid)	18	2
라우르산(lauric acid)	12	0	리놀렌산(linolenic acid)	18	3
미리스트산(myristic acid)	14	0	아라키돈산(arachidonic acid)	20	4
팔미트산(palmitic acid)	16	0	에이코사펜타엔산(eicosapentaenoic acid, EPA)	20	5
스테아르산(stearic acid)	18	0	도코사헥사엔산(docosahexaenoic acid, DHA)	22	6

자연에 존재하는 유지의 불포화지방산은 보통 시스형으로 존재하나 불포화지방산을 수소화하는 과정에 부가반응으로 시스형이 트랜스형으로 이성질화된다. 이것이 '트랜스지방'으로, 건강에 해를 주므로 여러 가지 가공식품에서 저감화 방안을 추진 중에 있다.

일반적으로 식물성 유지는 실온에서 액체상태로 존재하므로 '식물성 기름oil, 油'이라 부르고, 동물성 유지는 실온에서 고제상태이므로 '동물성 지방fat, 脂'으로 칭한다. 그러나 식물성 기름도 낮은 온도에서는 고체화될 수 있고, 동물성 지방 역시 가열하여 온도가 상승하면 액체화된다.

대부분의 경우, 식물성 유지는 식물의 종자에 집중적으로 함유되어 있는 경우가 많아 종자를 압착하여 기름을 추출하고 정제과정을 거쳐 식용유 등으로 사용한다. 그에 비해 동물성 유지는 동물 체내에 지방조직으로 따로 존재하지만, 보통 육류의 근육조직 사이에 혼재되어 있거나 난황 등의 경우처럼 육안으로는 전혀 지방을 따로 분리할 수 없는 경우가 많다.

1. 유지의 종류

식물성 기름과 동물성 지방은 구성지방산에 의해 이화학적 특성이 달라지는데, 식물성 기름에 함유된 지방산들의 조성을 보면 올레산과 리놀레산의 함량이 비교적 많아 평지씨기름을 제외하고는 두 종류의 불포화지방산 함량의 합이 70~80%를 넘어서고 있다. 반면 동물성 지방의 경우에는 올레산, 팔미트산, 스테아르산의 함량이 많고, 리놀레산은 식물성 기름에 비해 함량이 매우 낮은 편이다. 상대적으로 식물성 기름에는 불포화지방산 함량이 많고, 동물성 지방에는 포화지방산 함량이 많다.

식물성 기름의 정제는 주로 탈색, 탈산, 탈취, 탈검의 과정을 거치며, 불순물이나 바람직하지 않은 색소, 유리지방산 등을 제거한다. 특히 샐러드유의 제조 시에는 낮

식물성 기름의 추출

- 저온 압착 : 실온에서 압착기로 추출. 품질 우수, 수율 낮은 편
- 고온 압착 : 수증기로 가열 후 압착하여 채유. 온도 높을수록 품질 저하, 수율 높은 편

동물성 지방의 추출

- 건열 용출 : 동물의 지방조직을 가열하여 용출
- 습열 용출 : 압력을 가한 상태에서 습열 처리에 의해 용출, 동물성 유지의 주된 추출법

은 온도에서 결정화가 일어나지 않도록 하는 동유 처리winterization과정을 거쳐 냉장 저장 시 맑은 상태를 유지하도록 하고 있다. 그러나 참기름이나 올리브유 등의 경우에는 탈취과정이나 동유 처리과정에서 특유의 향미성분이나 천연 항산화제 등이 제거될 수 있어 이러한 처리를 하지 않고 제조하기도 한다.

1) 식물성 기름

(1) 대두유

대두유soybean oil는 세계에서 생산량과 소비량이 가장 많은 식물성 기름의 하나로 정제 정도에 따라 튀김유나 샐러드유로 사용되고 있다. 지방산 조성은 올레산과 리놀레산 함량이 80% 이상이다. 특히 리놀렌산을 다른 식용유지에 비해 많이 함유하고 있어 변향flavor reversion에 의해 이취를 생성하기 쉽다.

(2) 올리브유

올리브 열매

스페인, 이탈리아 등 주로 지중해 연안에서 생산되는 올리브유는 특유의 맛과 향을 가지고 있다. 올리브유 중 '버진 오일virgin oil'은 올리브 열매를 압착하여 기름을 짜낸 후 정제하지 않은 것을 일컫는다. 특히 '엑스트라 버진extra virgin'은 올리브 열매에 열을 가하지 않고 가볍게 압착하여 처음 나오는 기름을 일컫는 것으로 녹색을 띠고 독특한 향미를 나타내어 최상급의 식용유로 여긴다. 특히 다른 식물성 기름과는 달리 올레산을 다량 함유하고 있다.

올리브유는 정제과정을 거치지 않아 발연점이 매우 낮은 편이므로 튀김용으로는 부적합하다. 또한 동유 처리과정을 거치지 않으므로 냉장온도에서는 일부 융점이 높은 트라이아실글리세롤 분자들이 고체화되어 기름이 걸쭉해지고 뿌옇게 되는 혼탁이 일어난다.

(3) 카놀라유

카놀라(유채)

재래종의 평지씨기름rapeseed oil(유채유, 채종유)에는 인체에 유해한 것으로 알려진 에루스산이 20~55% 정도로 다량 함유되어 있으며, 팔미트산, 스테아르산, 올레산, 리놀레산 네 종류의 지방산 함량을 합한 수치가 40% 정도에 불과하다. 따라서 유채의 품종을 개량하여 에루스산의 함량을 2% 이하로 낮춰 카놀라유라는 이름으로 시판하고 있다. 개량종의 카놀라유는 올레산이 50~60%, 리놀레산 20~25% 수준으로 함유되어 불포화지방산의 비율이 높으며, 발연점도 높아 대두유와 유사한 특성을 가지고 있다.

(4) 참기름과 들기름

참기름sesame oil은 한국인이 매우 선호하는 식용유로서 볶은 참깨에서 짜낸 기름이다. 특유의 향은 피라진류에 의한 것으로 천연의 향을 유지하기 위하여 정제과정을 거치지 않고 여과 처리만 하여 사용한다. 참기름은 올레산과 리놀레산이 각각 40~50% 정도 함유되어 있어 불포화도가 높은 편이지만, 항산화제 역할을 하는 토코페롤과 세사몰sesamol이 자연적으로 함유되어 있고 정제과정을 거치지 않고 사용하므로 산화에 대한 안정성이 뛰어난 편이다. 그러나 참기름은 발연점이 낮아 튀김용으로는 부적당하다.

들기름은 ω-3지방산인 리놀렌산이 약 50~60%로 많이 들어 있으며 독특한 향미를 가지고 있다. 참기름과는 달리 천연항산화제의 함량이 낮으므로 오래 저장하지 않는 것이 좋으며 냉장 저장하는 것이 좋다.

옥수수

(5) 옥수수유

옥수수유corn oil는 옥수수의 배아를 분리하여 압착하고 용매로 추출한 후 정제한 기름이다. 산화와 가열에 대한 안정성이 우수하고 연속적인 가열 시에도 발연점 저하가 더디게 일어나 오래 사용할 수 있다.

(6) 포도씨유

포도씨유는 포도씨를 압착하여 추출하는데 기름의 주성분인 리놀레산과 카테킨이 혈청 내 콜레스테롤 수치를 낮춰 동맥경화, 고혈압, 고지혈증의 개선에 도움을 준다. 발연점이 높아 튀김이나 볶음 요리와 같은 고온에서 가열하는 요리에 적합하며, 맛이 담백하여 빵이나 샐러드 드레싱, 나물요리, 무침요리에 많이 사용된다.

(7) 면실유

면실유cotton seed oil는 목화씨에서 짜낸 기름으로 향미가 좋은 식용유이다. 고시폴gossypol이라는 천연 항산화제를 함유하고 있으나, 독성이 있어 반드시 정제과정을 거쳐 제거하여야 한다. 튀김용 기름으로 많이 사용되고 있으며, 동유 처리과정을 거친 후 샐러드유로도 사용된다. 리놀레산의 함량이 50% 내외로 높은 편이다.

면실유와 목화씨

(8) 팜유 · 팜핵유 · 코코넛유

팜유palm oil는 기름야자oil palm의 과육을 압착하여 얻는 지방으로 색소인 카로틴을 함유하여 등황색을 나타낸다. 식물성 기름으로서는 포화지방산 함량이 높은 편으로 포화지방산과 불포화지방산이 거의 동량 함유되어 있어 산화 안정성이 우수하며, 마가린과 쇼트닝 외에 포테이토칩이나 인스턴트 라면의 가공에 사용된다.

팜

팜핵유palm kernel oil(팜야자씨 기름)는 기름야자 열매의 씨를 압착하여 얻는 지방으로 식물성 기름으로서는 불포화도가 매우 낮아 포화지방산 비율이 80% 이상이다. 특히 라우르산lauric acid 함량이 40~52%에 달한다.

코코넛유coconut oil(야자유)는 코코넛야자coconut palm 열매에서 압착법으로 채취하는 기름이다. 일명 코프라유copra oil라고도 하는데, 백색 또는 담황색을 띠고 팜핵유와 마찬가지로 라우르산 함량이 많다. 양과자 장식용이나 커피용 크림, 냉과자용으로 사용된다.

2) 동물성 지방

(1) 쇠기름

소의 지방조직에서 얻을 수 있는 쇠기름beef tallow(우지)은 연한 황색의 고체지방으로 올레산, 팔미트산, 스테아르산 등의 지방산 함량이 높아 융점이 높으며 실온에서 고체로 존재한다. 정제 정도에 따라 공업용과 식용으로 구분된다.

(2) 돼지기름

돈지

돼지기름lard(돈지)은 돼지의 지방조직으로부터 분리·정제한 백색의 고체지방이다. 라드는 다른 유지에 비해 쇼트닝 파워가 크고 음식의 맛을 부드럽게 하는 작용이 강해서 제과·제빵용으로 많이 이용되지만, 크리밍성은 낮기 때문에 버터나 마가린 등의 다른 유지류와 보완 사용하고 있다. 또한 돼지기름은 중국요리에 많이 이용되고 있으나, 일부 라드는 발연점이 낮아 튀김용으로는 부적당한 경우가 있다.

(3) 어유

어유에는 다가불포화지방산polyunsaturated fatty acid, PUFA 함량이 높아 최근 주목을 받고 있다. 어종에 따라 구성지방산의 불포화도나 분자량은 다르지만, 대부분의 어유에는 다가불포화지방산 함량이 높아 실온에서 액체이다.

어유는 다가 불포화지방산 중에서도 최근 그 생리활성이 우수한 것으로 알려진 ω-3 지방산인 DHAdocosahexaenoic acid나 EPAeicosapentaenoic acid 등을 함유하고 있어 심혈관계질환 예방에 유익하다.

3) 견과류

견과류는 딱딱한 껍질에 둘러싸여 있고 부드러운 과육 대신 단단하고 건조한 과육 상태로 존재하는 열매로 밤이나 은행 등을 제외하고 아몬드, 호두, 잣, 마카다미아, 헤이즐너트, 피칸, 캐슈너트, 브라질너트, 피스타치오 등은 대부분 50% 이상의 많은 양의 지질을 함유하고 있다 표 8-1. 이들은 특징적인 매우 좋은 향을 가지고 있어 가치가 높으며, 주로 원형으로 볶아서 섭취하지만 일부는 기름으로 짜거나 분말 형태 또는 물에 담갔다가 갈아 고형분을 제거하고 '유'milk, 乳로도 사용하고 있다.

잣

(1) 잣

바질 페스토

잣pine nut, *Pinus koraiensis*은 흔한 침엽수인 소나무의 솔방울 비늘에서 생성되는데 식용 가능한 것은 약 20종이다. 맛과 향이 좋아 예로부터 한과와 각종 음식의 고명으로 이용되고 있고 죽을 쑤어서도 먹었으며, 유럽에서는 페스토Pesto 소스를 만드는

표 8-1 견과류의 일반성분

(가식부 100g당)

종류	에너지 (kcal)	수분 (g)	단백질 (g)	지질 (g)	회분 (g)	탄수화물 (g)	총당류 (g)	총식이 섬유(g)
잣, 말린것	639	3.5	15.4	61.5	2.0	17.6	-	-
아몬드, 말린것	583	3.4	23.44	49.96	3.11	20.09	6.82	14.5
호두, 말린것	693	2.9	15.47	71.99	1.72	7.92	0	6.7
헤이즐너트, 생것	659	4.7	19.8	58.5	3.6	13.4	-	-
캐슈너트, 조미한것	576	3.2	19.8	47.6	2.7	26.7	5.3	6.7
피스타치오, 말린것	560	4.37	20.16	45.32	2.99	27.17	7.66	10.6
피칸, 말린것	691	3.52	9.17	71.97	1.49	13.86	3.97	9.6
브라질너트, 말린것	659	3.42	14.32	67.10	3.43	11.74	2.33	7.5
마카다미아, 조미·볶은것	720	1.3	8.3	76.7	1.5	12.2	3.8	6.2
은행, 생것	180	49.6	4.69	1.53	1.40	42.78	2.95	2.2
밤, 생것	133	61.5	3.28	0.50	1.33	33.39	4.95	5.4

출처 : 농촌진흥청 국립농업과학원, 2016

데 널리 이용되었다. 한국산 잣의 경우 지방 함량이 60 % 이상이며 지방산 중에는 pinolenic acid(Δ5, 9, 12, 18:3) 함량이 가장 높고 비타민 K와 E도 상당량 함유하고 있다.

(2) 아몬드

아몬드

아몬드almond, *Prunus dulcis*는 소비량이 가장 많은 견과류로 캘리포니아가 최대 생산지이다. 과육이 아닌 씨앗으로 지방 함량이 50% 이상이며 지방산 중에는 팔미트산, 올레산, 리놀레산 함량이 높다. 쿠키 재료로 많이 사용되며 파우더는 곱게 갈은 설탕과 섞어 마지팬marzipan 제조 시나 달걀흰자, 설탕시럽과 섞어 마카롱을 만드는 데 사용한다. 아몬드를 물과 함께 곱게 갈면 아몬드 밀크가 만들어지는 데 두유처럼 유당불내증이 있는 사람도 마실 수 있다.

(3) 호두

호두

호두walnut, *Juglans regia* L.는 하나의 씨앗을 가진 핵과로 중국, 미국, 이란, 터키 등에서 많이 재배된다. 지질 함량이 70% 이상으로 매우 높으며 그중에서도 ω-3 지방산인 리놀렌산의 함량이 매우 높다. 여러 요리나 케이크류, 아이스크림 토핑, 중동의 달콤한 후식 과자인 바클라바baklava 제조 시에도 이용된다. 특이한 좋은 향을 가지고 있어 압착하여 기름으로 짜서 사용하기도 하는데 주로 샐러드 드레싱에 이용된다. 속껍질의 색이 옅은 것이 떫은맛이 덜하다.

(4) 헤이즐너트

헤이즐너트

헤이즐너트hazelnut는 개암이라 불리며 터키에서 가장 많이 재배된다. 많은 필수 영양소들의 좋은 급원이 되는데 100g 중 단백질, 식이섬유, 비타민 E, 철, 티아민, 인, 망간 등의 함량은 1일 섭취 필요량의 30%가 넘고 지방의 경우는 90%가 넘는다. 지방산 구성은 올레산이 75%, 리놀레산이 13%를 차지한다. 헤이즐너트의 고유의 향은 heptenone에 기인하는데 볶거나 익히면 수백 배로 향이 증가한다. 생 또는 건조 상태로 섭취하고, 가루는 프랄린praline이라는 초콜릿 과자 제조 시 사용한다.

(5) 캐슈너트

캐슈너트

캐슈너트cashew nut는 아마존 지역이 원산지이며 포르투갈인들에 의해 브라질에서 수출되었다. 다른 너트와 달리 전분의 함량이 약 10% 정도로 높아 물을 용매로 하는 요리에 사용되어 점도를 높인다. 캐슈너트의 껍질에는 옻이 오르게 하는 성분이 있어 항상 껍질을 벗긴 채로 판매한다.

(6) 피스타치오

피스타치오

모르타델라

피스타치오pistachio, *Pistacia vera*는 중앙아시아와 중동이 원산지로 캐슈과의 견과류이다. 이란이 전 세계 생산량의 반을 차지하며 다음으로 미국이 생산량이 많다. 엽록소에 기인한 특징적인 연둣빛을 띠고 있으며 볶아서 먹기도 하고 아이스크림, 모르타델라mortadella 등에 사용된다. 지방산은 올레산 50%, 리놀렌산 30%, 팔미트산 10% 등으로 구성되어 있다.

(7) 피칸

피칸pecan, *Carya illinoinensis*은 호두보다 길쭉한 형태이며 지질과 불포화지방산 함량이 호두처럼 매우 높다. 지질 함량이 높아 냄새 흡착이 쉬우므로 향이 강한 물질과 같이 두지 않는다. 피칸 기름은 발연점이 높아 튀김과 같은 요리에 사용할 수 있다.

피칸

(8) 브라질너트

브라질너트Brazil nut나무는 아마존 열대우림지역에서 자라며 씨앗의 크기가 2.5cm 정도로 크다. 씨앗에는 항산화성을 나타내는 셀레늄 함량이 매우 높다. 브라질너트 기름의 75%가 불포화지방산이며 이 중 올레산과 리놀레산이 많다.

브라질너트

(9) 마카다미아

마카다미아macadamia는 가장 최근에 많이 먹기 시작한 견과류로 오스트레일리아와 하와이에서만 재배되어 견과류 중 가장 값이 비싸며 기름 함량도 가장 높다. 맛과 향은 부드러운 편이다.

마카다미아

견과류의 저장

견과류는 저장 온도가 높을수록 유지의 산화가 촉진되어 불쾌한 냄새가 나므로 냉장 또는 냉동 저장하는 것이 품질을 오래 유지할 수 있다. 특히 껍질을 벗긴 견과류는 냄새 흡수가 빠르므로 수분과 냄새가 침투하지 않는 깨끗한 플라스틱이나 유리 용기에 담아 보관하는 것이 좋다.

4) 가공유지

(1) 버터

버터는 우유에서 유지방을 분리하여 크림을 형성시키고 이 크림으로 제조한다. 일반적으로 약 80%의 유지방과 16~18%의 수분을 함유하고 있다. 버터는 가소성, 쇼트닝 파워, 크리밍성 등이 있어 제과·제빵에서 중요한 역할을 한다. 버터의 독특한 풍미는 부티르산 등의 휘발성 저급지방산과 젖산발효에 의해 생성된 유기산 및 다이아세틸 등에 의해 나타난다. 버터는 발효 여부에 따라 발효버터와 생버터로 분류할 수 있고, 식염 첨가 유무에 따라 가염버터와 무염버터로 구분된다.

(2) 마가린

마가린은 버터 대용품으로 1870년 프랑스에서 처음 개발되었는데, 당시에는 주로 쇠기름을 사용하였으나 최근에는 대두유, 면실유 등을 고도로 정제하여 부분적으로 수소화시켜 제과용, 조리용으로 다양하게 이용하고 있다.

(3) 쇼트닝

쇼트닝shortening은 라드의 대용품으로 1880년 미국에서 처음 개발되었다. 개발 초기에는 쇠기름과 면실유를 혼합하여 제조하였으나, 근래에는 대두유와 면실유 등의 식물성 기름을 수소화하고 그 외에 유화제, 항산화제 등을 첨가하여 제조하고 있다. 쇼트닝은 무색, 무미, 무취하며 거의 100% 유지로 구성되어 있다. 쇼트닝은 쇼트닝 작용과 크리밍성이 우수하여 비스킷, 파이, 크래커 등 제과나 제빵에 거의 필수적으로 이용되고 있다. 최근 식물성 기름의 수소화(경화)과정에서 생성되는 트랜스지방산이 건강에 역기능을 하는 것으로 보고되어 트랜스지방산 섭취를 감소시키려는 노력이 진행 중이다.

2. 유지의 물리적 성질

1) 녹는점

유지는 여러 종류의 트라이아실글리세롤의 혼합물이기 때문에 하나의 녹는점 melting point(융점)을 갖지 않는다. 유지류의 녹는점은 각각의 트라이아실글리세롤를 구성하는 지방산의 종류에 따라 영향을 받는다. 구성지방산의 탄소 수가 증가할수록 융점은 높아지며 지방산의 이중결합 수가 증가할수록 녹는점은 낮아진다. 구성지방산의 이중결합 수가 같더라도 이중결합이 트랜스형으로 존재할 때 더 높은 녹는점을 갖는다.

2) 가소성

가소성plasticity이란 물체가 외부에서 힘을 받아 형태가 바뀐 뒤 그 힘을 없애도 원래의 상태로 돌아가지 않는 성질을 말한다. 가소성을 나타내는 유지식품으로는 버터, 마가린, 쇼트닝 등이 있다. 유지는 일정온도 범위에서 액체와 고체가 섞여 있는 상태로 존재하고, 이로 인해 유지는 가소성을 나타낸다.

3) 발연점

유지를 가열할 때 유지의 표면에서 푸른 연기thin blue smoke가 발생하기 시작하는 때의 온도를 발연점smoke point이라 한다. 이때 발생하는 엷고 푸른 연기는 아크롤레인acrolein이라는 물질로서, 글리세롤에서 물 두 분자가 탈수되면서 자극적인 냄새와 맛을 지닌다 그림 8-1. 아크롤레인은 자극적인 냄새와 맛을 나타내므로 유지의 가열 조리 시에는 발연점이 높은 유지를 사용하는 것이 바람직하다. 발연점은 식용유지 중의 유리지방산 함량이 많을수록, 또한 저급지방산 함량이 많을수록 낮아진다. 그리고 가열 시간 및 횟수가 증가할수록, 가열 시 유지의 표면적이 넓을수록, 이물질의 혼입이 많을수록 발연점은 낮아진다.

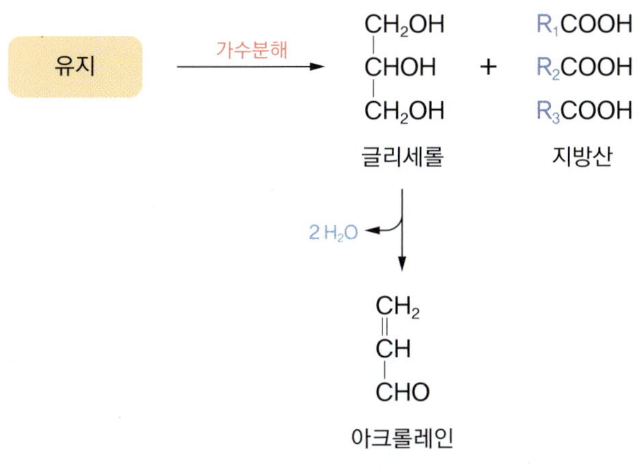

그림 8-1 **아크롤레인의 생성**

표 8-2 트라이아실글리세롤의 결정형에 따른 녹는점

(단위: °C)

	무정형	α형	β'형	β형
트라이팔미틴(tripalmitin)	45	56	63.5	65.5
트라이스테아린(tristearin)	54.5	65	70.0	72
트라이엘라이딘(trielaidin)	15.5	37	-	42
트라이올레인(triolein)	-32	-12	-	4.9
트라이리놀레인(trilinolein)	-45	-28	-	-10.5
	least stable ↔ most stable			
	lowest m.p. ↔ highest m.p.			

출처 : 김동훈, 1994

4) 동질이상

동질이상polymorphism 현상이란 한 가지 물질이 하나의 결정형을 갖지 않고 여러 개의 결정형 또는 무정형으로 존재하는 현상이다. 한 분자의 트라이아실글리세롤이지만 그 결정형에 따라 각기 다른 녹는점을 갖는 동질이상 또는 동질다형 현상을 나타낸다 표 8-2.

3. 유지의 산패와 변향

유지식품은 저장 및 가공 과정에서 여러 가지 변질이 일어나 품질이 저하되고 좋지 않은 냄새와 맛off-flavor을 갖게 된다. 이러한 현상을 지질의 산패라 하는데, 산패의 가장 주된 원인은 산화에 의한 산패oxidative rancidity이다. 유지류의 산패를 유발하는 산화에는 자동산화autoxidation, 가수분해에 의한 산패, 가열산화thermal oxidation 등이 있다. 그 외에 냄새 흡착odor absorption, 변향 등도 유지류 품질 저하의 원인이 되고 있다.

1) 산패

(1) 자동산화

유지의 자동산화란 실온에서 자연발생적으로 공기 중의 산소가 서서히 유지에 흡수되면서 일어나는 산화를 말한다. 신선한 유지의 경우 처음에는 산소 흡수속도가 매우 느리나, 저장기간이 경과하면서 일정시간이 지나면 산소 흡수속도가 급격하게 빨라지는데 이 기간을 유도기간이라 한다. 이후부터 자동산화가 본격적으로 진행되면서 산패된 식품 특유의 좋지 않은 냄새와 맛을 나타낸다. 자동산화의 과정은 초기반응initiation, 연쇄반응propagation, 종결반응termination의 세 단계로 진행된다.

초기반응 또는 개시반응에서는 유지분자나 불순물로 존재하는 물질들이 가열, 물리적인 힘, 광에너지 등에 의해 활성화되어서 유리라디칼을 형성하고, 이 유리라디칼이 유지분자 RH에서 수소를 떼어내어 알킬 라디칼(R•)을 형성하고, 여기에 산소가 흡수되어 과산화라디칼peroxy radical(ROO•)이 형성된다. 과산화라디칼이 다른 유지분자로부터 수소를 받아 하이드로퍼옥사이드(ROOH)를 형성하고, 수소를 내어 준 유지분자는 다시 새로운 알킬 라디칼(R'•)이 되어 새로운 산소와 결합하여 새 과산화라디칼(R′O•)을 형성하여 반응이 연쇄적으로 일어나게 된다.

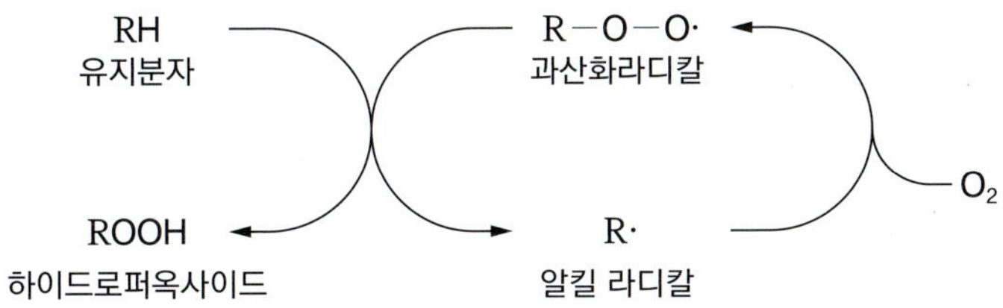

종결반응에서는 연쇄반응의 일부 라디칼들이 서로 결합하여 이중체dimer, 삼중trimer 등의 중합체polymer를 형성한다. 한편 전파단계에서 형성된 하이드로퍼옥사이드는 계속 산화, 분해되어 카보닐 화합물, 알코올류, 유기산류, 기타 산화물 등을 형성한다. 이렇게 생성되는 알데하이드나 케톤 등의 카보닐 화합물들이 좋지 않은 산패취의 주요 원인이 된다.

(2) 가수분해에 의한 산패

식용유지가 가수분해에 의해 좋지 않은 냄새를 내는 것을 가수분해에 의한 산패라 하는데, 효소에 의한 것과 화학적 가수분해 두 가지로 분류된다. 효소에 의한 가수분해는 식품에 존재하던 라이페이스lipase나 저장 중 미생물의 지방분해효소에 의한 가

수분해를 말한다. 화학적 가수분해 시 유리된 지방산이 분자량이 작은 저급지방산인 경우 휘발성 물질로서 좋지 않은 냄새의 원인이 될 수 있다.

우유나 유제품은 수분함량이 높고 부티르산, 카프로산, 카프릴산 등과 같은 휘발성 저급지방산을 함유하고 있어 이들이 유리되면서 불쾌한 냄새를 내게 된다.

(3) 가열산화

유지를 공기 중에 고온으로 가열하면 유지의 가열산화가 일어난다. 이때 일어나는 특징적 반응들로는 자동산화의 가속화accelerated autoxidation, 열분해pyrolysis, 가열중합반응thermal polymerization 등이 있다.

① 자동산화의 가속화

가열된 유지의 자동산화속도는 매우 커서 180°C로 가열한 유지의 경우 실온(20°C)에서보다 자동산화속도는 6만 배 이상 커진다. 또한 전파반응에서의 하이드로퍼옥사이드의 생성속도보다 분해속도가 더 빨라져 하이드로퍼옥사이드의 축적량이 감소하고, 하이드로퍼옥사이드가 분해되어 생성되는 알데하이드나 케톤, 기타 산화물들이 많이 축적된다.

② 열분해

식용유지를 고온으로 가열하면 자동산화의 가속화와 함께 열분해pyrolysis, thermal cracking가 일어난다. 이중결합을 중심으로 한 가열분해에 의해 생성되는 물질로는 휘발성 카보닐 화합물들, 락톤류, 저분자량의 불포화지방산의 에스터 등이 있다.

③ 가열중합반응

고온에서 식용유지를 장시간 가열하면 산화 및 열분해 이외에 중합반응thermal polymerization이 일어난다. 중합반응은 자동산화의 종결단계에서도 일어나지만 가열 시에 더욱 촉진된다. 중합체가 형성되면 유지의 점도가 증가하면서 지속성 거품이 많아지고, 열 전달효율도 낮아지면서 바삭하게 튀겨지지 않게 된다.

2) 냄새의 흡착

유지식품이 좋지 않은 냄새와 맛off-flavor을 갖게 되는 또 다른 원인으로는 주변의 냄새 흡착odor absorption이 있다. 우유를 개봉한 채 김치가 들어 있는 냉장고에 보관할 경우, 우유에서 김치 냄새가 나는 것은 우유 속의 유지방이 주변의 냄새를 흡착하기 때문이다. 따라서 지질 식품의 경우 좋지 않은 냄새를 흡착하지 않도록 포장이나 용기 밀봉에 주의하여야 한다.

그러나 유지류가 냄새를 잘 흡착하는 성질을 적절히 이용하기도 하는데, 예를 들면 정제된 돼지기름을 꽃잎과 함께 밀폐된 공간에 두어 꽃향기를 지닌 향유를 만들기도 하고, 생선살의 비린내를 제거하는 방법으로 생선을 우유에 담갔다가 조리하기도 한다.

3) 변향

일부 식용유지에서 정제하기 전의 유지 본래 냄새와 비슷한 냄새를 갖게 되는 현상이 나타나는데 이러한 현상을 냄새의 복귀현상, 즉 변향flavor reversion이라 한다. 변향이 잘 일어나는 유지류는 대두유, 아마인유, 평지씨기름, 해바라기유, 팜야자유, 탈취한 일부 어유, 일부 동물성 지질 등이다.

변향이 일반적인 산화에 의한 산패나 가수분해에 의한 산패 등과 구별되는 이유는 변향취와 산패취는 뚜렷이 다르고, 변향은 산패 발생에 훨씬 앞서서 일어나며, 산패가 잘 일어나는 옥수수유 등은 변향이 잘 일어나지 않는다는 점이다.

변향은 주로 리놀렌산이 많은 유지, 또는 아이소리놀레산이 많은 수소 첨가된 유지에서 잘 일어난다. 변향취를 나타내는 주요 성분들은 리놀렌산이나 아이소리놀레산의 자동산화 초기에 생성되는 알데하이드나 케톤 등의 휘발성 카보닐 화합물들이다. 변향을 억제하기 위해서는 저온에 저장하거나 광선을 차단하여 보관하며, 금속과의 접촉을 차단하는 방법이 효과적이다.

4. 유지의 조리

1) 맛

식용유지는 종류마다 자체의 독특한 맛과 향을 가지고 있다. 우리나라에서는 나물을 무칠 때, 고기를 굽거나 찜을 할 때 참기름을 넣는다. 참기름의 향미성분은 휘발성이므로 조리의 마지막 단계에서 참기름을 첨가해야 향미성분의 손실이 적다. 버터는 서양음식을 먹을 때 빵에 바르거나 채소를 볶을 때 사용하여 음식의 향미를 돋운다.

음식을 볶거나 양념해서 굽거나 튀기거나 나물을 무칠 때 기름을 넣으면 음식이 부드러워지고 매끄러워지며 때에 따라서는 고소한 맛을 낸다.

2) 열 전달매체

조리에서 열 전달매체로 사용되는 것은 크게 물과 기름이다. 물은 비등점인 100°C에서 끓기 시작하고 수증기로 증발하지만, 기름은 물보다 비열이 낮고 발연점에 도달할 때까지 온도가 계속해서 올라간다. 정제된 식용유의 발연점은 대개 200°C 이상이므로 200°C 이하의 온도에서 식품을 조리할 경우, 물을 열 전달매체로 쓸 때보다 단시간 내에 조리되므로 기름은 좋은 열 전달매체라고 할 수 있다.

(1) 튀김기름의 선택과 관리

튀김에 사용되는 기름은 주로 액체상태의 식물성 기름이다. 시판되는 식용유들은 대부분 정제과정을 거쳐 불순물을 제거하기 때문에 발연점이 높은 편이라 튀김용으로 적합하다. 고체지방은 튀김이 식으면 기름이 고체화되어 입안에서의 촉감이 좋지 않으므로 튀김용으로 적합하지 않다.

(2) 튀김온도와 시간

튀김에 가장 적합한 온도와 시간은 튀기는 식품의 종류, 식품의 두께, 튀김옷의 종류 등에 따라 달라진다. 표면만 익혀도 되는 재료는 고온에서 짧은 시간에 튀겨야 하고, 속까지 충분히 익혀야 되는 음식은 그보다 낮은 온도에서 충분한 시간을 들여 가열해야 한다. 몇 가지 튀김음식을 만들 때의 최적온도와 시간을 표 8-3에 제시하였다.

표 8-3 **튀김음식의 최적 튀김온도와 시간**

조리의 종류	온도(°C)	시간(분)
어패류의 튀김(튀김옷 입힌 것)	180~190	1~2
고구마, 감자, 연근(두께 0.7cm, 튀김옷 입힌 것)	160~180	3
굴튀김(빵가루를 입힌 것)	180	2~3
닭튀김(마른 밀가루를 입힌 것)	180	7~8
크로켓	190~200	1~1.5
도넛	180	3
포테이토칩	130~140	8~10
생선튀김(마른 밀가루를 입힌 것)	140~150	5~10
	180(두 번째)	0.5

출처 : 이혜수 외, 1999

기름의 흡유량은 식품의 질뿐 아니라 건강에도 영향을 주므로 흡유량을 적게 튀기는 것이 중요하다. 일반적으로 175°C보다 190~195°C가 흡유량이 적은데 온도가 이보다 높으면 음식이 익기 전에 표면이 타버리므로 바람직하지 않다. 또한 신선한 기름을 사용하는 것도 흡유량을 줄일 수 있다.

(3) 튀김옷

잘된 튀김은 바삭바삭하며 질기지 않아야 하는데 그러기 위해서는 글루텐 함량이 낮은 박력분이 튀김옷으로 적합하다. 글루텐이 많으면 튀김옷이 질겨지고 두꺼워져서 튀길 때 재료에서 수분이 증발하지 못하므로 바싹 튀겨지지 않는다. 그러므로 중력분을 사용할 경우에는 밀가루의 반을 전분으로 대치하면 바삭한 튀김옷이 된다. 감자전분은 잘 부풀고 바삭바삭한 데 비해, 고구마전분은 고소하지만 튀김옷이 질기고, 옥수수전분은 옥수수향이 있고 덜 부푼다. 그러므로 튀김옷을 만들 때에는 감자전분을 사용하는 것이 좋다.

(4) 조리 시 유지의 변화

① 색과 향미

기름에 음식을 튀기면 시간이 경과하면서 색깔이 차츰 어두운 갈색으로 변한다. 이는 지방이 분해되면서 분리되어 나온 카보닐기와 생선이나 육류에서 단백질이 분해되어 생긴 아미노산이 아미노카보닐반응을 통해 갈색 색소를 형성하기 때문이다. 조리 시 생성된 향미는 지방의 산화·중합반응에 의하여 생성된 물질들이 관여하기 때문이다.

② 가수분해-발연점의 변화

지방을 가열하면 지방분자가 지방산과 글리세롤로 분해되는데, 분해되는 양은 가열온도가 높을수록, 가열시간이 길수록 많아진다. 따라서 일단 가열하여 온도가 발연점에 달한 기름은 유리지방산과 글리세롤의 함량이 많고, 자극적인 냄새와 맛을 가지고 있는 아크롤레인 생성량도 많다. 따라서 이전에 발연점까지 온도가 올라갔던 기름을 재사용하면 음식에서 자극성 있는 냄새가 난다.

발연점은 기름의 종류에 따라 조금씩 다르기는 하나, 같은 기름일 경우 여러 가지 요인이 영향을 주는데 다음은 발연점에 영향을 주는 요인들이다.

유리지방산의 함량 표 8-4에서 보는 바와 같이 발연점은 기름의 종류에 따라 다르기는 하나, 발연점이 높은 기름은 모두 유리지방산 함량이 낮고 발연점이 낮은 기름은 유리지방산 함량이 높다. 그리고 돼지기름인 라드도 새 것은 유리지방산의 함량이 낮아 발연점이 약간 높은 데 비해, 한 번 사용한 라드는 열에 의하여 지방이 분해되므로 유리지방산의 함량이 높아져 발연점이 낮아진다. 기름을 여러 번 되풀이하여

표 8-4 식용유지의 유리지방산 함량과 발연점

기름의 종류	발연점(°C)	유리지방산(%)	기름의 종류	발연점(°C)	유리지방산(%)
면실유	233	0.07	올리브유	175	0.92
버터	208	0.28	낙화생유 I	162	1.10
라드	194	0.51	낙화생유 II	149	1.64
사용한 라드	190	0.61	코코넛유	138	1.90

출처 : 이혜수 외, 1999

사용하면 가열할 때마다 유리지방산이 생겨 발연점이 낮아지므로 기름이 타기 쉬워지고, 튀긴 음식은 맛이 없어진다.

기름의 표면적 음식을 튀기는 그릇의 넓이가 발연점에 영향을 준다. 기름의 표면적이 넓을수록 발연점이 낮아져 쉽게 연기를 낸다. 따라서 음식을 튀길 때에는 좁고 우묵한 용기를 사용하는 것이 바람직하다.

불순물의 존재 불순물이 기름에 섞여 있으면 기름의 발연점이 낮아진다. 같은 종류의 기름으로 도넛과 감자튀김을 할 경우, 감자를 튀긴 기름은 유리지방산 함량이 높았으나 기름의 발연점이 높았고, 도넛을 튀긴 기름은 유리지방산의 함량이 낮았지만 기름의 발연점이 낮았다고 한다. 그 이유는 도넛을 튀긴 기름에는 밀가루 입자가 기름에 떨어져 발연점이 낮아진 것이다. 그러므로 기름은 일단 사용하고 나면 식힌 후 걸러서 불순물을 제거해 두었다가 사용하는 것이 바람직하다.

③ 산화반응-거품의 생성과 점도의 변화

신선한 기름에 음식을 튀기기 시작하면 처음에는 음식 주위에 큰 거품이 조금 생기고, 계속 튀기다 보면 음식 주위의 거품 크기가 점차 작아지면서 거품 생성량이 증가한다. 튀김기름의 사용시간이 길어지면 작은 거품이 쉽게 꺼지지 않게 되는데, 이러한 거품을 '지속성 거품'이라고 한다. 튀김기름에서 거품이 생성되는 것은 식용유지의 산화중합물이 축적되었기 때문이다.

튀김옷의 재료 중 달걀의 성분인 인지질이나 검 물질 등이 기름에 혼입되는 경우에도 지속성 거품이 형성될 수 있다. 또한 서로 다른 종류의 튀김유를 혼합하여 사용하는 경우에도 거품이 생길 수 있다. 지속성 거품이 형성되면 기름의 열 전달효율이 저하되고 효과적인 조리나 수분 제거가 어려워진다.

튀김 시 식용유의 점도는 가열온도가 높을수록, 그리고 가열시간이 길수록 증가하고 작은 거품이 생기기 시작하는 시간이 빨라진다. 따라서 튀김기름은 적정한 온도를 유지하고 필요 이상으로 온도를 올리지 않는 것이 거품의 생성이나 점도 증가를 지연시킬 수 있는 방법이다.

3) 쇼트닝작용

(1) 쇼트닝

밀가루 반죽 제품에서 유지류의 쇼트닝작용shortening action 중 하나는 밀가루제품의 텍스처를 부드럽고 바삭바삭하며 부스러지기 쉽게 하는 역할, 즉 연화작용이고, 또 다른 하나는 각종 빵이나 케이크의 부피가 크게 팽창되는 것을 돕는 역할이다.

연화작용은 밀가루 반죽과정 중 글루텐 형성단계에서 글루텐 사이에 유지류가 끼어 들어가 글루텐이 지나치게 길게 연결되거나 너무 단단하고 질긴 망상구조를 형성하지 못하도록 중간중간을 끊어 주어 글루텐 길이를 짧게short 한다는 의미이다.

또 다른 쇼트닝작용은 밀가루 반죽 제품의 부피가 팽창하는 것을 돕는 것이다. 밀가루 반죽을 부풀게 하는 일차적인 요인은 공기, 물, 이산화탄소 등이 가열에 의해 부피가 팽창함으로써 밀가루 제품이 부풀어 오르게 된다. 이때 유지류가 망상조직의 얇은 막을 형성하며 넓게 퍼짐으로써 기체들이 쉽게 빠져나가지 못하도록 가두는 역할을 하는데, 이것도 유지류의 가소성에 기인하는 쇼트닝작용의 하나이다.

(2) 쇼트닝작용에 영향을 미치는 인자들

① 유지 자체의 성질

유지류의 쇼트닝작용은 유지의 종류에 따라 달라진다. 액체기름을 넓고 맑은 물에 떨어뜨리면 일정한 넓이를 덮을 때까지 퍼지고, 일정한 넓이를 덮은 후에는 더 이상 퍼지지 않는다. 지방은 소수성기가 존재하므로 물에 잘 용해되지 않고 약간의 친수성기가 있어 물에서 완전히 분리하기도 힘들다. 이러한 이유로 기름을 물에 떨어뜨리면 물 표면에 즉시 넓게 퍼진다.

기름이 물 위에서 얼마나 넓은 면적을 덮는가는 기름의 쇼트닝능력과 관계된다. 그 이유는, 밀가루 반죽에서 지방은 반죽 안에 형성된 글루텐 표면에 흡착되어 있는 수분 위에 퍼져서 막을 형성하기 때문이다. 포화지방산인 경우에는 각각의 탄소 수가 달라도 물을 덮는 면적은 거의 같다. 불포화지방산은 같은 길이의 포화지방산보다 더 넓은 면적을 덮는다. 그 이유는 탄소 사이에 있는 이중결합이 물에 의하여 끌려 물과 접촉되어 포화지방산보다 넓게 퍼질 수 있기 때문이다.

유지의 쇼트닝작용은 가소성과도 관계 있다. 라드와 쇼트닝은 고체지방과 액체지방이 함께 섞여 있다. 일반적으로 고체지방지수solid fat index, SFI가 15~25%일 때 쇼트닝능력이 최상이고, 고체지방지수가 40~50% 이상 되면 거의 가소성을 상실하며, 고체지방지수가 5% 이하이면 너무 액체화되어 사용하기 어렵다. 액체유의 함량이 적절히 높아 가소성이 큰 지방은 밀가루 반죽 내에서 글루텐의 표면에 더 쉽게, 그리고 더 넓게 퍼지는 성질을 가지고 있으므로 쇼트닝능력이 더 크다.

② 유지의 양

여러 가지 다른 조건이 같을 때에는 기름의 양이 증가함에 따라서 쇼트닝능력 역시 증가된다. 쇼트닝능력이 큰 유지를 소량 넣는 경우보다는 쇼트닝능력이 다소 낮은 유지라도 다량 첨가하면 쇼트닝능력이 더 크게 나타난다.

③ 온도

밀가루 반죽 내에서 기름의 온도가 너무 낮으면 유지가 넓게 퍼지지 못하고 한 데 뭉치기 때문에 쇼트닝능력은 낮아지고, 온도가 적당히 높으면 더 넓게 퍼져서 쇼트닝능력은 커져 밀가루제품은 더 연해지고 켜도 많이 생기게 된다.

④ 반죽의 정도

고체지방을 설탕과 함께 저어 크리밍하는 과정과 밀가루에 고체지방을 넣고 잘게 자르는 커팅과정은 밀가루로 음식을 만드는 과정의 일부이므로 반죽의 일부라고 말할 수 있다. 그러나 반죽의 쇼트닝능력은 크리밍이나 커팅을 거친 후 밀가루와 우유를 넣고 반죽하는 과정에 의해 크게 영향을 받는다. 도넛을 만드는 과정을 예로 들면, 반죽을 지나치게 오래 하면 글루텐이 너무 많이 생겨 쇼트닝능력이 낮아지고 잘 부풀지 않으며 단단해진다.

⑤ 다른 물질의 영향

달걀은 특히 묽은반죽에서 지방과 섞이면서 유화액을 형성할 가능성이 있다. 즉, 난황 중의 레시틴이 유화제의 역할을 하여 수중유적형의 유화액을 형성한다. 반죽에 들어간 지방이 유화액을 형성하여 분산되면 유지의 쇼트닝능력은 감소한다. 액체기름은 유동성이 크므로 고체지방을 사용했을 때보다 달걀 첨가에 의한 쇼트닝능력의 감소가 더욱 크게 나타난다.

4) 공기 주입

고체지방을 저어주면 공기를 함유하게 되는데 이때 기포의 형성능력과 형성된 기포의 안정도가 제품의 질을 결정한다. 이것은 유지의 결정형에 의해서도 영향을 받는데 유지의 결정형은 β'형이 가장 바람직하다. 크리밍과정을 통한 공기 주입aeration은 고체지방이 막을 형성하여 공기를 포집한다. 기포 형성 용이도와 형성된 기포의 안정도는 휘핑 시간, 온도, 첨가물에 의해 영향을 받는다. 휘핑크림은 크림에 공기를 모아 넣어 조리에 사용하는데 생크림케이크나 비엔나커피 등에 사용된다.

5) 유화

(1) 유화액의 구조

유화액이란 서로 성질이 달라서 섞일 수 없는 두 액체가 잘 섞여 있는 상태를 이르는 용어로서, 연속상을 이루는 분산매continuous phase와 분산상을 이루는 분산질dispersed phase, 그리고 이 두 가지의 서로 잘 섞이지 않는 액체들이 유화상태를 유지하도록 도와주는 유화제emulsifier로 구성되어 있다.

(2) 유화액의 종류

① 안정성에 따른 분류

유화액은 안정성을 기준으로 영구적, 반영구적, 일시적 유화액으로 분류한다. 영구적 유화액은 마요네즈와 같이 적당한 조건하에서 저장하면 거의 영구적으로 유화상태가 유지되는 유화액을 말한다. 반영구적 유화액은 시럽, 꿀 등을 넣어 만든 된 수프나 유화제를 사용한 시판 샐러드 드레싱들처럼 어느 정도의 안정성이 유지되는 유화액들을 말한다. 일시적 유화액은 프렌치 드레싱처럼 유화상태가 불안정하여 사용하기 직전에 흔들어 주어야 유화상태를 일시적으로 형성하는 유화액을 일컫는다.

② 분산매와 분산질에 따른 분류

유화액은 기름방울들이 분산질이 되어 연속상을 이루고 있는 물에 산포되어 있는 수중유적형oil-in-water type, O/W과 물방울들이 분산질이 되어 분산매인 기름에 산포되어 있는 유중수적형water-in-oil type, W/O이 있다.

(3) 유화제의 종류

하나의 분자 내에 친수성기와 친유성기를 모두 가지고 있어 유화제로서 작용하는 물질 중에 천연의 식품 중에 존재하는 물질을 천연유화제, 인공적으로 합성된 것은 합성 유화제라 한다.

① 천연 유화제

레시틴을 다량 함유하고 있는 난황은 자연식품 중에서 가장 쉽게 얻을 수 있는 우수한 천연 유화제이다. 레시틴은 그 분자 내에 친수성기와 소수성기를 함께 가지고 있다. 그 외에 난황에 함유된 다량의 단백질 역시 한 분자 내에 친수성기와 소수성기를 함께 가지고 있기 때문에 좋은 유화제라고 할 수 있다. 난황에 존재하는 고형질의 1/3이 단백질이고 2/3가 지방이다.

난황 외에 천연 유화제로 우유 단백질이나 젤라틴 등이 있으나, 유화제로서의 효력은 난황보다 좋지 않은 편이다.

② 합성 유화제

합성 유화제로 많이 사용되고 있는 것으로는 글리세롤의 -OH기에 1개 또는 2개의 지방산이 결합한 모노글리세라이드나 다이글리세라이드 같은 글리세린 지방산 에스터glycerin fatty acid ester가 대표적이고, 그 외 수크로스 지방산 에스터sucrose fatty acid ester, 솔비탄 지방산 에스터sorbitan fatty acid ester, 스테아릴 젖산칼슘 등이 있다.

(4) 유화작용의 예

유화액으로 만든 샐러드용 드레싱에는 여러 종류가 있으나, 가장 기본이 되는 것은 프렌치 드레싱과 마요네즈이다.

① 프렌치 드레싱

샐러드용 드레싱으로 가장 흔히 사용되는 프렌치 드레싱의 주재료는 기름과 식초이다. 가정에서 만들어 사용하는 프렌치 드레싱은 일시적 유화액이라 기름과 식초가 분리된 상태이므로 사용하기 전에 세게 흔들어서 유화상태를 형성한 후 사용해야 한다. 그러나 시판되고 있는 프렌치 드레싱 중 유화제를 첨가하여 유화액의 안정성을 높인 제품들인 경우에는 유화상태를 유지하고 있다. 프렌치 드레싱의 재료 배합은 기호에 따라 기름과 식초의 비율을 3:1, 2:1 또는 3:2로 한다.

② 마요네즈

마요네즈는 지중해의 미노루카 섬에 있는 항구인 마온Mahon시에서 이름을 딴 것이라고 한다. 이 섬에서 많이 생산되는 올리브유와 달걀로 만들기 시작한 것이 마요네즈의 시초이다.

난황은 고형분의 약 2/3가 지방이며, 이 지방이 유화액의 형태로 존재한다. 난황에 함유되어 있는 인지질은 대표적 천연 유화제이다. 여기에 식초와 기름을 넣고 유화액을 형성시킨 후 소금과 다른 조미료를 넣어 독특한 질감과 맛을 가진 드레싱으로 만들어 놓은 것이 마요네즈이다.

5. 유지의 가공

1) 수소화(경화)

천연의 액체기름을 가열하고 Ni 촉매하에 수소가스를 통하면 불포화지방산의 이중결합에 수소가 첨가되어 녹는점이 높은 고형지방이 얻어지는 현상을 '수소화 hydrogenation'라 하고, 이렇게 얻어진 유지를 '경화유hardened oil'라 한다. 액체상태의 식물성 기름을 반고체나 고체 상태로 만들기 때문에 마가린이나 쇼트닝 같은 가공유지를 만드는 데 사용된다.

수소화과정에서 불포화도의 감소(요오드가 저하, 녹는점 상승, 고체지방 증가), 이중결합의 위치 이동, 이성질화현상(시스지방산이 트랜스지방산으로 이성질화) 등이 일어난다.

2) 에스터 교환반응

천연유지의 중성지방은 지방산이 무작위로 분포되는 것이 아니라 특정 자리에 특정의 지방산이 결합되어 구성된다. 이러한 특성이 식품 속의 유지마다 녹는점 등 고유의 물리적 특성을 결정한다. 그러나 지방산의 결합 위치를 바꾸는 가공을 통해 유지의 물리적 특성을 바꿈으로써 사용목적에 맞는 물성을 지닌 유지를 만들 수 있다. 지방산의 에스터 교환은 중성지방의 한 분자 내에서 일어나기도 하고intra-esterification 중성지방 간에 일어나기도 한다inter-esterification.

6. 지방 대체재

최근에는 지방의 과잉 섭취가 비만을 비롯한 여러 가지 생활습관병의 원인이 된다고 하여 지방을 대체할 다양한 식품 소재를 개발하고 사용하고 있다. 이 물질은 주로 탄수화물 소재, 단백질 소재, 지방 소재 등을 재료로 만들어진다. 지방을 대체하는 물질은 표 8-5와 같다. 탄수화물 소재 대체재는 주로 1g당 1kcal의 칼로리를 공급한다.

표 8-5 **지방 대체재**

	이름	소재	특성
탄수화물 소재	N-라이트(N-Lite)		검질과 무지분유
	스텔라	옥수수전분	Staley사에서 제조
	슬렌디드	펙틴	
	오트림	귀리가루분해물 + β-글루칸	α-아밀레이스 사용 우유음료, 샐러드 드레싱
	아비셀	미결정성 탄수화물유도체 + 구아검, 말토덱스트린	샐러드 드레싱
	폴리덱스트로스	탄수화물중합체 + 솔비톨, 구연산	샐러드 드레싱, 푸딩, 캔디
단백질 소재	심플레스	0.1~0.3μm의 작은 미립자 형태의 유단백질과 난백	가열제품에는 적당하지 않음. 1.3kcal/g
지질 소재	베네펫	장쇄지방 + 단쇄지방(에스터결합)	5kcal/g
	카프레닌	베헨산(C22) + 카프르산(C10) + 카프릴산(C8)	5kcal/g

CHAPTER

9

우유와 유제품

1. 우유의 영양성분
2. 우유의 특성
3. 우유 조리 시의 변화
4. 우유의 가공
5. 유제품

단백질 식품

단백질은 생물의 세포를 구성하는 필수성분으로 동물성 식품과 식물성 식품에 모두 함유되어 있으나 주로 동물성 식품에 많이 들어 있다.

단백질은 탄수화물이나 지질과 달리 구성원소로 C, H, O 외에 N을 함유하고 있으며, 원소 조성은 대체로 비슷하여 탄소 50~55%, 수소 6~8%, 산소 20~30%, 질소 14~18%이다.

우리가 섭취하는 단백질은 아미노산으로 가수분해되어 흡수되고 다시 몸에 필요한 단백질로 합성된다. 근육, 피부, 모발 등의 주 구성성분은 단백질이고, 대사를 조절하는 호르몬, 효소, 적혈구의 헤모글로빈 등이 모두 단백질이다. 단백질을 구성하고 있는 기본단위는 아미노산이고 아미노산은 약 21종이 있다.

아미노산

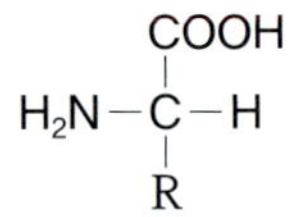

아미노산의 구조

단백질을 산이나 알칼리, 또는 효소로 가수분해하면 아미노산들이 분리되는데 이렇게 단백질을 분해하여 얻은 아미노산은 프롤린과 하이드록시프로프롤린을 제외하고는 모두 동일한 기본구조를 갖는다. 즉 아미노산은 탄소를 중심으로 카복실기, 아미노기, 수소기와 각각의 아미노산을 나타내는 잔기가 있다.

이 잔기에 따라 아미노산을 분류할 수 있는데 잔기가 산성, 염기성, 중성이라면 각각 산성 아미노산, 염기성 아미노산, 중성 아미노산이 되고, 잔기가 지방족이면 지방족 아미노산, 방향족 고리를 갖는 경우면 방향족 아미노산으로 구분된다. 아미노산은 약 21종으로 구성되어 있으며, 이 중 9개의 아미노산은 체내에 반드시 필요하나 체내에서 자연적으로 합성되지 않거나 합성속도가 너무 느려 반드시 식품으로 섭취해야 하는데 이러한 아미노산을 필수아미노산이라고 한다. 히스티딘, 이소류신, 류신, 메티오닌, 리신, 페닐알라닌, 트레오닌, 트립토판, 발린이 필수아미노산에 해당된다.

단백질의 분류

단백질은 약 21종의 아미노산이 아미노기와 카복실기 사이에 이루어진 펩타이드 결합으로 연결된 고분자 화합물이다.

단백질은 구성하는 아미노산의 종류, 아미노산의 조성 등에 따라 종류가 달라진다. 단백질은 구조적 특성에 따라 크게 단순단백질과 복합단백질의 두 종류로 나뉜다. 단순단백질은 아미노산으로만 구성되어 있는 단백질이며, 이는 다시 형태에 따라 섬유상 단백질과 구상 단백질로 나누어진다. 복합단백질은 아미노산 외에 핵, 인, 당, 색소 등의 비단백질성분이 결합되어 있는 것을 말한다. 이 또한 형태에 따라 섬유상 단백질과 구상 단백질로 분류된다. 단백질은 급원에 따라 두류 단백질 등의 식물성 단백질과 육류, 어류 등의 동물성 단백질로 구분된다.

단백질의 특성

용해성

단백질은 용해도에 따라 난용성의 섬유상 단백질과 가용성의 구상 단백질로 분류한다. 단백질의 용해성은 분자 중에 카복실기나 아미노기 등과 같은 친수성기를 가지고 있는 경우 물속에서 수화됨으로써 안정한 분산용액이 되고, 분자 표면에 발린, 류신과 같이 소수성기가 있는 경우 물에 잘 녹지 않는 특징을 갖는다.

단백질의 용해도는 pH와 염류의 존재에 의해 영향을 받는다. 등전점에서 용해도는 최소가 되고 산성이나 알칼리 쪽으로 변함에 따라 증가한다. 또한 대부분의 단백질은 묽은 중성 염류용액에 잘 녹는데 이를 염용salting in 효과라 하고, 고농도의 염류용액에서는 오히려 용해도가 감소하여 단백질이 침전되는데 이를 염석salting out 효과라고 한다.

등전점

단백질의 아미노산을 구성하는 결합기는 주위의 pH에 따라 산 또는 염기로 작용할 수 있는 양성 물질이다. 어떤 특정 pH에서는 분자 내의 양전하와 음전하가 상쇄되어 알짜전하net charge가 0이 되어 전기적 중성상태에 이르게 되는데 이때의 pH를 등전점이라고 한다.

변성과 응고

단백질에 열, 효소, 교반 등이 가해지면 단백질 구조를 형성하고 있던 여러 결합이 파괴되면서 단백질 표면으로 잔기의 결합 부분 등이 노출되고 사슬이 풀리는 현상이 일어나는데 이러한 변화를 변성이라고 한다. 이때 가해지는 외부의 힘이 커지게 되면 단백질 분자들의 나선구조가 더욱 촘촘해지고 수소결합이 증가하여 서로 엉켜 응고되는 현상이 나타난다.

단백질 품질 평가

단백질은 함유된 필수아미노산의 함량이나 비율 등에 따라 품질이 달라진다.

동물의 성장 및 생명 유지에 필요한 모든 아미노산을 고르게 함유한 경우 완전단백질이라 하며 우유, 달걀 등이 이에 해당한다. 쌀, 콩 등은 필수아미노산을 모두 함유하고 있기는 하나 일부는 그 함량이 부족한데 이러한 경우 부분 완전단백질이라고 하고 필수아미노산 중 함유하고 있지 않은 것이 있는 경우 불완전단백질이라고 한다.

식품의 단백질 함유상태를 평가하기 위해 단백가가 주로 사용되는데, 단백가는 이상적인 단백질에 함유되어 있는 필수아미노산의 함량을 실제 식품에 함유되어 있는 제한 필수아미노산의 양의 비율로 나타낸 것이다. 제한 필수아미노산은 필수아미노산 필요량을 기준으로 가장 적게 함유되어 있는 아미노산을 의미한다.

$$\text{단백가} = \frac{\text{제한아미노산 양}}{\text{표준단백질의 아미노산 양}} \times 100$$

인류가 이용하는 포유동물의 유즙은 우유, 산양유, 낙타유 등 다양하나 그중에서 가장 많이 이용되는 것이 우유이다. 우유는 인간이 필요로 하는 거의 모든 영양소를 골고루 가지고 있으며 특히 단백질과 칼슘의 급원으로 우수한 식품이다.

1. 우유의 영양성분

우유는 수분함량이 약 87~88%이고 고형분 함량이 약 12~13%로 대부분이 수분으로 이루어진 식품이다. 고형분은 단백질 2.7~4.4%, 지질 3~4%, 탄수화물 4.5~5.5%, 무기질 0.5~1.0%로 이루어져 있으며 그 외 미량성분으로 구성되어 있다.

우유의 영양성분은 소의 종류, 사료, 계절 등의 영향에 따라 함량의 차이를 나타낸다.

1) 수분

우유의 수분함량은 약 87~88%로 우유의 성분 중 가장 많은 부분을 차지한다.

2) 단백질

우유단백질은 크게 두 종류로 나뉜다. 산이나 레닌에 의해 응고되는 카제인 단백질이 약 80%를 구성하고, 응고되지 않고 유청에 남는 유청 단백질이 약 20%로 우유단백질을 구성하고 있다.

(1) 카제인 단백질

카제인casein은 분자 내에 인산을 함유하고 있는 인단백질이며, 신선한 우유의 정상 pH인 6.6에서는 칼슘과 결합된 복합체로 안정한 콜로이드 형태인 미셀을 이루고 있다. 카제인 단백질은 α, β, κ, γ로 분류되며, 미셀을 구성할 때 소수성인 α와 β-카제인은 내부에, 친수성인 κ-카제인은 외부에 위치하여 안정된 구조를 형성한다. 카제인 단백질은 산이나 레닌에 의해서는 쉽게 응고되지만 열에는 안정하여 열에 의해서는 쉽게 응고되지 않는 특징을 갖는다.

카제인 단백질이 산에 의해 쉽게 응고되는 성질을 이용하여 치즈를 만드는데, 산을 이용해 만든 치즈의 경우 응고과정에서 칼슘이 손실되기 때문에 칼슘 함량이 그만큼 줄어들게 된다.

(2) 유청 단백질

유청 단백질whey protein은 산이나 레닌에 의해서는 응고되지 않으나, 열에 의해서는 쉽게 응고되는 단백질로 우유단백질의 약 20%를 차지한다. 유청 단백질에는 β-락토글로불린과 α-락트알부민, 혈청 알부민, 면역글로불린 등이 있다. β-락토글로불린과 α-락트알부민은 60°C 이상의 온도에서 쉽게 변성되고 응고되는 특징이 있어 우유를 냄비에 넣고 가열하게 되면 바닥에 침전물이 가라앉아 쉽게 눌어붙게 된다.

3) 지질

우유 지질은 대부분 중성지질이며(98%) 소량의 인지질, 당지질, 스테롤 등을 함유하고 있다. 지질을 구성하고 있는 지방산은 대부분 탄소수가 4~10개인 저급지방산으로 구성되어 있다. 이러한 저급지방산들은 소화, 흡수가 잘되며 우유에 독특한 풍미를 제공한다.

4) 탄수화물

우유의 탄수화물은 대부분 락토스이며, 그 외 글루코스, 갈락토스 등이 미량 존재한다. 락토스는 용해도가 낮아 결정화가 잘 진행되며, 결정화가 되면 모래가 씹히는 것 같은 질감을 주게 된다. 따라서 락토스의 결정화는 아이스크림이나 가당연유 제조 시 문제가 될 수 있다. 또한 락토스는 우유를 가열하게 될 때 마이야르반응을 일으켜 갈변현상을 나타내기도 한다.

유당불내증

유당불내증은 한국인의 75%에서 볼 수 있는 흔한 질병으로 유당분해효소인 락테이스가 부족해 유당을 분해하지 못하고 장내세균에 의해 분해되면서 가스를 형성하고 설사를 하는 현상을 말한다.

5) 무기질과 비타민

우유의 무기질은 철과 구리를 제외한 대부분의 필요한 무기질을 골고루 함유하고 있다. 특히 칼슘의 경우 함량이 높을 뿐만 아니라 흡수율도 높아 중요한 칼슘 제공식품 중의 하나이다.

비타민도 비타민 A, D, 리보플라빈, 니아신 등 영양에 필요한 거의 모든 종류의 지용성 및 수용성 비타민을 함유하고 있으며, 특히 리보플라빈의 함량이 높다. 하지만 비타민 C와 비타민 E는 거의 없다.

2. 우유의 특성

1) 우유의 조직

우유는 수분이 용매로 존재하며 여기에 단백질, 지방, 유당, 무기질, 비타민 등이 용질로 존재한다. 용질의 특성에 따라 진용액, 교질용액 또는 유화액의 상태로 산포되어 있다.

이 중 유당과 수용성 비타민, 무기질 등은 분자량이 작아 진용액상태로 존재하며, 단백질은 칼슘, 인산 등과 결합된 형태로 분자량이 다소 커 교질용액으로 존재한다. 또한 지방의 경우 물과 유화액 상태로 산포되어 있다.

2) 우유의 색

우유의 유백색은 카제인과 인산칼슘이 광선에 반사되어 형성된 색이다. 유백색 외에 노르스름한 색을 나타내는 것은 카로틴과 리보플라빈을 함유하고 있기 때문이다. 리보플라빈은 빛에 의해 쉽게 파괴되므로 암소에 보관하여 빛을 차단하는 것이 바람직하다.

3) 우유의 맛

신선한 우유의 맛은 약간 달고 짠맛이 있는데, 이는 유당과 클로라이드가 들어 있기 때문이다. 우유에 들어 있는 저급지방산과 휘발성 화합물들도 우유에 독특한 풍미를 제공한다.

우유의 불쾌한 냄새

우유에서 불쾌한 냄새off-flavor가 나는 경우가 있는데 이러한 불쾌한 냄새는 다양한 원인에 의해 만들어진다. 먼저 우유의 지질은 빛이나 금속에 의해 자동산화를 일으켜 산패취가 형성될 수 있다. 특히 햇빛에 노출되는 경우 리보플라빈에 의해 메티오닌의 분해가 촉진되어 양배추 같은 좋지 않은 냄새가 난다. 우유에서 발생하는 상한 냄새는 주로 리페이스에 의해 지질이 가수분해되어 나는 냄새인데 우유를 저온 살균 시에는 리페이스가 파괴되므로 이런 냄새는 나지 않는다.

3. 우유 조리 시의 변화

1) 가열조리 시의 변화

(1) 유청 단백질의 변화

① 피막 형성

우유를 60°C 이상으로 가열하면 윗면에 피막이 형성되는 것을 볼 수 있는데, 이는 지방구와 열에 의해 쉽게 응고되는 유청 단백질, 그리고 소량의 락토스 등이 서로 엉겨 붙어 떠오르는 것이다. 피막을 제거해도 남아 있는 단백질 등에 의해 계속해서 피막이 형성된다. 우유를 저으면서 가열하거나 물을 섞어 묽게 만들면 피막이 형성되는 것을 방지할 수 있다.

② 눌러붙는 현상

우유를 직접 불로 가열하면 불과 접촉하는 그릇 밑바닥에 우유가 눌러 붙는 것을 볼 수 있는데, 이는 유청 단백질인 락트알부민, 락토글로불린이 변성된 유청 단백질과 인산칼슘 등이 함께 가라앉은 것이다.

(2) 갈변반응

우유를 가열하면 우유에 있는 단백질과 락토스 사이에서 마이야르반응이 일어나 갈변이 된다. 더불어 우유 유당의 캐러멜화반응으로 인해 갈색으로 변한다.

(3) 냄새와 맛의 변화

우유를 74°C 이상으로 가열하게 되면 독특한 익은 냄새인 가열취가 난다. 이는 유청 단백질인 락토글로불린이 열 변성되면서 휘발성 물질인 황화수소가 형성되어 나는 것이다.

2) 산에 의한 변화

우유는 단백질 식품으로 우유단백질인 카제인 또한 등전점인 pH 4.6 부근에서 침전되는 특징을 갖는다. 따라서 우유에 산을 넣어주거나 젖산발효에 의해 산이 생성되어 등전점 부근으로 pH가 맞춰지면 카제인 단백질이 침전하여 응고가 일어난다. 이때 레닌에 의한 응고와 달리 칼슘이 포함되지 않은 상태로 응고가 일어난다. 우유의 산에 의해 응고되는 특징은 치즈 제조에 이용되는데 산에 의한 응고로 만들어진 치즈는 칼슘을 거의 함유하고 있지 않다.

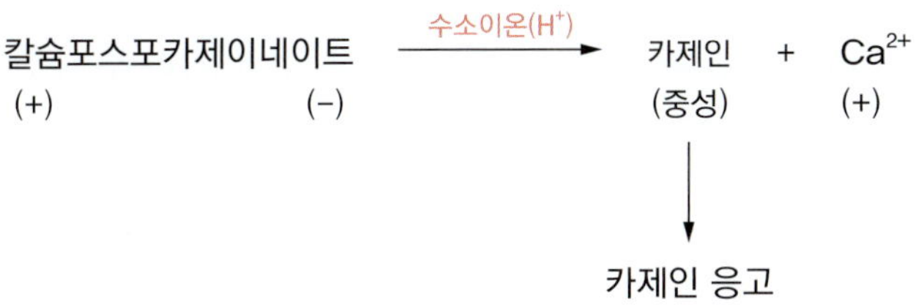

그림 9-1 **산에 의한 카제인의 응고**

3) 효소-레닌에 의한 변화

레닌은 포유동물의 위에 존재하는 응유효소로 우유에 레닌을 작용시키면 우유단백질 중 카제인의 응고가 일어나는데, 이러한 성질을 이용하여 치즈를 제조한다. 레닌은 효소이기 때문에 일정온도 범위에서 작용하게 되는데 적정온도는 40°C이고, 15°C 이하일 때에는 응고가 일어나지 않으며, 60°C 이상되면 열에 의해 레닌이 불활성화된다.

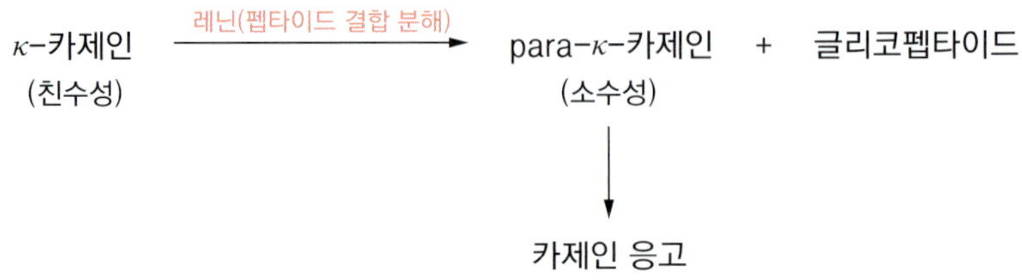

그림 9-2 **레닌에 의한 카제인의 응고**

4) 염에 의한 변화

우유에 염이 적용되면 단백질의 안정성에 변화가 일어난다. 염이온들은 단백질에 작용하여 단백질 표면의 전하들을 중화시켜 우유단백질의 응고와 변성을 촉진시킨다. 소금의 경우 카제인 등을 응고시키며 이러한 응고는 고온일 때 더욱 촉진된다.

4. 우유의 가공

우유는 젖소로부터 착유한 원유를 표준화, 균질화, 살균 처리 후 충진하여 출하한다.

1) 표준화

표준화는 원유를 규격에 적합하도록 유지방, 고형분 등을 첨가하여 함량을 조정하는 공정이다.

2) 균질화

우유의 지질은 3~5μm의 구 형태로 있는데 비중이 가벼워 장시간 방치하는 경우 위로 떠올라 크림층을 형성하는데 이러한 현상을 크리밍이라고 한다. 이를 방지하기 위하여 우유에 압력을 가해 작은 구멍으로 통과시켜 지방구의 크기를 1μm 전후로 분쇄하여 지방구의 크기를 미세하게 조정하는데 이 공정을 균질화라고 한다. 미세하게 조정된 지방구는 서로 뭉쳐 떠오르는 크리밍 현상을 약화시킬 수 있다. 또한 맛이 부드러워지며 점성이 다소 높아지고, 소화효소가 작용할 수 있는 표면적이 넓어져 소화·흡수도 잘되는 장점을 갖는다. 그러나 우유를 균질화시키는 경우 표면적이 증가하여 지질의 산화가 쉽게 일어나 산패취가 발생할 수 있는 단점이 있다.

3) 살균

우유는 영양성분을 골고루 함유하고 있고 수분함량도 높은 식품으로 미생물이 번식하기 좋으며, 특히 균질화 공정을 거친 우유는 미생물이 더욱 쉽게 작용할 수 있으므로 살균과정이 필요하다. 우유의 살균은 우유 안의 미생물을 사멸시키는 작용과 더불어 효소를 파괴하여 저장성을 높이기 위한 과정이다.

살균방법은 적용하는 온도와 시간에 따라 다양한 방법이 있다 표 9-1.

저온 장시간 살균 우유

초고온 순간 살균 우유

표 9-1 **우유 살균법의 종류와 특징**

살균법	살균조건	특징
저온 장시간 살균법 (low temperature long time pasteurization, LTLT)	62~65° C에서 30분 가열	비용이 적게 드는 간편한 살균법
고온 순간 살균법 (high temperature short time pasteurization, HTST)	72~75° C에서 15~20초 가열	대량의 우유를 연속으로 처리할 수 있어 효율적인 살균법
초고온 순간 살균법 (ultra high temperature, UHT)	135~150° C에서 1~5초 가열	냉장 보관없이 유통할 수 있는 살균법으로 멸균용기 포장 시 상온에서 장기간 저장 가능

5. 유제품

1) 탈지유 및 저지방유

원료유의 지질 함량을 낮춘 제품으로 원심분리를 통해 원유로부터 유지를 제거하여 지질의 함량을 낮춘 제품이다. 탈지유의 경우 지질 함량이 0.5% 이하이고 저지방유는 0.6~2.6%로 낮춘 유제품이다.

2) 분유

분유는 원료유를 건조시켜 분말화한 제품으로 전지분유, 탈지분유, 조제분유 등이 있다.

(1) 전지분유

전지분유는 예열과 예비농축공정을 거친 일반 원유를 건조하여 제품화하는데 건조과정은 주로 분무건조법을 이용한다.

(2) 탈지분유

탈지분유는 원료유에서 지방분을 원심분리하고 남은 부분인 탈지유를 건조하여 만든다.

(3) 조제분유

조제분유는 액상으로 용해하였을 때 모유와 유사한 조성을 갖도록 여러 가지 원료를 배합하여 건조시킨 분유이다.

3) 발효유

발효유는 우유 또는 탈지유에 젖산균을 배양, 발효시켜 제조하는 액상 또는 반유동제품으로 젖산균의 번식에 의하여 유해균과 병원균의 발육이 억제되어 방부성이 있고 보존성을 갖는다. 장내에서 소화·흡수가 잘되며, 장내유해균의 발육을 막는 정장작용을 한다.

발효유는 발효방법에 따라 젖산 발효유와 젖산-알코올 발효유, 지방 함량에 따라 고지방·저지방·탈지 발효유, 물리적 성상에 따라 액상·호상 발효유 등의 종류가 있다.

(1) 액상 발효유

국내에서 소비량이 가장 많은 유제품이며 무지고형분 함량이 3% 이상, 젖산균 수는 mL당 1000만 이상이 되어야 한다.

(2) 호상 발효유

① 호상 요구르트

무지고형분 함량이 8% 이상이며 젖산균 수가 mL당 1억 이상으로 존재하여야 한다. 과육이나 과일잼을 첨가하는 경우가 많으며 떠먹는 요구르트가 이에 해당한다.

② 드링크 요구르트

호상 요구르트와 동일하나 배양 후에 커드를 분쇄하여 점도를 낮춰 마실 수 있도록 만든 것이다.

4) 버터

버터는 크림에서 지방만을 분리하여 물이 지방에 분산되도록 유화시킨 것으로 대표적인 유중수적형 유화액이다. 버터는 식염 첨가 여부에 따라 가염버터와 무염버터로 나뉘며, 발효 여부에 따라 발효버터와 감성버터로 나뉜다.

5) 치즈

치즈는 원료유를 젖산균에 의해 발효시키고 레닌 등의 응유효소를 이용하여 응고시킨 후 얻어지는 응고물 또는 이를 숙성시켜 얻어지는 식품을 의미한다.

치즈는 생산지, 수분함량, 원료 등에 따라 약 2,000여 종류가 있다.

(1) 치즈의 제조

치즈의 제조과정은 치즈의 종류에 따라 차이가 있으나 일반적으로 원료유의 처리, 우유의 응고, 커드의 압착과 유청 분리, 성형과 숙성의 단계로 만들어진다.

(2) 치즈의 종류

① 자연치즈

자연치즈는 전유, 탈지유, 크림 또는 이들의 혼합물에 젖산균, 응유효소, 산 등을 이용하여 응고시킨 후 유청을 제거한 것으로 커드가 신선한 상태 그대로 식용하는 것이고 장기간의 숙성을 요하는 것 등 다양한 종류가 존재한다.

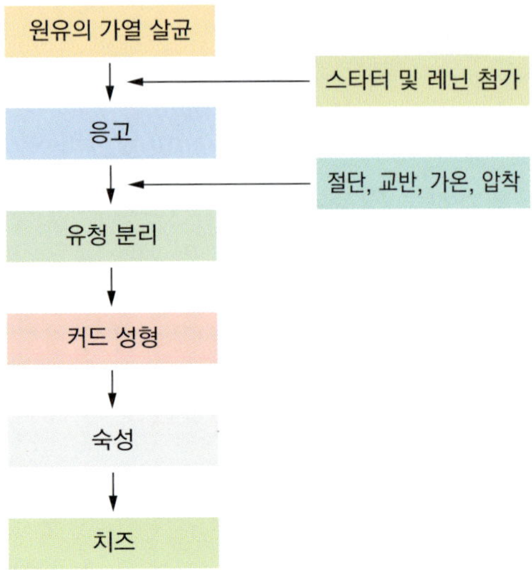

그림 9-3 **치즈의 제조과정**

② 가공치즈

가공치즈는 자연치즈를 주원료로 하여 여기에 다른 식품 또는 첨가물을 가하고 유화시켜 제조한 것이거나 종류나 숙성도가 서로 다른 자연치즈를 배합하여 만든 것을 말한다.

(3) 치즈의 조리

치즈는 식생활에 다양한 방법으로 이용되는데 그대로 잘라서 먹는 경우도 있고, 이를 술안주, 샌드위치, 샐러드에 넣거나 주요리의 여러 음식에 사용하기도 한다.

치즈는 가열하면 처음에는 말랑말랑해졌다가 조금 지나면 흐름성이 있는 걸쭉한 액체가 된다. 이는 치즈에 함유되어 있는 지방 때문으로 냉장 보관한 치즈는 단단한

그림 9-4 **치즈의 종류**

표 9-2 치즈의 분류

구분	수분(%)	숙성 관여 미생물	종류
연질 치즈	55~80	비숙성	커티지, 모짜렐라, 크림, 캠브리지
		젖산균	벨패제, 콜위치
		흰곰팡이	까망베르, 브리
반경질 치즈	45~55	젖산균	브릭, 림버거
		푸른곰팡이	로크포르, 고르곤졸라, 블루
경질 치즈	34~45	젖산균	체다, 고다, 에담
		프로피온산균	에멘탈
초경질 치즈	13~34	세균	파마산, 로마노, 삽사고

고체상태이나 실온에 방치하면 부드러워지고 가열하면 액화된다. 액화된 치즈를 더 가열하면 지방이 분리되면서 나중에는 단백질이 응고 수축하여 겉이 지방으로 번들거리면서 질겨진다. 따라서 치즈를 이용하여 가열조리를 하는 경우에는 저온에서 단시간 조리하는 것이 바람직하다. 피자 등에 많이 이용되는 모짜렐라 치즈의 경우 지방이 나와 번들거리는 것을 막기 위해 탈지우유를 이용하여 제조한다.

우유를 이용한 조리 팁 : 토마토 수프

재 료 토마토 100g, 당근 20g, 양파 20g, 베이컨 1장, 버터 15g, 셀러리 20g, 밀가루 15g, 토마토 페이스트 15g, 우유 100mL, 스톡 200mL, 파슬리 1줄기, 생크림 30mL, 소금·후추 약간

만드는 법
① 양파와 당근, 토마토, 베이컨을 잘게 썰어 프라이팬에 기름을 두르고 색깔이 나도록 볶는다.
② 냄비에 버터와 밀가루를 섞어 노르스름하게 볶은 다음 토마토 페이스트를 넣고 다시 볶아서 스톡을 조금씩 넣어가며 풀어준다.
③ ②에 ①을 넣고 50분쯤 약한 불에서 끓인다.
④ 충분히 물러지면 체에 거른 다음 우유를 넣고 살짝 끓이면서 소금, 후추로 간한다.
⑤ 수프 그릇에 담고 생크림 약간을 넣는다.

토마토 수프를 만들 때 우유와 토마토를 처음부터 함께 넣고 끓이면 토마토에 있는 산과 우유가 반응하여 카제인 단백질의 응고로 덩어리가 만들어진다. 따라서 마지막 단계에서 토마토와 우유를 섞어 주어야 한다.

CHAPTER

10

알류

1. 달걀의 구조
2. 달걀의 품질등급
3. 달걀의 구성성분
4. 달걀의 저장 중 변화
5. 달걀의 조리
6. 달걀을 이용한 조리
7. 달걀의 가공

우리가 주로 식용으로 이용하는 알류에는 달걀, 메추리알, 오리알 등이 있는데 이 중에서 가장 많이 이용되는 것이 달걀이다. 여기에서는 알류 중 달걀을 중심으로 알아보기로 한다.

1. 달걀의 구조

달걀은 껍데기(난각), 속껍질(난각막), 흰자(난백), 노른자(난황) 크게 4가지 구조로 이루어져 있으며 난황과 난백 사이를 잡아주는 알끈이 존재한다.

달걀껍데기는 내부 물질을 보호하는 역할을 하는데, 눈에는 보이지 않으나 작은 기공들이 있어 수분의 증발과 가스의 배출 등이 발생하며 더불어 세균의 침입도 일어날 수 있다. 처음 달걀이 생산되었을 때는 까끌까끌한 큐티클 층으로 덮여 있으나 시간이 지나면서 마모되어 저장기간이 긴 달걀의 껍데기는 매끈하다.

달걀껍데기의 내부에는 두 겹의 속껍질이 있다. 이 중 바깥쪽 껍질은 난각에 밀착되어 있으며, 저장기간이 길어짐에 따라 내부 수분과 이산화탄소 등의 증발로 내부 물질이 수축되면서 두 겹의 껍질 사이에 틈이 벌어져 달걀의 넓적한 쪽 끝에 공기집(기실)이 생기는데 공기집은 저장기간이 길어지면서 커지는 것을 관찰할 수 있다.

난백은 점도가 높은 된난백(농후난백)과 점도가 낮은 묽은난백(수양난백)으로 구성되어 있다. 묽은난백은 속껍질 주위와 난황 주위에 존재하며, 된난백은 그 사이에 분

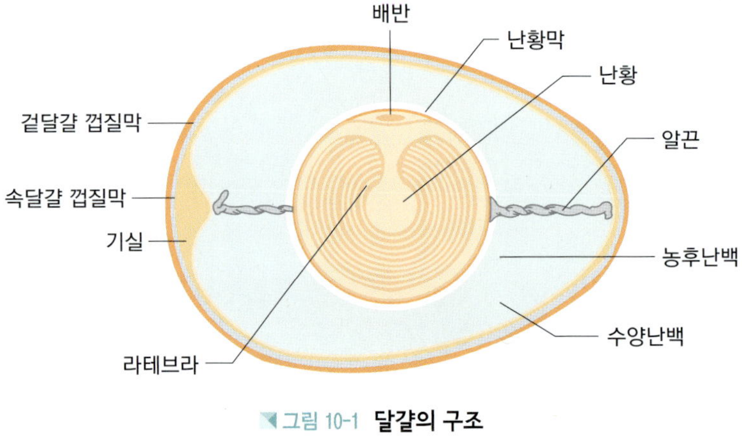

그림 10-1 **달걀의 구조**

포되어 있다. 신선한 달걀의 경우 된난백과 묽은난백의 비율이 60:40 정도이나 저장기간이 경과하면 묽은난백의 비율이 높아진다. 또한 난백에는 난황을 난백의 중심에 고정시켜 주는 알끈이라는 것이 있는데, 알끈 또한 저장기간이 길어지면 힘이 약해져 저장란의 경우 난황이 달걀의 중심에 있지 못하고 한쪽으로 치우치게 된다.

난황은 알끈에 의해 달걀의 중심에 고정되어 있으며 얇은 막에 둘러싸여 있다. 난황은 시간이 경과하면 주변의 수분을 흡수하여 부피가 커지는데, 이러한 부피 팽창은 막의 힘을 약화시켜 결국 난황이 쉽게 터진다.

2. 달걀의 품질등급

우리나라에서 시판되는 달걀은 중량에 따라 왕란, 특란, 대란, 중란, 소란의 5가지로 나눈다. 달걀의 품질등급은 외관검사, 투광검사, 할란검사를 통해 4개 등급인 1+, 1, 2, 3 등급으로 판정한다. 그러나 아직 달걀등급표시제가 제대로 지켜지고 있지는 않으며 점차 확대 실시되어 가고 있다.

표 10-1 **달걀의 무게에 따른 중량 규격**

규격	왕란	특란	대란	중란	소란
중량	68g 이상	60g 이상~ 68g 미만	52g 이상~ 60g 미만	44g 이상~ 52g 미만	44g 미만

출처 : 축산물품질평가원 www.ekape.or.kr

표 10-2 **축산물 등급에 의한 달걀의 등급 판정법**

구분		품질기준			
		A등급	B등급	C등급	D등급
외관판정	난각	청결하며 상처가 없고 달걀의 모양과 난각의 조직에 이상이 없는 것	청결하며 상처가 없고 달걀의 모양에 이상이 없으며 난각의 조직에 약간의 이상이 있는 것	약간 오염되고 달걀의 모양과 난각의 조직에 이상이 있지만 상처는 없는 것	오염되어 있는 것, 상처가 있는 것, 달걀의 모양과 난각의 조직이 현저하게 불량한 것

(계속)

<table>
<tr><th colspan="2" rowspan="2">구분</th><th colspan="4">품질기준</th></tr>
<tr><th>A등급</th><th>B등급</th><th>C등급</th><th>D등급</th></tr>
<tr><td rowspan="3">투광판정</td><td>기실</td><td>깊이가 4mm 이내</td><td>깊이가 8mm 이내</td><td>깊이가 12mm 이내</td><td>깊이가 12mm 이상</td></tr>
<tr><td>난황</td><td>중심에 위치하며 윤곽이 흐리나 퍼져 보이지 않는 것</td><td>거의 중심에 위치하며 윤곽이 뚜렷하고 약간 퍼져 보이는 것</td><td>중심에서 상당히 벗어나 있으며 현저하게 퍼져 보이는 것</td><td>중심에서 상당히 벗어나 있으며 완전히 퍼져 보이는 것</td></tr>
<tr><td>난백</td><td>맑고 결착력이 강한 것</td><td>맑고 결착력이 약간 떨어지는 것</td><td>맑고 결착력이 거의 없는 것</td><td>맑고 결착력이 전혀 없는 것</td></tr>
<tr><td rowspan="5">할란판정</td><td>난황</td><td>위로 솟음</td><td>약간 평평함</td><td>평평함</td><td>중심에서 완전히 벗어나 있는 것</td></tr>
<tr><td>농후난백</td><td>많은 양의 난백이 난황을 에워싸고 있음</td><td>소량의 난백이 난황 주위에 퍼져 있음</td><td>거의 보이지 않음</td><td rowspan="2">이취가 나거나 변색되어 있는 것</td></tr>
<tr><td>수양난백</td><td>약간 나타남</td><td>많이 나타남</td><td>아주 많이 나타남</td></tr>
<tr><td>이물질</td><td>크기가 3mm 미만</td><td>크기가 5mm 미만</td><td>크기가 7mm 미만</td><td>크기가 7mm 이상</td></tr>
<tr><td>호우단위</td><td>72 이상</td><td>60 이상~72 미만</td><td>40 이상~60 미만</td><td>40 미만</td></tr>
</table>

출처 : 축산물품질평가원 www.ekape.or.kr

3. 달걀의 구성성분

1) 수분

달걀의 수분함량은 전란을 기준으로 약 74~75%이며, 난황보다 난백의 수분함량 비율이 더 높다.

2) 단백질

달걀은 필수아미노산을 모두 함유하고 있어 단백가가 100인 우수한 식품이다. 난백은 대부분이 수분이며 단백질은 약 10%를 함유하고 있다. 이 중 오보알부민이 약 54%로 가장 많고 콘알부민, 오보뮤코이드, 리소자임, 글로불린, 오보뮤신, 아비딘 등으로 구성되어 있다.

난황은 50% 정도가 수분이며 단백질은 약 15% 정도를 함유하고 있다. 난황 단백질은 인단백질에 지질이 결합된 지단백 형태로 주로 존재하며, 대표적 난황 단백질

표 10-3 **난백 단백질**

단백질	특징
오보알부민	난백 단백질 중 가장 많이 함유
콘알부민	금속과 결합하여 색 변화가 되는 단백질
오보뮤코이드	트립신의 작용 방해
리소자임	항균성 단백질
글로불린	거품 형성에 관여
오보뮤신	거품 안정성에 관여
아비딘	비타민 B군의 하나인 비오틴과 결합하여 비오틴을 불활성화, 가열 시 파괴되므로 가열하여 섭취

은 리포비텔린과 리포비텔레닌이 있다.

3) 지질

지질은 난백에는 거의 없고 난황에 주로 존재하며 난황의 약 30%가 지질로 구성되어 있다. 이 중 콜레스테롤이 약 5%를 구성하고 있어 함량이 높으나 인지질인 레시틴을 함유하고 있어 콜레스테롤을 억제하는 역할을 한다. 레시틴은 더불어 유화제로도 작용한다.

4) 비타민 및 무기질

비타민 A, 비타민 B_1, 리보플라빈, 비타민 D 등을 함유하고 있으며, 무기질은 철, 황 등을 함유하고 있다. 특히 난황에 들어 있는 철은 체내에서 이용 가치가 높다.

5) 색소

달걀의 난백은 유백색이며 약간의 담황색을 띠는데 이는 비타민 B_2에 의한 것이다. 난황에는 카로티노이드계 색소가 들어 있어 연노랑에서부터 선명한 주황색에 이르기까지 다양한 색을 내는데 이는 카로티노이드 색소의 함량의 차이에 의한 것이다.

달걀껍데기 색깔?

달걀껍데기의 색은 닭의 품종에 따라 백색과 갈색으로 나뉜다. 껍질의 색에 따라 달걀의 품질이나 영양성분의 차이가 나는 것은 아니다.

4. 달걀의 저장 중 변화

달걀은 처음 생산 시 껍데기에 큐티클 층이 있어 까끌까끌하나 저장기간이 지날수록 매끄러워지며, 이중구조로 되어 있는 속껍질의 경우 공기가 들어가면서 기실이 커진다. 저장기간이 길어짐에 따라 기실이 커지면서 비중이 감소하기 때문에 달걀을 10%의 소금물에 넣었을 때 위로 뜨는 것을 관찰할 수 있다.

달걀은 저장 시 껍데기에 있는 기공을 통해 CO_2와 수분의 증발이 일어나 pH가 현저하게 상승한다. 산란 직후에는 난백의 pH가 7.3~7.5 정도이나, 시간이 경과함에 따라 난백은 알칼리화되며 수양화가 이루어진다.

난백에 존재하는 알끈의 경우 힘이 약해져 난황의 위치가 중심에 있지 못하는 것이 저장란에서 관찰된다.

난황의 경우 난백과 같이 수양화가 이루어져, 저장란의 경우 깨뜨려 보면 난백과 난황이 많이 퍼지는 것을 볼 수 있다.

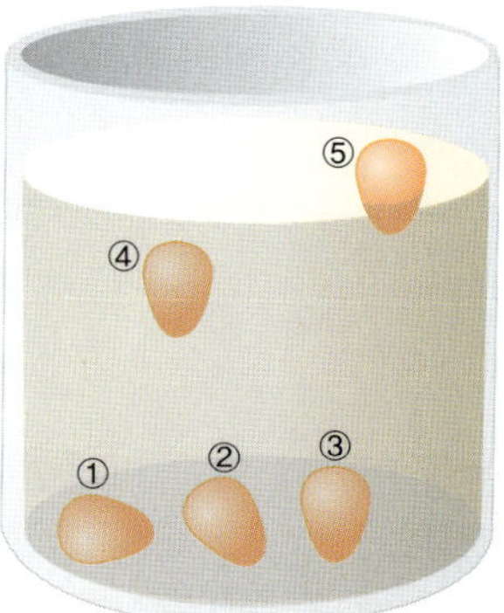

① 산란 직후의 신선한 것
② 일주일이 경과된 것
③ 보통 상태
④ 오래된 것
⑤ 부패한 것

그림 10-2 식염수로 달걀의 신선도를 판정하는 법

5. 달걀의 조리

1) 난백의 조리

(1) 젤화

달걀은 열에 의해 응고가 일어나는데 난백과 난황의 응고 특성에는 차이가 있다. 난백의 경우 약 60° C 전후에서 응고가 시작되어 65° C에서 응고가 완료되는데, 난황의 경우 65° C에서 응고가 시작되어 70° C에서 응고가 마무리된다. 이렇게 응고 시작 및 완료 온도가 다르기 때문에 가열 온도와 시간에 따라 달걀의 상태가 반숙, 완숙 등으로 달라진다.

난백의 경우 가열로 온도가 상승하면 가교결합이 형성되면서 조직이 단단해지지만, 80° C 이상인 경우 아무리 시간이 경과한다고 해도 젤의 강도에는 변화가 거의 없다.

달걀을 삶는 경우 저온에서 삶으면 삶는 시간은 길어지나 텍스처가 부드러운 달걀이 만들어지고, 고온에서 삶으면 빠른 시간에 응고가 완료되어 가열시간은 단축되나 단단하고 질긴 텍스처가 형성된다.

달걀의 열에 의해 응고되는 특성은 첨가물질에 의해 영향을 받게 되는데, 물을 첨가하여 농도가 낮아지는 경우에 더 높은 온도로 가열해야 응고가 이루어지고, 식초 등의 산을 첨가하여 달걀의 pH가 달걀 단백질의 등전점 부근에 맞춰지면 응고가 쉽게 이루어진다. 소금 등의 염을 첨가하는 경우에는 열 응고성이 증가하며 양이온의 원자가가 클수록 응고가 잘 일어난다. 설탕과 같은 당을 첨가할 경우, 열 응고성을 감소시켜 설탕을 넣어 달걀을 가열조리할 때는 일반 응고온도보다 더 높은 온도로 가열해야 응고가 이루어지며, 텍스처가 부드러워지는 특징을 갖는다.

(2) 기포성

달걀을 저어주면 거품이 형성되는 것을 볼 수 있는데, 이는 난황보다는 난백이 갖고 있는 특징이다. 난백을 구성하는 단백질 중 글로불린 단백질은 난백을 저으면 유입된 공기를 둘러싸는 단백질막을 형성하기 때문에 기포가 생긴다. 난백이 농후난백의 함량이 많으면 기포를 형성하기는 어려우나 일단 형성된 기포는 안정하여 쉽게 파괴되지 않는다. 따라서 신선란일수록 기포 형성은 어려우나 기포를 잘 유지하는 특성을 갖는다. 반대로 저장란의 경우 수양화가 진행되어 기포 형성이 잘되는 특징을 가지나 안정성은 떨어진다. 이외에도 달걀의 기포성에 영향을 미치는 인자들이 존재한다.

① 온도

실온상태일 때 거품 형성은 잘 되지만 안정성은 떨어지고, 냉장상태의 경우 달걀의 기포 안정성은 좋지만 기포성은 떨어지는 특징을 갖고 있다.

② 첨가물

설탕을 첨가하는 경우 달걀의 상태를 되직하게 만들어 기포를 형성하기까지 많은 시간이 소요되나 안정된 기포를 얻을 수 있다.

산을 첨가하는 경우 단백질의 특성상 등전점 부근에서 기포 형성이 잘 되므로 소량의 산을 넣어 주는 경우 기포성이 좋아진다.

이외에 지질, 우유, 소금 등은 기포 형성을 방해한다.

③ 거품기

거품기의 날이 가늘수록 미세하고 안정된 거품이 형성된다.

2) 난황의 조리

(1) 난황의 응고

난황은 난백에 비해 응고온도가 높아 65°C 부근에서 응고가 시작되어 70°C 정도에서 완전히 응고가 된다. 난황의 경우 가열 전의 전처리에 따라 응고상태가 달라지는데 난황을 그대로 가열하는 경우 그대로 굳어져 알갱이 형태로 된다. 이는 삶은 달걀의 노른자에서 볼 수 있는 현상이다. 그러나 난황을 휘저어 거품을 내어 가열하는 경우 더 끈끈한 텍스처가 나타나는데 이는 난황을 분리하여 지단을 부치는 경우 볼 수 있다.

(2) 유화성

달걀은 유화성을 갖고 있는데, 특히 난황의 유화력이 높아 난백보다 4배 정도 높은 유화력을 나타낸다. 난황의 이런 높은 유화력은 레시틴과 리소레시틴이라는 물질을 함유하고 있기 때문인데, 이들은 친수성기와 친유성기를 모두 갖고 있어 천연 유화제의 역할을 한다. 난황의 유화성을 이용하여 만든 대표적 식품이 바로 수중유적형 유화액인 마요네즈이다.

(3) 난황의 녹변현상

달걀을 오래 가열하다 보면 난황의 주위가 암녹색으로 변하는 경우가 있다. 이는 가열 시 난백의 황 함유 단백질로부터 황이 분리되면서 황화수소가 형성되고, 형성된 황화수소가 난황 쪽으로 이동, 난황의 철과 반응하여 황화제1철을 형성하는데 이 물질이 검푸른 빛을 띠기 때문에 이런 현상이 나타나는 것이다.

이런 검푸른 빛의 형성을 막으려면 15분 이상의 가열을 피하거나 가열 후 바로 찬물에 넣게 되면 난백에서 형성된 황화수소가 난황으로까지 이동하지 못하여 황화제1철의 형성을 감소시킬 수 있다.

6. 달걀을 이용한 조리

1) 달걀찜

달걀찜은 달걀의 열 응고성을 이용한 대표적인 음식으로 희석 정도, 첨가물의 종류 등에 따라 응고시간 및 텍스처 등이 달라진다.

부드러운 달걀찜을 만들려면?

달걀찜을 만들 때 설탕을 넣으면 설탕이 단백질의 응고를 막아 텍스처가 부드러운 달걀찜이 된다.

기포가 없게 하려면?

뚜껑 안쪽 부분을 행주로 감싸고 약한 불에서 그릇을 맨 가장자리에 위치시키면 달걀찜 위에 기포가 생기지 않는다.

2) 수란

수란은 달걀을 깨뜨려 85°C의 뜨거운 물에 넣고 뚜껑을 덮어 4~6분간 가열하여 응고시키는 조리이다. 이때 식초와 소금을 가하면 난백의 응고가 더 잘 일어난다.

> **수란에서의 식초와 소금의 역할?**
>
> 수란을 만들 때 넣어 주는 식초와 소금은 달걀 단백질의 응고를 돕는다. 그러나 식초를 너무 많이 넣으면 응고가 잘 일어나지 않으므로 적정량을 넣어 주어야 한다.
>
> 소금은 우유의 칼슘이온처럼 나트륨이온이 난백의 젤화 응고가 일어나도록 도와준다.

3) 스크램블드 에그

달걀을 잘 풀어 우유 또는 크림과 적당량 섞은 후 기름을 두룬 팬에 붓고 저으면서 익힌 것이다. 잘 익은 스크램블드 에그는 촉촉하고 부드러우며 가벼운 질감을 지닌다.

> **프라이드 에그의 종류**
>
> - over light : 흰자를 아주 얇게 익히는 것
> - over easy : 팬에 오일 등을 바른 후 흰자가 어느 정도 익었을 때 뒤집는 것
> - over medium : over easy와 같은 방법이나 노른자를 반 정도 익히는 것
> - over well : over easy와 같은 방법이나 노른자를 완전히 익히는 것
> - over hard : over easy와 같은 방법이나 뒤집기 전에 노른자를 깨뜨려서 완전히 익히는 것
> - sunny side up : 팬에 오일 등을 바른 후 달걀을 깨어 흰자만 익혀 태양이 떠오르는 것처럼 선명하게 하는 것

7. 달걀의 가공

달걀은 제과, 제빵, 유제품 등 다양한 식품 가공에 이용되고 있다. 달걀의 기본 가공은 선별, 세척 후 내용물을 분리하는 것이다. 달걀을 깨어 전체를 사용하는 액상 전란은 제과·제빵 또는 단체급식 분야에 많이 이용되며, 난백은 주로 제과용으로, 난황은 마요네즈의 원료로 이용된다. 달걀의 가공품으로는 건조란, 동결란, 피단 등

이 있다.

1) 건조란

건조란은 달걀의 내용물을 건조시킨 것으로 저장성이 크고 수송이 편리한 장점이 있으나, 유해균에 오염되기 쉽고 지질의 산패가 쉽게 발생하며 용해도가 저하되기 쉬우므로 주의하여 사용하여야 한다.

건조란은 전처리와 건조의 두 공정으로 진행되며 건조 중에 달걀에 함유되어 있는 당과 단백질 등으로 인해 갈변이 일어날 수 있으므로 당을 제거하는 탈당공정을 진행하는 것이 좋다. 건조란은 주로 아이스크림이나 쿠키 등에 사용된다.

2) 동결란

동결란은 살균한 액상란을 밀봉한 후 급속 동결시키는 것이 보편적이다. 이때 난황은 그대로 동결하면 점도가 증가하여 젤화가 일어나므로 글리세린, 식염, 설탕 등을 5~10% 첨가하여 동결시킨다.

3) 피단

피단은 알에 알칼리를 침투시켜 내용물을 응고, 숙성시킨 것으로 주로 중국에서 오리알을 원료로 이용되었으나 달걀을 사용해도 가능하다.

피단은 탄산소다와 생석회 및 물을 적당비율로 혼합한 뒤 알 껍데기 표면에 바른 후 항아리에서 3~4개월 정도 발효시키면 알칼리 성분이 내부로 침투하여 난백을 응고시키고 적갈색을 띠게 된다. 이때 난황은 응고되면서 겉은 흑녹색, 내부는 황갈색을 띠게 되고 암모니아 등의 휘발성 물질이 생성되면서 독특한 풍미를 갖게 된다.

CHAPTER

11

육류와 어패류

1. 육류
2. 어패류

육류는 소, 돼지, 양과 같은 수육과 닭, 오리, 칠면조 등의 조육으로 나눌 수 있다. 어패류는 3면이 바다인 우리나라에서 식량자원으로 많이 이용되고 있다. 육류와 어패류는 모두 훌륭한 단백질 식품이다.

육류

1. 육류

1) 육류의 구조

육류는 근육조직, 결합조직, 지방조직으로 이루어져 있으며 우리가 식용으로 접하는 부위는 주로 근육조직이다.

(1) 근육조직

근육조직은 가로무늬근, 민무늬근, 심장근의 세 종류가 있다. 이 중 가로무늬근은 골격을 구성하는 근육으로 골격근이라 부르며 스스로 움직일 수 있는 수의근이다. 민무늬근은 주로 내장을 구성하는 근육으로 내장근이라 하며 스스로 움직일 수 없는 불수의근이다. 심장근은 심장을 구성하는 근육으로 가로무늬근이면서 불수의근에 속한다.

근육조직은 미오신단백질과 액틴단백질이 기본이 되어 이들이 결합하여 근원섬유를 만들고, 근원섬유가 모여 근섬유를 이루며, 근섬유가 모여 근육을 형성하게 된다 그림 11-1. 현미경으로 근원섬유를 관찰하면 굵은 필라멘트와 가는 필라멘트가 있는데, 굵은 필라멘트는 A대라고 하며 주로 미오신으로 구성되어 있고, 가는 필라멘트는 I대로 액틴으로 이루어져 있다.

근육 단백질인 액틴과 미오신이 결합하여 액토미오신을 만들며, 이때에 근육의 수축이 일어나고 이들이 다시 액틴과 미오신으로 분리될 때 근육의 이완이 발생한다.

(2) 결합조직

결합조직은 근섬유와 지방조직을 둘러싸고 있는 조직을 일컬으며 근육 등을 서로 연결하는 결합체 역할을 한다. 결합조직에는 다량의 콜라겐이 함유되어 있으며, 이외에도 소량의 엘라스틴, 레티쿨린, 기질물질 등이 있다.

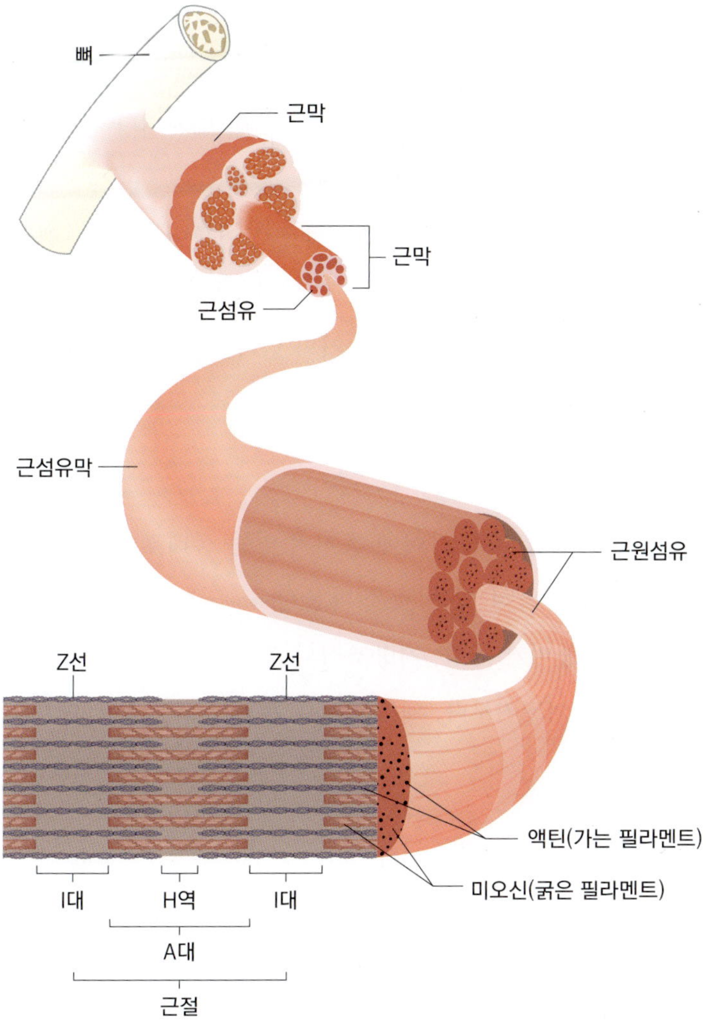

그림 11-1 **근육조직의 세부구조**

결합조직이 많을수록 조직이 질기며, 동물의 경우 부위에 따라 결합조직의 정도가 다르고 연령이 높아질수록 결합조직이 많아져 질겨진다.

결합조직 중 가장 많은 콜라겐은 세 가닥의 폴리펩타이드가 합쳐진 트로포콜라겐 형태로 이루어져 있다. 트로포콜라겐은 섬유상단백질이며, 이를 구성하고 있는 주요 아미노산은 글리신으로 1/3 이상을 차지하고 있으며, 더불어 프롤린과 하이드록시 프롤린이 주요 아미노산을 구성하고 있다.

콜라겐은 백색을 띠고 있으며 물과 함께 가열하면 가열 초기에는 수축하나, 약 65° C 이상으로 올라가면 수용성의 젤라틴으로 되어 졸sol의 형태로 변하고, 다시 온도가 내려가면 굳어져 젤화되는 특징을 갖는다. 족편, 도가니탕 등이 이러한 예로 볼 수 있다.

엘라스틴 역시 섬유상 단백질로 엘라스틴 섬유로 이루어져 있다. 엘라스틴 섬유는 구조에 가지가 있어 고무와 같은 탄성을 갖고 있다. 엘라스틴은 황색을 띠며 콜라겐과는 달리 100° C 이상 가열하여도 변화가 거의 없다. 따라서 가열에 의해 육질의 연화에 기여하는 조직이 아니다.

(3) 지방조직

지방조직은 근육 및 결합 조직 사이에 흩어져 있는 상태로 존재한다. 지방이 근육 조직 사이사이에 촘촘히 박혀 있는 것을 마블링marbling이라고 하며, 마블링이 잘된 육질일수록 부드럽고 풍미가 좋다. 지방조직의 함량은 동물의 종류에 따라 그 함량이 다른데 일반적으로 쇠고기보다, 돼지고기가 닭고기보다 오리고기에 지방 함량이 더 높다.

2) 육류의 구성성분

식육은 수분을 약 75% 함유하고 있으며, 나머지 고형물 중 대부분은 단백질이다. 그 밖에 탄수화물, 지질, 무기질 및 비타민류 등으로 구성되어 있다.

육류의 단백질은 양질의 단백질이며 육류에 존재하는 고형물의 4/5가 단백질일 정도로 단백질 함량이 풍부하다. 또한 육류단백질을 구성하는 아미노산은 인체 구성 아미노산 조성과 유사하며 철과 비타민 B 복합체의 좋은 공급원이기도 하다. 동물의 지질 함량은 종류, 성별, 연령 등에 따라 차이가 있다. 지질의 함량은 식육의 맛에 큰 영향을 준다. 탄수화물은 글리코겐의 형태로 간과 근육에 저장되어 있으며, 도살 직후 분해되어 젖산lactic acid을 형성하는데 이는 사후경직에 중요한 역할을 한다. 도살 당시 스트레스를 너무 많이 받으면 근육 내의 글리코겐이 감소하여 젖산 생성량이 적어지고, 따라서 pH가 정상보다 높아지면서 고기의 색이 검어지고 숙성이 잘 일어나지 않게 된다.

3) 육류의 색

육류의 색은 대부분 미오글로빈 때문이다. 미오글로빈의 구조는 헴 구조의 중심에 철을 포함하며 헴 1개에 글로빈 1개가 결합되어 있다. 미오글로빈은 원래는 적자색이며 이때 철은 패러스(2+) 상태이나 산소가 많은 경우 산소와 결합하면서 적색의 옥시미오글로빈으로 바뀌고, 산소 공급이 잘 되지 않는 경우 미오글로빈의 철이 전자를 잃으면서 산화되어 페릭(3+) 상태로 되며 적갈색의 메트미오글로빈으로 변한다 그림 11-2.

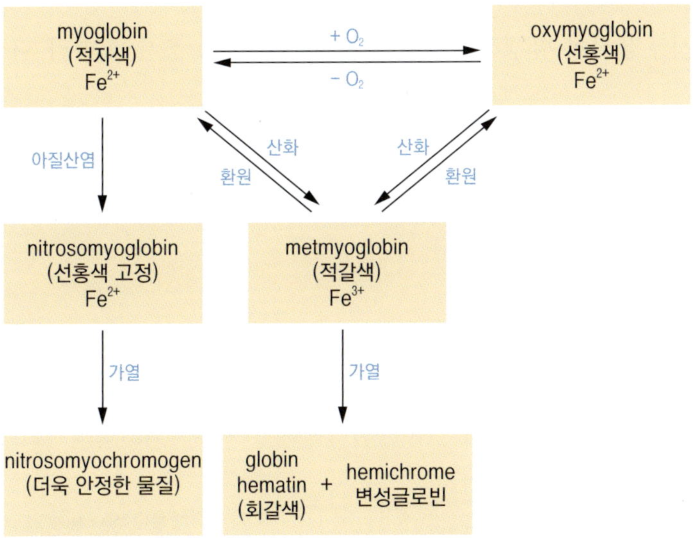

그림 11-2 **미오글로빈의 변화**

육류를 가열하면 미오글로빈이 회갈색의 변성글로빈 헤미크롬으로 변하는 반면, 육 가공식품의 경우 가열을 하여도 붉은색을 유지하는데 이는 미오글로빈에 아질산염 처리를 하기 때문이다. 미오글로빈에 아질산염을 가하면 니트로소미오글로빈이 되어 선홍색을 띠며, 니트로소미오글로빈은 열에도 안정하여 붉은색을 유지한다.

4) 육류의 사후경직과 숙성

(1) 사후경직

동물을 도살하면 내부로 산소의 유입이 차단되어 산소가 없는 생화학적 진행인 해당작용이 일어나게 된다. 해당작용은 동물의 저장탄수화물인 글리코겐을 분해하여 젖산을 만드는 반응인데 이렇게 해당작용을 통해 산이 형성되므로 조직 내의 pH는 도살 전의 중성상태에서 약산성상태로 낮아진다. 산성화는 체내 효소인 ATPase를 활성화시키는 기능을 하며, 활성화된 ATPase는 ATP를 분해하여 에너지를 발생시키고, 발생된 에너지는 근육단백질인 액틴과 미오신을 결합하여 액토미오신을 형성한다. 따라서 근육의 수축이 발생하여 도살 후 육질이 단단해지고 보수성도 떨어진다 그림 11-3.

도살에서 사후강직이 발생하기까지의 시간은 동물의 종류에 따라 다르나 대부분

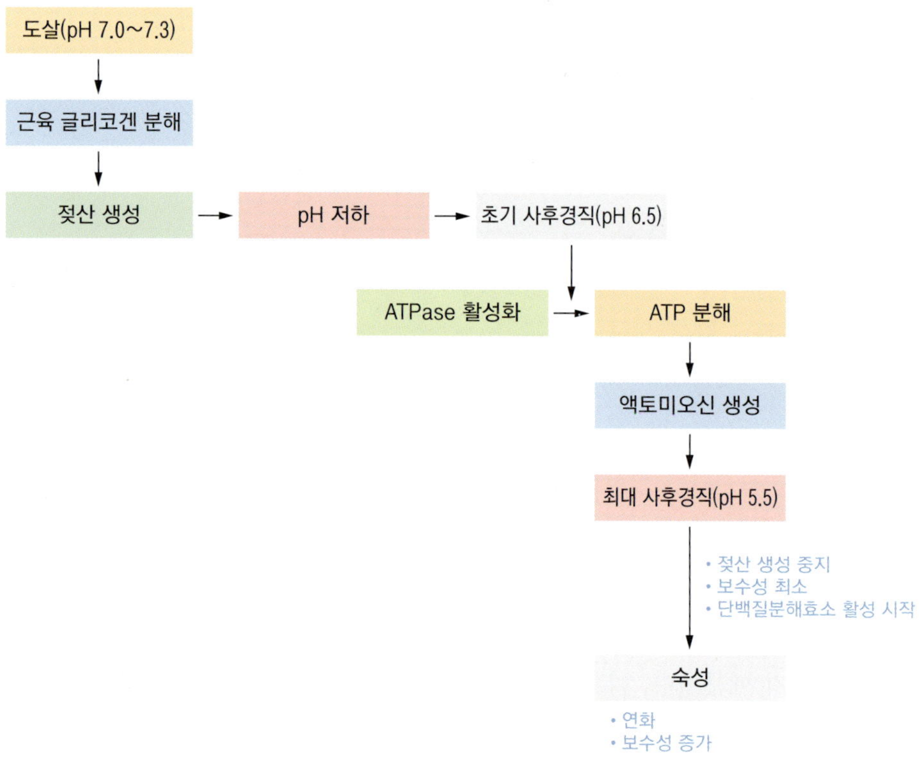

그림 11-3 **육류의 사후경직과 숙성**

몸집이 큰 동물일수록 발생시간이 길다. 또한 사후강직은 도살 직후의 글리코겐의 함량에 따라 달라지는데, 도살 전 스트레스를 많이 받은 경우 글리코겐 함량이 낮으며 이에 따라 사후강직과 그 후의 과정인 숙성이 충분히 일어나지 않아 텍스처가 질겨지고 맛도 저하된다.

(2) 숙성

도살 후 체내에 저장되어 있던 글리코겐의 분해로 젖산이 생성되어 체내 pH의 저하가 발생하다가 젖산의 생성이 중지되면서 숙성과정이 진행된다. 젖산 생성이 중지되면 체내 단백질분해효소의 하나인 카텝신cathepsin이 작용하여 자기소화가 이루어지면서 육질의 연화가 일어나고, 더불어 보수성이 증가하며 향미성분이 증가된다. 숙성기간 동안 산소가 조직까지 침투하면서 미오글로빈이 옥시미오글로빈으로 되어 선명한 선홍색으로 변한다. 따라서 육류의 색으로 육질의 숙성 정도를 파악할 수 있다.

도살 후 높은 온도에 보관 시 숙성과 더불어 부패가 발생하므로 숙성은 저온에서 진행하는 것이 바람직하다. 또한 온도에 따라 숙성기간에 차이가 발생하는데 몸집이 클수록 숙성기간이 긴 특징이 있으며, 쇠고기의 경우 4° C 정도의 냉장온도에서는 약 7~10일이 걸리고, 2° C에서는 약 2주 정도 소요된다.

5) 육류의 조리 특성

(1) 가열

① 단백질의 변성

육류의 단백질 중 근육단백질은 가열되면서 변성이 일어나고 단단해진다. 따라서 열과 조리시간이 길어짐에 따라 고기가 질겨진다. 그러나 결합조직의 경우 가열 전에는 질긴 상태이나 물과 함께 가열이 진행되면 콜라겐이 분해되어 수용성 젤라틴으로 변해 연화되기 시작한다. 따라서 결합조직이 많은 육류의 경우 저온에서 장시간 가열하는 것이 좋다.

② 색의 변화

육색소인 미오글로빈은 가열에 의해 미오글로빈의 단백질이 변성이 되어 변성글로빈과 회갈색의 헤마틴이 된다. 이와 더불어 육류의 단백질성분은 당성분과 당-아미노반응을 통해 멜라노이딘을 생성하여 갈변화가 일어나게 된다.

③ 지질의 변화

동물성 지질은 포화지방산의 함량이 높아 녹는점이 높으므로 상온에서는 고체상태로 있으나 가열하게 되면 액상이 되어 풍미가 증진되고 질감이 좋아진다.

표 11-1 근육단백질의 변성 온도

온도(°C)	특성
30~50	섬유상 단백질의 펩타이드 느슨해짐 불안정한 가교결합 형성
50~55	구상 단백질의 부분적인 변성 발생 섬유상과 구상 단백질이 새로운 안정된 가교결합 형성
57~60	섬유상 단백질은 단단해지지 않으면서 결합조직 연화
65	섬유상과 구상 단백질 응고
80 이상	섬유상과 구상 단백질의 응고 완료

④ 중량 변화

조리 시 영양소 및 수분의 손실로 중량이 감소하며, 가열온도 50~80°C에서는 보수성은 감소하고 육즙량은 증가한다.

(2) 연화

육류의 연화는 결합조직, 근육의 두께, 연령, 지질과 마블링상태에 따라 영향을 받는다.

① 기계적 연화

고기를 갈거나 두드리거나 다지는 등의 방법을 이용하여 근섬유를 짧게 끊어주어 연하게 한다.

② 효소에 의한 연화

근섬유는 주로 단백질로 이루어져 있으므로 단백질분해효소를 이용해 분해해 주면 연화에 크게 영향을 끼친다.

연육소는 시판되는 단백질분해효소이며 파파야의 파파인, 파인애플 중의 브로멜린, 무화과의 피신, 키위의 액티니딘 등이 단백질분해효소로 작용한다. 우리나라에서 많이 사용하는 배, 생강, 무에도 단백질분해효소가 함유되어 있어 육류에 적용하면 육질이 연화된다.

6) 육류의 조리

(1) 육류의 부위에 따른 조리

쇠고기와 돼지고기 및 닭고기의 부위별 명칭은 나라에 따라 다르다. 육류는 부위에 따라 조직 특성과 맛이 다르므로 조리의 용도에 맞게 선택해야 한다.

표 11-2 **쇠고기의 부위별 특징과 조리**

부위	특징	조리법
안심	• 유일하게 척추 뼈 안쪽에 위치하고 있는 근육으로 움직임이 없어 조직이 부드럽고 연함 • 저지방으로 담백하며, 육즙이 많고 고기결이 가늘고 비단결처럼 고움 • 쇠고기 중 양이 적은 부위로 귀함 • 요리 시에는 너무 굽지 않도록 하고 변색이 빠른 특징이 있음	• 고급 스테이크 및 구이용
등심	• 등쪽에 척추 좌우로 원통 모양으로 위치하고 있으며 비육이 잘 된 소의 경우 마블링이 잘 발달되어 있어 고급 부위로 알려져 있음 • 육질이 곱고 연하며 지방이 적당히 섞여 있어 맛이 좋음 • 결조직이 그물망 형태로 연하여 풍미로운 맛이 있음	• 2등급 이상 고급육은 주로 구이나 스테이크로 활용 • 3등급 등 저급육은 전골이나 불고기로 이용
채끝	• 허리 부분(등심 뒷부분에 연결)의 등심과 맞닿은 운동성이 없는 부분으로 등심과 비슷한 모양 • 육질이 연하고 지방이 적당히 섞여 있음 • 등심보다는 지방이 적고 살코기가 많음	• 고급육은 로스구이 · 샤브샤브용으로 활용도가 높고, 저급육은 불고기와 국거리로 활용
목심	• 어깨 위쪽에 붙어 있는 근육으로 여러 개의 다양한 근육이 모여 있고 두꺼운 힘줄이 여러 갈래로 표면에 존재하기 때문에 약간 질긴 편	• 1등급 이상의 고급육에서 일부 스테이크나 구이로 이용 • 2등급 이하는 불고기, 장조림으로 이용
앞다리	• 갈비 바깥쪽에 위치하고 있음 • 내부에 지방층과 근막이 많기 때문에 연한 부위와 질긴 부위가 서로 섞여 있으며, 운동량이 많아 육색이 짙은 것이 특징 • 설도, 사태와 비슷	• 꾸리살은 카레, 육회나 칭키즈칸 • 부챗살 · 갈비덧살은 구이용 • 그 외는 불고기나 장조림용으로 사용

(계속)

부위	특징	조리법
우둔	• 지방이 적고 살코기가 많음	• 우둔살은 주물럭, 산적과 육포 및 불고기용으로 많이 사용 • 홍두깨살은 육회나 장조림에 활용
설도	• 엉덩잇살 아래쪽 넓적다리살로서 바깥쪽 엉덩이 부분임. 다소 결이 거칠고 질긴 편으로 우둔과 비슷하며 부위별 육질 차가 큼	• 산적, 편육, 불고기로 사용
양지	• 앞가슴에서 복부 아래쪽에 걸쳐 있는 부위로 결합조직이 많아 육질이 질김 • 오랜 시간에 걸쳐 끓이는 조리를 하면 맛이 매우 좋음	• 국거리나 장조림
사태	• 앞 · 뒷다리 사골을 감싸고 있는 부위로 운동량이 많아 색상이 진한 반면 근육다발이 모여 있어 쫄깃함 • 장시간 물에 넣어 가열하면 연해짐	• 장조림, 찜, 육회, 탕에 적합
갈비	• 육즙과 골즙이 어우러진 부위로 농후한 맛	• 탕, 찜갈비, 불갈비

출처 : 축산물품질평가원 www.ekape.or.kr

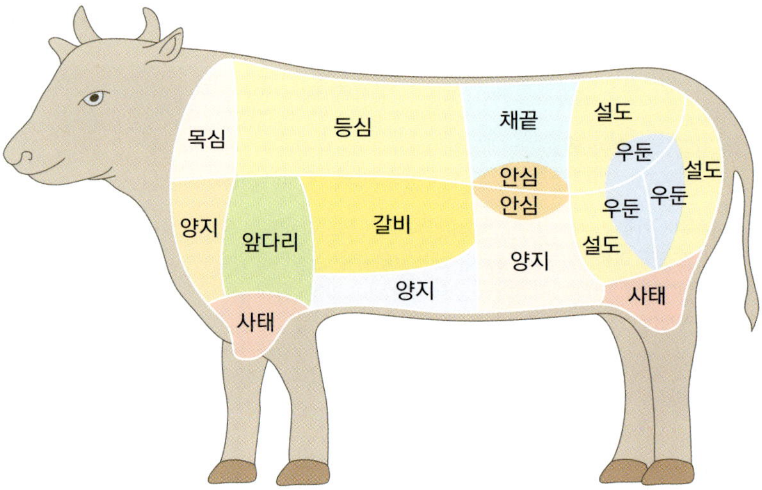

그림 11-4 **쇠고기의 부위별 명칭**

표 11-3 **돼지고기의 부위별 특징과 조리**

부위	특징	조리법
목심	• 등심에서 목쪽으로 이어지는 부위로서 여러 개의 근육이 모여 있음 • 근육막 사이에 지방이 적당히 박혀 있어 풍미가 좋음	구이
등심	• 표피 쪽에 두꺼운 지방층이 덮인 긴 단일 근육으로서 고기의 결이 고운 편임	폭찹, 돈가스, 스테이크
갈비	• 옆구리 늑골(갈비)의 첫 번째부터 다섯 번째 늑골 부위를 말하며 근육 내 지방이 잘 박혀 있어 풍미가 좋음	바비큐, 불갈비, 갈비찜
안심	• 허리 부분의 안쪽에 위치하며 안심 주변은 약간의 지방과 밑변의 근막이 형성되어 있고 육질은 부드럽고 연함	탕수육, 구이, 로스, 스테이크
앞다리	• 어깨 부위의 고기로서 안쪽에 어깨뼈를 떼어낸 넓은 피막이 나타남	불고기, 찌개, 수육(보쌈)
삼겹살	• 갈비를 떼어낸 부분에서 복부까지의 넓고 납작한 모양의 부위 • 근육과 지방이 삼겹의 막을 형성하며 풍미가 좋음	구이 베이컨(가공용)
뒷다리	• 볼기 부위의 고기로서 살집이 두꺼우며 지방이 적은 편임	튀김, 불고기, 장조림

출처 : 축산물품질평가원 www.ekape.or.kr

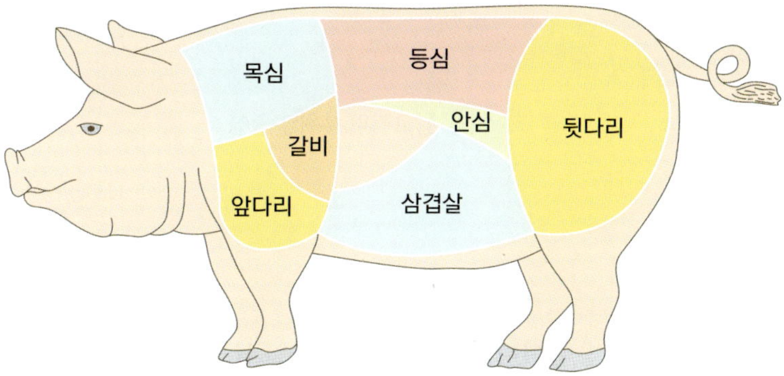

그림 11-5 **돼지고기의 부위별 명칭**

표 11-4 **닭고기의 부위별 특징 및 조리법**

부위	특징	조리법
가슴살	지질 함량이 적어 칼로리가 낮고 맛이 담백함	구이, 샐러드, 커틀릿
다리살	색이 진하고 맛이 풍부하며 조직이 쫄깃쫄깃함	구이, 튀김, 조림
날개살	지질 함량이 높고 맛이 풍부하며 조직이 부드러움	구이, 튀김, 조림

출처 : 축산물품질평가원 www.ekape.or.kr

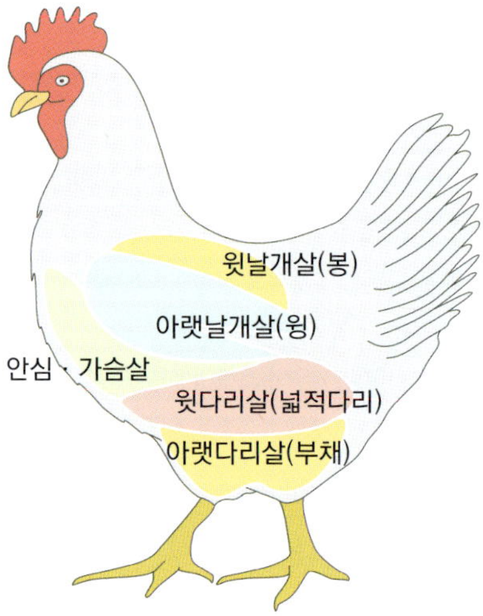

그림 11-6 **닭고기의 부위별 명칭**

(2) 육류의 조리방법

① 건열조리

물 없이 가열하는 조리방법이다. 쇠고기의 경우 안심, 등심 부위는 살이 부드럽고 지질이 적당히 분포되어 있으며 결합조직이 적어 건열조리에 많이 이용된다. 대접살과 우둔육은 결합조직이 비교적 적어 구이나 산적으로 이용된다.

건열 조리방법으로는 우리나라의 구이, 튀김, 전, 불고기와 서양의 브로일링, 팬브로일링, 로스팅 등이 있다.

너비아니

구이 구이는 고기 자체의 맛을 즐길 수 있는 조리방법이므로 팬 등을 이용해 구이를 할 경우, 팬을 충분히 달군 후 고기를 놓아야 고기 육즙이 빠져나가지 않아 맛있는 구이를 할 수 있다.

불고기 불고기는 고기를 간장, 설탕 등에 재운 뒤 구워먹는 조리방법인데 이때 오랫 동안 재워둔 상태로 있으면 고기의 수분이 빠져나와 오히려 질겨진다. 배나 키위, 파인애플 등을 넣으면 과실 안의 효소가 단백질을 분해하여 부드러운 불고기가 만들어진다.

② 습열조리

습열조리는 물과 함께 가열하는 조리방법으로 양지머리, 사태 등 결합조직이 많은 부위의 조리방법으로 적당하다. 결합조직은 물과 함께 가열하면 질긴 부위의 콜라겐이 수용성의 젤라틴으로 변해 연화되므로 습열조리는 결합조직이 많은 부위에 적당하다. 습열 조리방법에는 탕, 장조림, 편육, 찜과 서양조리 중 브레이징, 스튜 등이 있다.

장조림

장조림 장조림은 홍두깨살을 주로 이용하나 사태, 우둔도 이용된다. 장조림을 만들 때에는 먼저 단백질이 응고된 후 간장을 넣어야 조직이 질겨지지 않는다. 처음부터 간장을 넣고 가열하는 경우 수분이 빠져나와 질기고 단단해진다.

갈비탕

탕 탕은 결합조직이 많은 부위인 양지, 사태 등을 이용한다. 탕은 국물을 먹는 음식이므로 탕에 맛있는 성분들이 충분히 우러나와야 하므로 조리 시 찬물에 고기를 넣어 고기의 맛성분들이 국물로 나올 수 있게 해야 한다.

편육

편육 편육은 습열조리이기는 하나 국물이 아닌 고기를 먹는 음식이므로 조리 시에 끓는 물에 고기를 넣어야 고기의 맛성분이 빠져나오지 않고 육질 안에 보존될 수 있다.

7) 육류의 가공

고기를 소금에 절이거나 훈연, 건조, 열 처리 또는 고기를 갈아서 모양을 변형시키는 등 본래 고기의 성질이나 형상, 형태를 변화시키는 것이 육 가공의 원리이다. 식육을 주원료로 하여 제조된 제품이 육 가공품이며 햄, 베이컨, 소시지, 육포 등이 있다.

햄

(1) 햄

햄은 돼지고기를 정형, 염지한 후 훈연 또는 열 처리한 것으로 제품의 성분 기준은 수분 72% 이하이며 조지방 함량은 10% 이하여야 한다.

소시지

(2) 소시지

소시지는 상등육을 얻을 수 없는 빈곤계층의 소비자를 위해 값싼 고기에 부산물을 이용해 만든 가공품으로 암퇘지에 향신료인 세이지를 넣어서 만들었다는 데서 그 이름의 유래가 있다.

소시지는 수분함량이 많은 도메스틱 소시지와 수분함량이 적은 드라이 소시지로 크게 나누어진다.

베이컨

(3) 베이컨

베이컨은 삼겹살을 염지·훈연하여 만든 것으로 수분함량이 60% 이하이고 조지방 함량은 45% 이하여야 한다. 부위에 따라 명칭을 달리하는데 등심육을 가공한 경우 로인베이컨, 어깨 부위를 가공한 경우 숄더 베이컨이라고 한다.

어패류

2. 어패류

1) 어패류의 분류 및 조직

수산물은 먼저 수산동물과 수산식물인 해조류로 나눌 수 있으며, 수산동물은 어패류와 포유류인 고래로 나뉘고, 어패류는 어류와 단단한 껍데기를 가진 갑각류 및 연체동물로 나눌 수 있다.

어류는 머리, 동체, 꼬리의 세 부분으로 나뉘고, 등지느러미, 가슴지느러미, 꼬리지느러미, 배지느러미, 뒷지느러미를 이용하여 이동한다.

꽃게

랍스터

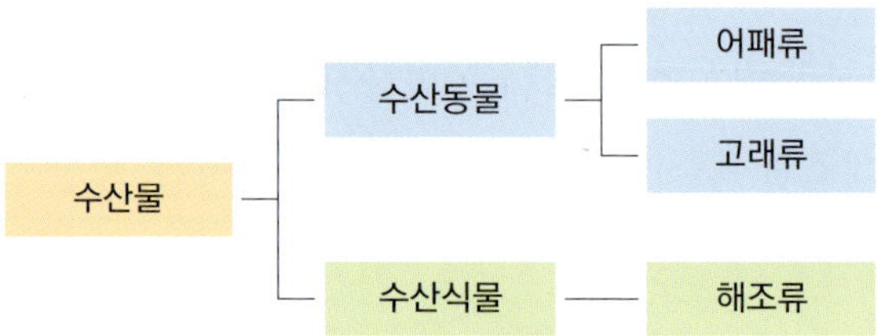

그림 11-7 수산물의 분류

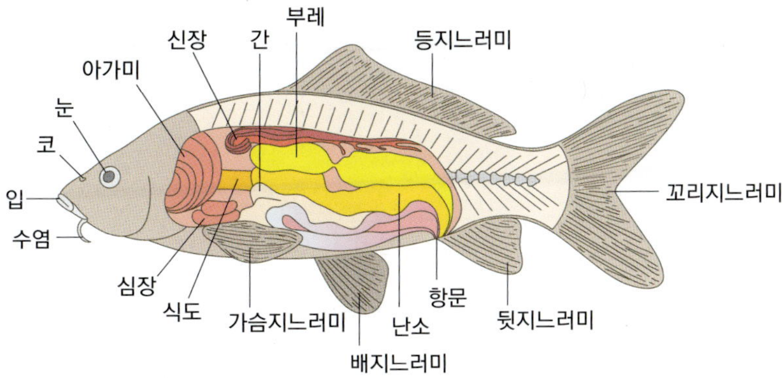

그림 11-8 **생선의 구조**

연체동물인 오징어는 생선과는 조직이 다르다. 먼저 4개 층의 껍질이 있으며 2층과 3층 껍질 사이는 분리가 되어 오징어 껍질을 벗기면 1층과 2층이 제거된다. 4층의 껍질은 근육섬유와 직각으로 교차하여 근육을 고정시키는 역할을 한다. 오징어의 근육조직은 근섬유가 몸길이 방향과 직각으로 존재한다. 따라서 오징어의 안쪽에 칼집을 넣으면 동그랗게 말린다.

2) 어패류의 성분

어패류의 성분은 종류, 부위, 계절, 성장 정도 등에 따라 크게 달라지며, 특히 지질함량의 차이가 크다. 단백질 15~20%, 지질 1~20%, 당질 0.5~1%, 무기질 1~2%를 함유하고 있다.

(1) 어패류의 구성성분

① 수분

어패류의 수분함량은 종류 등에 따라 차이가 현저하며 약 70~80%의 수분을 함유하고 있다.

② 단백질

어류의 단백질은 필수아미노산을 모두 함유하고 있으며, 특히 리신의 함량이 높아 곡류 등과 함께 섭취 시 영양 보충의 효과가 있다. 어육의 단백질은 염용성이며 이러한 특징을 이용하여 생선살에 2% 내외의 소금을 가해 단백질을 녹여 응고시켜 어묵을 만드는 데 이용한다. 육류 단백질에 비해 콜라겐 등 결합조직이 적어 살이 부드럽고 소화가 잘되는 특징을 갖는다.

③ 지질

어류의 지질 함량은 1~20%로 어종, 서식장소 등에 따라서도 차이가 크며 같은 어종에서도 계절, 산란 유무 등에 따라 차이가 발생하는데 산란기 직전이 지질의 함량이 가장 높아 맛이 가장 좋다.

어류의 지질은 동물성 지질임에도 불포화지방산의 함량이 높아 80% 정도이며, 등푸른생선인 고등어, 청어 등은 ω-3 지방산인 DHA, EPA 함량이 높다. ω-3 지방산의 경우 콜레스테롤의 감소, 혈전 감소 등의 효과가 있어 기능성 소재로도 각광받고 있다.

④ 무기질과 비타민

어패류에는 나트륨, 칼륨, 인 등의 함량이 높다. 굴과 같은 조개류에는 요오드 함량이 높고 아연도 함유하고 있는 것으로 알려져 있다.

어류의 간에는 비타민 A와 D의 함량이 높으며 지질 함량이 높은 어류에는 카로틴이 많다.

(2) 어패류의 맛성분

어패류를 물에 넣고 가열하면 국물 맛이 좋아지는데 이는 어패류 안의 저분자량 수용성 물질들이 물로 추출되어 나왔기 때문이다. 이러한 수용성 추출물로는 유리아미노산, 핵산 분해물질, 저분자 질소 화합물, 유기산, 젖산 등이 이에 속한다.

(3) 어패류의 냄새성분

어패류의 비린내를 나타내는 성분은 신선할 때와 선도가 떨어졌을 때에 따라 달라진다. 해수어의 비린내는 트라이메틸아민trimethylamine, TMA에 의한 것인데 이는 트라이메틸아민옥사이드trimethylamine oxide, TMAO가 세균에 의해 환원되어서 생성된다. 담수어의 비린내는 피페리딘과 아세트알데하이드의 축합반응을 통해 나타난다.

(4) 어패류의 색

어류의 색소는 대부분 어피의 색소층에 축적되어 있다. 어피의 색소는 적색을 나타내는 카로티노이드가 대부분이고, 갈치 등에서 은색을 나타내는 구아닌, 꽁치, 복어에서 보이는 녹색의 빌리베르딘 등이 있다.

갑각류의 색소는 아스타잔틴인데 신선한 상태에서는 단백질과 지단백이 결합되어 보라색, 회색, 청색 등으로 존재하나, 가열 시 단백질의 변성으로 색소가 노출되면서 산화가 발생해 아스타신으로 변하면서 붉어진다.

갑각류의 색 변화

3) 어패류의 사후 변화

어패류의 사후 변화는 기본적으로 육류의 경우와 차이가 없다. 단지 어류의 경우 포유동물에 비해 저장된 글리코겐의 양이 적으므로 사후경직의 시작과 지속 시간이 짧다.

(1) 사후경직

어패류의 사후경직은 죽은 뒤 1~7시간에 시작되어 5~22시간 지속되며, 이는 어패류의 종류나 사후 직전과 직후의 상태 등에 따라 달라진다. 일반적으로 붉은살생선이 흰살생선에 비해 사후경직이 빨리 시작되며 지속시간도 짧다. 또한 죽기 전에 격렬한 운동을 한 경우 사후경직이 빨리 시작되고 경직의 지속시간도 짧다. 어획 후 바로 냉동하지 않고 실온에 오래 방치하면 사후경직이 빨리 일어난다. 따라서 어패

신선한 어류는?

① 육질이 단단하다.
② 안구가 밖으로 튀어나오고 투명하다.
③ 껍질에 광택이 있다.
④ 아가미가 밝고 진한 붉은색을 띤다.
⑤ 신선한 물고기는 복부를 눌렀을 때 탄력이 있다.

류는 사후강직 지속시간을 연장하는 것이 선도를 유지하는 방법이며, 고기를 잡은 후 바로 동결 처리하면 사후강직 개시시간을 연장할 수 있어 신도를 높일 수 있다.

(2) 자기소화

사후경직이 끝나면 자기소화에 이어 부패가 일어나는데 어육은 육류에 비해 자기소화과정이 빠르게 일어난다. 자기소화가 진행된 어류의 경우 조직이 연해지고 풍미가 떨어져 회로 먹기에는 바람직하지 않으며 열을 가해 조리하여 먹는 것이 좋다.

(3) 부패

자기소화가 끝나면 pH가 중성으로 되어 세균이 번식하기에 적당한 환경이 형성된다. 먼저 TMAO가 세균에 의해 TMA로 환원이 되면서 좋지 못한 비린내가 발생하고, 그밖에 세균 및 효소 등의 작용에 의해 지질의 산화, 암모니아 생성 등으로 비린내와 부패취가 생성된다. 또한 유독성 아민류인 히스타민이 생성되어 섭취 시 알레르기나 식중독을 일으킨다.

4) 어류 조리 시의 변화

(1) 소금에 의한 변화

어육에 2~6%의 소금을 가하면 어육단백질인 액틴과 미오신이 녹아나와 서로 결합하여 망상 구조인 액토미오신을 형성, 탄력성이 증진된다. 그러나 소금량이 15% 이상으로 증가하면 탈수반응이 진행되어 조직의 탄력성이 오히려 감소한다. 이러한 원리를 이용해 만든 식품이 어묵이다.

(2) 식초에 의한 변화

생선에 식초를 넣으면 비린내를 감소시키는 효과가 있고, 또한 단백질을 응고시켜 살을 단단하게 해준다. 또한 식초의 산성으로 인해 미생물에 대한 살균효과도 얻을 수 있다.

(3) 가열에 의한 변화

어육의 근육단백질인 액틴과 미오신, 근장단백질인 미오겐은 열 응고성이 있어 가열에 의해 수축, 응고된다.

결합조직 단백질인 콜라겐의 경우 물과 함께 가열하면 변성되어 수용성인 젤라틴으로 변하여 용출되기도 한다. 생선을 가열하는 경우 껍질이 수축되어 살이 굽어지는 것을 볼 수 있는데, 이는 콜라겐이 수축하기 때문으로 이때 내부의 지질이 용해되어 외부로 녹아나오기도 한다.

또한 프라이팬 등에서 구우면 팬에 달라붙는데 이러한 현상을 열 응착성이라 하고, 이는 미오겐단백질이 가열에 의해 결합이 끊어지면서 생기는 잔기들이 팬의 금속면과 반응을 일으켜 일어나는 현상이다.

5) 어패류의 조리

(1) 전처리

어류의 경우 피부 등에 호기성 및 호염성 세균이 존재하므로 생선을 물로 씻고 비늘과 아가미, 내장을 제거한 후 소금물로 깨끗이 씻는다.

패류는 모래를 토해 내야 하므로 2% 정도의 소금물에서 1~2시간 담가 둔다.

(2) 비린내 제거방법

① 물로 씻기

비린내의 주성분인 TMA는 수용성이라 물에 씻는 것으로도 상당량 제거된다.

② 강한 향신료 사용

파, 마늘 등의 향신료를 이용하여 비린내보다 강한 향으로 비린내를 덜 느끼게 한다.

③ 식초, 레몬즙 사용

TMA는 알칼리 성분이므로 산성을 이용해 중화효과로 비린내를 감소시킨다.

④ 술

술에는 숙신산이 함유되어 있어 어취를 제거하며 더불어 맛도 상승시킨다.

⑤ 된장, 간장, 우유

콜로이드의 흡착효과를 이용하여 생선의 비린내를 감소시킨다.

(3) 조림

민물생선의 경우 바닷물고기에 비해 비린내가 강하기 때문에 양념을 강하게 하여 이취를 약하게 한다. 흰살생선은 육질이 약해 쉽게 부스러지므로 양념장이 끓은 후에 조리하고, 가능한 한 가열시간을 짧게 해야 모양을 유지시킬 수 있다. 붉은살생선의 경우 육질은 단단하나 이취가 있어 양념을 강하게 하고 적당한 가열조리를 한다.

(4) 구이

생선구이는 소금구이와 양념구이로 나눌 수 있다. 소금구이를 하는 생선은 육질 자체의 맛을 즐기기 위한 것이므로 가능한 한 선도가 높은 생선을 선택하는 것이 중요하고, 소금은 생선 무게의 약 2% 정도가 적당하다. 양념구이의 경우 지질 함량이 높은 생선에 적합하며, 고추장 양념인 경우에는 고추장 외에 간장 등의 양념으로 미리 익힌 후 낮은 온도에서 조금씩 발라가며 구워야 타지 않고 생선을 잘 익힐 수 있다.

생선 양념구이

생선을 구우면 팬에 달라붙어요!

생선을 구우면 팬에 달라붙는 경우가 있는데 이는 어육단백질 중 미오겐의 결합이 가열에 의해 끊어지면서 생긴 활성기가 팬의 금속에 달라붙어서 나타나는 현상이다. 약간의 기름칠을 하면 달라붙는 현상이 덜 일어난다.

(5) 회

생선회

생선회는 생선의 활어를 손질하여 납작하게 썰어 초고추장, 간장, 고추냉이(와사비) 등과 곁들여 생식한다. 도미, 광어, 전어 등 흰살생선이 주로 이용되며 생선은 계절별로 제철의 것을 선택해야 근육에 탄력이 있고 지질이 풍부하게 있어 맛이 좋다.

생선회는 가열하지 않고 먹으므로 반드시 신선한 것을 사용해야 하며, 위생에도 각별한 주의를 기울여야 한다. 회를 먹을 때 레몬즙을 곁들이는 경우가 있는데 이는 생선살의 등전점에 이르면 살이 단단해져 식감이 좋아지기 때문이다.

6) 어패류의 가공

어패류를 이용한 가공제품은 연제품, 건제품, 훈연제품, 염장제품, 통조림 등으로 나눌 수 있다.

연제품은 어류의 단백질을 염을 이용해 추출한 후 가열시킨 제품으로 어묵, 생선 소시지 등이 있다. 건제품은 그대로 말린 소건품인 마른 오징어, 쪄서 말린 마른 멸치, 소금을 가한 후 말리는 굴비, 얼렸다 녹이며 말리는 동건품인 황태 등이 있다.

훈제품은 어패류를 훈연시켜 제조하는 가공방법으로 대표적인 것에 연어 훈제품이 있다.

염장제품은 대표적으로 젓갈이 있으며, 소금을 적용하는 방법에 따라 소금을 그대로 가하는 건염제품과 소금물을 이용하는 습염제품으로 나뉜다.

통조림은 탈기, 밀봉, 살균, 냉각의 공정을 거쳐 제조하며, 수산통조림의 경우 내용물에 따라 물담금 통조림, 기름담금 통조림, 조미 통조림 등이 있다.

CHAPTER

12

버섯류와 해조류

1. 버섯류
2. 해조류

1. 버섯류

버섯류는 식물이나 동물이 아닌 미생물로, 주로 식물에 기생하여 자라며 영양소가 풍부하고 독특한 향과 맛은 음식의 풍미를 높여주며 고유의 텍스처가 있어 씹는 기쁨을 느끼게 한다. 그 외에도 다양한 항산화성분은 항암효과를 내며 생리활성기능이 뛰어나 현대인들이 찾아먹는 식품이 되었다.

1) 버섯의 특징과 종류

(1) 버섯의 특징

버섯은 균류 중에서 영양기관인 균사체, 번식기관인 자실체를 가진 것으로 대부분 크게 갓, 턱받이, 대, 대주머니로 구성되어 있다. 갓은 우산 모양이며 이것을 받들고 있는 자루(대)가 있고, 갓 밑면에 주름이 형성되어 있다 그림 12-1. 버섯은 맛, 향과 질감 등이 좋아 조리 시 그 특징들을 잘 살려 조리해야 하는데 향을 즐기려면 구이를, 맛이나 질감을 즐기려면 전골, 찌개, 국, 덮밥, 튀김, 볶음 등으로 조리한다.

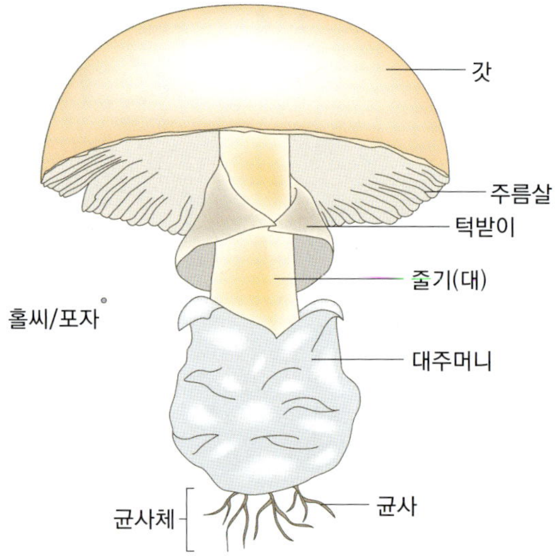

그림 12-1 **버섯의 구조**

(2) 버섯의 종류

버섯의 종류는 서식장소에 따라 천연버섯과 재배버섯이 있고, 용도에 따라 식용버섯과 약용버섯으로 나눈다. 자연에서 자라는 천연버섯으로 송이버섯, 석이버섯, 표고버섯, 느타리버섯, 송로버섯, 서양송로버섯 등이 있고, 식용 목적으로 재배하는 재배버섯에는 표고버섯, 양송이버섯, 느타리버섯, 팽이버섯, 새송이버섯, 목이버섯 등이 있는데 재배버섯은 천연의 것보다 향이 약하지만 나름대로 맛이 좋고 연중 재배가 가능하다.

식용으로 사용되는 버섯과 약용으로 사용되는 버섯은 표12-1 에 분류하였다.

표 12-1 **버섯의 종류**

구분	종류
식용버섯	느타리버섯, 표고버섯, 송이버섯, 양송이버섯, 팽이버섯, 목이버섯, 싸리버섯, 능이버섯, 만가닥버섯, 노루궁뎅이버섯, 버들볏집버섯, 잎새버섯, 달걀버섯, 개암버섯, 기와버섯, 독청버섯아재비, 망태버섯, 먹물버섯, 벚꽃버섯, 큰갓버섯 등
약용버섯	영지버섯, 상황버섯, 아가리쿠스, 동충하초, 장수버섯, 천마버섯, 구름버섯 등
독버섯	갈색고리버섯, 개나리광대버섯, 노란다발버섯, 담갈색송이, 독우산광대버섯, 두엄먹물버섯, 마귀광대버섯, 배불뚝이광대버섯, 붉은싸리버섯, 삿갓외대버섯, 어리알버섯, 화경버섯 등

2) 버섯의 성분

버섯은 식품적 가치가 큰 식품으로 특유의 향과 감칠맛, 풍부한 식이섬유, 독특한 질감을 가지고 있어 어떤 식재료에서도 얻을 수 없는 특징이 있으며, 그 외에도 비타민 D의 공급원으로 중요하고 저칼로리식품이며 다양한 항산화물질을 가지고 있는 식품이다.

(1) 영양성분

수분은 버섯의 종류에 따라 다른데 보통 90%정도 함유하며, 단백질은 0.5~4.5%, 지질은 0.08~0.9%, 식이섬유는 2~7%, 소량의 비타민 B_1, B_2을 가지나 니아신의 함량이 높은 편이다. 무기질은 칼륨이 많은 편이다 표 12-2.

표 12-2 버섯의 일반성분 (가식부 100g 기준)

	에너지 (kcal)	수분 (g)	단백질 (g)	지질 (g)	총당류 (g)	총식이섬유(g)	회분 (g)	무기질(mg)				비타민(mg)				
								칼슘	철	나트륨	칼륨	A(μg)	B_1	B_2	니아신	C
느타리	18	90.5	2.68	0.08	0.67	3.8	0.74	0	0.66	1	2.91	0	0.15	0.196	5.454	0.63
목이	11	94.3	0.58	0.08	0.03	3.2	0.18	50	0.15	7	37	0	0.042	0.06	0.357	0
송이	21	89	2.05	0.15	0.31	4.6	0.68	1	1.85	1	317	0	0.016	0.042	3.758	1.18
석이, 말린것	165	12.9	11.75	0.96	0.33	60.9	5.92	47	54.6	6	403	1185 (β-카로틴)	0	0.284	2.27	0
싸리	20	90.1	2.8	0.6	·	·	0.8	41	6.2	·	·	0	0.09	0.43	46.3	3
새송이 (큰느타리)	21	89	3.09	0.16	0	2.9	0.7	2	0.38	6	314	0	0.038	0.26	4.66	0
양송이	15	91.7	3.56	0.19	1.34	1.6	0.84	2	0.88	6	392	0	0.057	0.423	4.551	0
팽이	20	89.2	2.2	0.22	1.01	3.6	0.84	2	1.03	2	353	0	0.075	0.184	1.204	0
표고	18	90.8	2.0	0.3	−	−	0.8	6	0.6	5	180	0	0.08	0.23	4.0	tr

출처 : 농촌진흥청 국립농업과학원, 2016

(2) 색소성분

버섯의 색소는 안스라퀴논anthraquinone계의 폴리페놀 화합물을 가지고 있는데 이것은 공기 중에 산소와 반응하면 산화효소에의해 갈변한다.

(3) 향

버섯의 향기성분은 버섯의 종류에 따라 다른데 송이버섯에는 마츠타케올matsutakeol이 함유되어 있고, 렌티오닌lentionin은 건표고버섯을 물에 불리면 나타나는 특유의 향으로 생표고버섯에서는 렌티오닌의 전구물질이 함유되어 있으나, 가열하면 렌티오닌으로 전환된다.

렌티오닌
S-S-CH_2-S
-S-S-CH_2

(4) 감칠맛

버섯의 감칠맛은 핵산, 유리아미노산, 당류, 알코올류, 유기산 등이 관여한다. 핵산으로는 5′-GMP가 존재하는데 그림 12-2, 이것은 가열해야 생성되며 비가열 시에는 미량 존재한다. 유리아미노산으로는 글루탐산이 주된 감칠맛 성분이며 아스파라긴

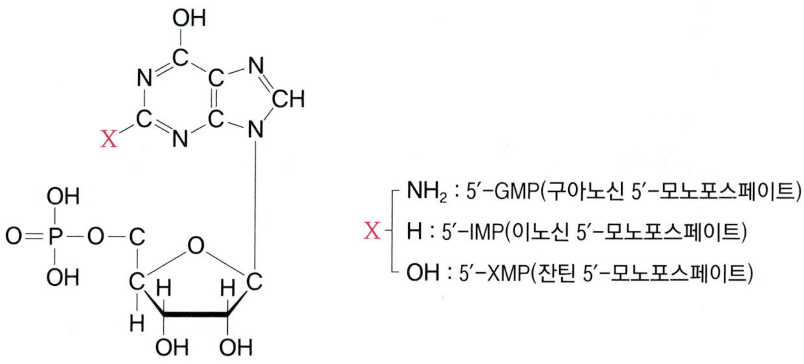

그림 12-2 **5′-GMP의 구조**

산, 트레오닌, 세린, 류신, 알라닌 등도 존재한다. 그 외에도 트레할로스, 글리세롤, 만니톨, 사과산과 숙신산 등이 함유되어 이들 성분의 조화로 지미를 나타낸다.

참고로 지미를 나타내는 다른 식품과 표고버섯의 핵산 함량을 비교하여 나타내었다 표 12-3.

표 12-3 **식품의 뉴클레오타이드 함량**

종류	5′-IMP	5′-GMP	종류	5′-IMP	5′-GMP
마른 표고버섯	-	95.0	생선	200	-
가다랑어	362	-	돼지고기	123	2.5
마른 멸치	334	-	쇠고기	107	2.1
고래고기	214	3.5	새고기	75	1.4

출처 : 이경애 외, 2014

(5) 기능성분

버섯의 기능성 물질로는 렌티난lentinan 그림 12-3 이라는 베타글루칸 성분이 있으며 주로 표고버섯에 함유되어 있어 면역기능을 강화하는 의약품, 에이즈바이러스HIV 증식 억제에도 사용된다.

그 외에 표고버섯에 함유된 에리타데닌eritadenine은 혈중 콜레스테롤 농도 조절에 관여하는 것으로 알려져 있다. 표고버섯에는 인플루엔자 바이러스 증식을 억제하는

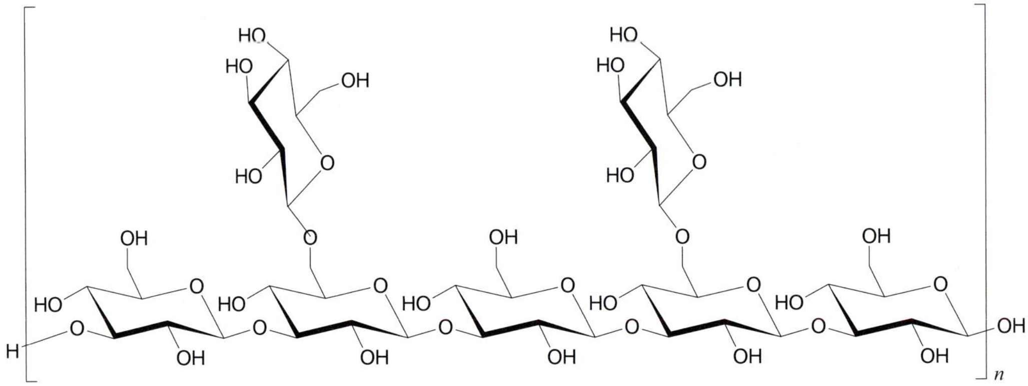

그림 12-3 **렌티난의 구조**

리보핵산도 함유하고 있다. 다양한 버섯의 생리활성기능과 그 주요 성분은 표 12-4에 표시하였다.

표 12-4 **버섯의 생리활성기능**

약효	버섯명	주요성분
항종양작용	양송이, 버들송이, 목이, 저령, 팽이, 말굽, 구름, 소나무잔나비, 잔나비걸상, 잎새, 노루궁뎅이, 느티만가닥, 풀버섯, 차가, 표고, 덕나무, 조개껍질, 자작나무, 느타리, 산느타리, 치마, 흰목이, 영지, 신령, 목질진흙버섯	베타글루칸, 헤테로글루칸, RNA복합체
면역 증강(조절)작용	양송이, 저령, 팽이, 잔나비걸상, 영지, 잎새, 노루궁뎅이, 차가, 표고, 치마, 흰목이버섯, 상황, 동충하초	다당류, 베타글루칸, 헤테로글루칸
항균, 항세균, 항기 생물작용	말굽, 소나무, 잔나비, 영지, 잔나비걸상, 표고, 느타리, 치마, 구름, 풀버섯, 잎새, 구름버섯, 덕다리, 끈적긴뿌리버섯, 버들송이, 뽕나무버섯, 팽이, 잎새, 자작나무버섯, 산느타리버섯	코리올린, 글리폴린, 일루딘
항에이즈바이러스작용	팽이, 영지, 잎새, 느타리, 구름, 풀, 표고, 잔나비걸상버섯	베타글루칸, 단백질
강심작용	풀버섯, 팽이버섯	볼바토톡신, 풀라마톡신
콜레스테롤 저하작용	표고, 비늘, 버들송이, 산느타리버섯	에리타데닌, 스티그마스테롤
혈당 강하작용	영지, 잎새, 표고, 흰목이버섯	가노데란, 펩티도글라이칸
혈압 강하(조절)작용	영지, 잎새, 신령, 꽃송이, 차가, 망태, 장수, 뽕버섯, 목이, 표고, 황금목이, 왕송이, 비늘버섯	당단백질, 펩타이드, 가노데릭산
항혈전작용	표고, 영지, 잎새, 양송이, 신령, 비늘, 차가버섯	렌티난, 5'-AMP, 5'-GMP
간기능 개선작용	구름, 영지버섯	베타글루칸, 헤테로글라이칸

(계속)

약효	버섯명	주요성분
항염증	팽이, 영지, 차가, 표고, 연잎낙엽, 치마, 흰목이버섯	
심장혈관 장애 방지	뽕나무, 목이, 영지, 조개껍질, 느타리버섯	
혈소판 응집 억제작용	차가, 신령, 장수, 잎새, 비늘, 꽃송이버섯	펩타이드
혈관 신생(암전이) 억제작용	차가, 비늘, 잎새, 장수버섯	
강신장	양송이, 저령, 영지, 표고, 구름버섯	
간장 독성 보호	저령, 소나무잔나비, 영지, 잎새, 차가, 표고, 치마, 구름, 흰목이버섯	

출처 : 농촌진흥청 국립원예특작과학원 생활원예 버섯 부문(http://www.nihhs.go.kr/usr/persnal/Product_view.do)

(6) 기타

버섯에는 아밀레이스와 프로테이스 같은 효소가 많아 쉽게 변질되어 저장성이 낮다.

3) 버섯별 조리과학적 특징

(1) 표고버섯

표고버섯

표고버섯oak mushroom은 비타민 특히 에르고스테롤(프로비타민 D)를 많이 함유하며 비타민 B_1, 비타민 B_2도 풍부하다. 지미성분으로 글루탐산과 5′-GMP가 있으며 방향성분은 유황을 가진 화합물인 렌티오닌이 있다. 다른 버섯에 비해 단백질과 식이섬유가 많은 편이며 칼륨이 382mg% 정도로 비교적 많다.

포스페테이스라는 효소가 존재하는데 이 효소의 작용으로 인산기가 제거되면 지미가 생성되지 않으므로 버섯 가공 시 가열하여 효소를 불활성화시켜야 감칠맛이 좋은 상태의 표고버섯이 된다.

생표고버섯은 향은 약하지만 질감이 우수하여 구이, 볶음, 찌개, 나물, 전, 튀김, 찜 등에 사용한다.

건표고버섯은 건조과정에서 구아닐산을 생성하는 효소와 렌티오닌을 생성하는 효소가 작용하여 감칠맛이 증가하고 생표고버섯과는 다른 특유의 향기를 지니게 된다. 맛국물을 낼 때 사용하면 최고의 감칠맛 재료가 된다.

건표고버섯을 불릴때는 찬물보다 미지근한 설탕물에 불리면 시간이 절약되며 장

백화고

흑화고

표 12-5 표고버섯의 품종

등급	품종	특성
특상품	백화고	버섯 고유의 모양을 갖추고 갓이 피지 않으며 갓이 연갈색 바탕에 거북이 등처럼 갈라진 사이로 흰살이 많음. 맛과 향이 최고임
특품	흑화고	백화고처럼 갓이 피지 않고 갓 표면 흰색의 갈라짐이 보이고 바탕은 흑갈색
1등품	동고	여름에 습기를 흡수하여 자라서 색이 짙은 흑갈색이며, 갓은 피지 않고 두꺼운 것이 좋음
2등품	향고	기온이 높고 습한 곳에서 자라 갓이 약간 피어 있고 얇으며 갈색. 동고보다 조금 더 큼
3등품	향신	향고가 좀더 자란 것으로 여름의 습한 곳에서 수확함. 갓이 많이 피어 모양이 넓고 크며 두께가 얇고 갈색이 바랜 상태
4등품	등외	갓이 만개하여 일정한 모양이 없고 두께 얇음

시간 불릴 경우 맛성분이 국물에 많이 용출되므로 주의하여야 한다. 표고버섯은 다양한 등급의 상품이 있다 표 12-5.

표고버섯은 갓이 갈색으로 변하거나 쭈글거리지 않아야 하고 탄력이 있고 끝이 피지 않고 오므라든 것이 좋으며 탄력이 있고 두께가 두툼한 것을 택해야 한다. 조리 시 갓을 사용하고 대는 질긴 식감 때문에 사용하지 않는 경우가 많은데, 대는 장조림을 하거나 채수 또는 잘게 찢어 볶음요리에 사용하면 된다.

(2) 송이버섯

송이버섯

송이버섯pine mushroom은 살아 있는 소나무 뿌리에서 기생하는 버섯으로 인공재배가 힘들어 귀하고 가격이 비싸다. 감칠맛은 글루탐산, 아스파르트산, 5′-GMP 등이며, 향기성분은 메틸 시나메이트, 메틸 에스터, 마추타케올 등이 혼합된 것으로 1-octen-3-ol, 황화합물도 존재한다.

프로비타민 D의 전구체인 에르고스테롤ergosterol이 풍부하며, 비타민과 무기질은 가식부 100g 중 비타민 D 140IU, 비타민 C 1.18mg, 니아신 3.76mg 함유되어 있다. 송이버섯은 향기가 진하고 색깔이 선명하며 갓의 피막이 터지지 않으며, 대와 갓의 지름 차이가 크지 않고 대길이가 5~9cm 정도로 자루가 굵고 짧으면서 살이 두꺼우며 탄력성이 있고 단단하며 상처가 없는 것을 선택하는 것이 좋다. 9월 초순~10월 중순 채취하여 먹는 가을의 별미재료이다.

고유의 향이 살아나도록 양념을 강하지 않게, 살짝 가열하여 향이 날아가기 전에 섭취하는 것이 좋고 담백한 요리에 적합하며 구이, 수프, 솥밥, 전골 등에 쓰인다.

(3) 양송이버섯

양송이버섯mushroom은 세계적으로 가장 많이 재배되고 있는 버섯으로 송이버섯에 비해 갓이 부드럽고 자루가 짧으며 색은 백색, 크림색이다.

양송이버섯

양송이버섯은 다른 버섯에 비해 단백질 함량이 많은 편이며 식이섬유는 적은 편이다. 감칠맛은 글루탐산 성분이며, 유리아미노산인 아르기닌, 히스티딘, 이소류신, 리신, 페닐알라닌, 프롤린 및 티로신이 있다. 비타민 B_1, B_2, 니아신, 에르고스테롤 등이 함유되어 있으며 티로시네이스(폴리페놀산화효소)의 작용으로 채취한 후 방치하거나 껍질을 제거한 후 방치하면 갈변반응이 일어나 암갈색화된다. 샐러드 등에 생으로 사용할 때 갈변을 막으려면 레몬즙을 조금 뿌려 효소의 산화작용을 방지하면 갈변화를 막을 수 있다. 아밀레이스, 말테이스, 프로테이스 등의 소화효소가 풍부하여 다른 음식물의 영양성분을 분해하는 효과가 있다. 양송이버섯은 생장단계에 따라 표 12-6과 같이 구분하는데 주로 버튼일 때 수확한다.

양송이버섯은 육질이 단단하고 탄력이 있으며, 색이 선명하고 갓과 대의 막이 온전한 것을 선택한다.

독특한 풍미가 있어 수프, 샐러드, 버터볶음 등 양념요리에 이용되며 고기요리에 쓰인다.

표 12-6 양송이버섯의 생장단계에 따른 분류

등급	특성
핀헨드(pinhead)	버섯 발생 초기의 형태로 갓과 대가 구분되지 않음
버튼(button)	각과 대의 구분이 뚜렷해지고 갓이 피기 전이며, 포자가 형성되지 않아 주름살이 담홍색을 띤 단계
컵(cup)	각과 대의 부분이 분리되거나 갓이 반쯤 피어 있는 상태로 갓의 가장자리는 아래를 향함
플렛(flat)	버섯의 갓이 활짝 피어 갓과 대가 T자 모양 또는 갓이 위로 구부러진 모양으로 주름살은 갈색 내지 암갈색을 띰

출처 : 조경련 외, 2013

(4) 목이버섯

목이버섯

목이버섯Jew's ear은 갓모양이 사람의 귀를 닮아 붙여진 이름이다. 우리가 주로 볼 수 있는 것은 검은색이나 흰색, 회색도 있다. 다른 식용버섯에 비하여 식이섬유는 보통이며 조단백질, 만니트 등이 적게 함유되어 있어 맛은 산뜻하다. 무기질 중 칼슘이 풍부하게 함유되어 있다.

수프나 볶음 등 각종 중화요리에 많이 이용하고 한방 약재로서 치질이나 이질에 효과적이며, 생산지에서는 생것으로 식용하고 일반적으로 건조품상태로 유통된다. 건조품은 물에 불려 사용하며, 약 5배가량 부피가 증가한다. 촉각적인 즐거움(부드러우면서도 독특한 질감)에 시각적인 즐거움(검은 색깔)이 있으며 잡채, 무침, 볶음, 수프 등에 많이 사용한다.

백목이버섯은 중국에서 주로 이용하며 품질이 우수하여 중국에서는 불로장수의 식품으로 여기고 위와 폐를 튼튼하게 하는 효능이 있는 것으로 알려져 있다.

(5) 느타리버섯

느타리버섯

느타리버섯oyster mushroom은 참나무, 오리나무 등의 뿌리에서 자라나 볏짚 재배도 가능하고 우리나라에서는 원목 재배방법으로 재배되기 시작하여 자동화 병재배 시설이 보급되면서 많이 재배되고 소비되는 버섯이다. 육질이 연하고 단백질과 당질, 식이섬유가 많으며 비타민 C도 풍부하다. 에르고스테롤이 많아 고혈압, 동맥경화 예방에 효과적이다. 특유의 향기는 메티오닌이며 맛이나 향은 약한 편이나 고기같은 식감 때문에 전골이나 찌개, 나물로 많이 이용한다. 국, 버섯밥, 소금구이, 기름구이, 수프, 반찬 등으로도 많이 이용되고 있다. 느타리버섯은 조직이 단단하고 갓이 두툼하여 윤기가 있고 색이 짙은 것을 선택한다.

(6) 팽이버섯

팽이버섯

팽이버섯winter mushroom은 송이과의 버섯으로 팽나무, 느티나무, 감나무 등에서 야생하지만 톱밥과 비료로 인공재배하고 있다.

갓은 2~10cm, 처음은 반구형에서 성장하면서 편형으로 된다. 색은 흰색이나 크림색으로 콩나물 같이 길다. 희미한 황갈색으로 습기가 차면 점성이 생긴다.

팽이버섯에는 식이섬유와 회분이 많으며 단백질, 당질, 칼슘, 인, 철, 칼륨도 함유하고 있다. 생리활성기능도 뛰어난데 강력한 항암작용과 치매환자에게 도움이 되며 식이섬유가 많고 위궤양, 고혈압 방지 등의 효과가 있다. 단 향기가 나며, 씹는 느낌이 좋으므로 물에 살짝 씻어 날것 그대로 사용하거나 버터구이, 찌개, 튀김 등에 이용하면 된다. 오래 가열하면 질겨지므로 조리할 때는 마지막에 넣어 조리하여야 한다. 병조림, 통조림으로 가공한 장기 보존품도 많다.

팽이는 구입한 상태의 비닐 포장에서 포장 구분선을 기준으로 잘라 균사체를 제거한 후 조리한다. 균사체는 쿰쿰한 향과 산미가 있어 좋지 않으므로 제거하는 것이 좋다. 또 가열 시 식감이 쉽게 물러지므로 가열 후 잔열로 익히면 꼬들한 식감을 느낄 수 있다. 팽이버섯은 갓의 미끈거림이 적고 대가 온전하며 밑동이 치밀하게 붙어 있는 것을 선택한다.

(7) 석이버섯

대개 버섯은 썩은 나무나 섬유질이 많이 있는 땅에서 나지만, 석이버섯*Iwataka manna lichen*은 색다르게 깊은 산의 바위 위에서 나는 지의류의 하나이다. 이름의 유래도 이것 때문이다.

석이버섯

지의류
자낭균의 균사가 녹초 식물을 둘러싼 균류와 조류와의 공생체

형태는 여러 가지 잎과 같은 것, 껍질 같은 것, 나무와 같은 것이 있다. 나무, 바위, 기와, 지면 등에 발생하며 건조와 추위에 잘 견디는 특징이 있다.

석이버섯 건조품의 일반성분은 수분 12.9%, 단백질 11.75%, 지방 0.96%, 식이섬유 60.9%, 무기질 5.92%이다. 무기질 중에서 철이 비교적 많고 프로비타민 D_2인 에르고스테롤이 존재한다. 탄수화물은 트레할로스trehalose, 만니트mannit 등이 있어 버섯 특유의 맛을 낸다. 지로포르산gyrophoric acid이 있어 한방에서 지혈제로 사용한다.

석이버섯은 검은색이 진하고 크고 두꺼운 것이 좋다. 조리를 위해서는 미지근한 물에 불렸다가 까만 물이 나오지 않을 때까지 손으로 비비며 흐르는 물에 씻어 안쪽의 껍질을 벗겨 사용하고 볶을 때 참기름을 소량 사용하여 저온에서 볶는다.

음식의 색을 검게 하고 싶을 때는 가루로 사용하고, 검은색 고명으로 음식에 장식 효과를 내는데 많이 이용한다.

(8) 새송이버섯

새송이버섯

새송이버섯King oyster mushroom은 가격이 비싸고 귀한 송이버섯을 대용하여 재배된 것으로 육질이 뛰어나고 맛도 좋은 편이다. 다른 버섯보다 수분함량이 낮아 저장기간과 유통기한이 길다.

단백질의 함량도 많은 편이며 니아신도 풍부한 편이다.

새송이버섯은 갓모양이 고르고 두툼하며 갓주름이 촘촘하고 형태가 고른 것을 택하고, 버섯에 갈색점이나 미끈거림이 없고 대의 색이 맑고 탄력이 있는 것을 선택하는 것이 좋다.

주로 전골, 찌개, 버터구이, 전 등에 이용한다.

(9) 송로버섯(알버섯)

주로 봄과 가을에 모래땅의 소나무숲, 해변의 땅속에 나는 식용버섯으로 트러플과는 다른 것이다. 북반구에 널리 분포하는데 맛있고 향기로우며 고구마와 같이 길쭉하거나 감자알 같이 둥글게 생겼고 표면은 매끄럽고 백색이다. 땅 위로 파내면 황갈색에서 적갈색으로 변하며 속살 또한 처음에는 백색이지만 점차 황색에서 암갈색으로 변한다.

(10) 서양송로버섯

서양송로버섯

서양송로버섯truffle은 송로버섯과는 전혀 다른 버섯으로 우리나라에서는 아직 발견되지 않고 있다. 식이섬유와 비타민 B_2, 니아신이 풍부하다.

트러플은 도토리 크기의 작은 것부터 주먹만 한 감자 크기까지 다양한 크기가 있으며, 돼지나 훈련된 개의 후각을 이용해서 찾으므로 재료가 귀하고 인공재배가 불가능해서 가격은 비싸다.

트러플은 갓이 깨끗하고 줄기가 단단한 것이 좋다. 흑색과 흰색이 있는데 프랑스의 흑송로, 이탈리아의 백송로는 고급요리에 사용되며, 음식 속의 다이아몬드라 불린다. 흙 냄새, 계피, 건초 냄새가 있어 다른 재료와 섞이면 재료의 맛을 감소시키므로 소량 이용한다.

강한 열을 사용하지 않는 조리법으로 조리하여야 하고 쉽게 상하기 때문에 병조림, 통조림 제조품으로 시판되고 있다.

서양송로버섯은 캐비어, 푸와그라와 함께 세계 3대 진미에 속하는 것으로 향기가 짙고 풍미가 강해 고가의 버섯으로 알려져 있다.

2. 해조류

1) 해조류의 특징과 분류

조류algae, 藻類란 하등 민꽃식물의 통칭으로 대부분 물속이나 수분이 많은 곳에서 자라며, 엽록소로 동화작용을 하여 스스로 살아간다. 해조류는 바다에 분포하는 조류로 클로로필chlorophyll을 가지고 독립영양생활을 하는 바다식물을 총칭한다. 바다 깊이에 따라 녹조류, 갈조류, 홍조류 순으로 수직 분포하며, 표 12-7과 같은 종류가 있다. 약 400여 종이 있으나 식용으로 이용 가능한 것은 50여 종으로 알려져 있다.

표 12-7 **해조류의 분류**

분류	종류	함유 색소
녹조류(green algae)	파래, 클로렐라, 청각	• 클로로필 풍부 • 소량의 카로틴, 잔토필 등의 카로티노이드 함유
갈조류(brown algae)	미역, 다시마, 톳, 모자반	• 카로티노이드 색소인 카로틴과 푸코잔틴(ducoxanthin) 다량 함유 • 소량의 클로로필 함유
홍조류(red algae)	김, 우뭇가사리	• 홍색의 피코에리스린(phycoerythrin)이 풍부하며, 가열하면 피코시아닌(phycocyanin)으로 변함 • 소량의 카로티노이드 함유

해조류의 식품적 가치는 탄수화물인 난소화성 점질 다당류를 많이 포함하여 정장작용을 하며, 소화율이 낮아 다이어트식으로 좋다. 비타민과 무기질의 급원으로 독특한 맛과 향기가 있어 다른 식재료에서 얻을 수 없는 즐거움을 제공한다. 또한 생것이나 건조한 것을 별다른 저장기술 없이 저장하며 먹을 수 있고, 종류나 색깔이 다양하여 장식용으로 좋으며, 해조류로부터 추출한 추출물은 한천으로 만든 양갱, 알긴산 공업, 가축사료처럼 다양하게 가공품의 재료로 이용되고 있다.

해조류는 당질과 식이섬유 형태로 탄수화물을 25~60% 함유하고 있으며, 이외에도 단백질과 무기질이 있고 지질과 비타민도 소량 함유되어 있다. 녹조류는 불용성 식이섬유, 갈조류는 알긴산·푸코이딘, 홍조류는 갈락탄을 많이 함유하고 있으며, 만니톨·솔비톨 등의 당알코올도 있다. 해조류에는 비타민 A가 많고, 비타민 B군과 C, 니아신, 판토텐산 등의 비타민과 요오드, 칼륨, 구리, 아연 등의 무기질을 다량 함유하고 있다 표 12-8.

표 12-8 해조류의 영양성분 (가식부 100g 기준)

	에너지 (kcal)	수분 (g)	단백질 (g)	지질 (g)	총식이섬유(g)	무기질(mg)				비타민(mg)				
						칼슘	인	철	칼륨	β-카로틴	B_1	B_2	니아신	C
참김, 말린것	163	10.4	41.8	1.5	.	265	690	15.3	2773	11690	0.65	1.13	9.8	16
미역, 말린것	126	16	20.0	2.9	-	959	307	9.1	5500	3330	0.26	1.00	4.5	18
다시마, 말린것	110	12.3	7.4	1.1	.	708	186	6.3	7500	576	0.22	0.45	4.5	18
파래. 생것	11	93.8	2.18	0.15	2.1	55	38	4.1	131	.	0.29	0.14	.	36
톳, 생것	14	88.1	1.9	0.4	0	157	32	3.9	.	378	0.01	0.07	1.9	4
모자반, 생것	15	86.2	1.8	0.2	0	209	61	2.1	.	.	.	.	.	.
우뭇가사리, 생것	46	70.3	4.2	0.2	0	183	47	3.9	.	2160	0.04	0.43	1.1	15
청각, 생것	8	92.1	1.4	0.4	0	37	12	2.5	.	270	0.01	0.05	1.4	9
클로렐라, 말린것	174	10.3	45.3	7.2	-	117	1536	73.4	-	.	.	.	.	.

출처 : 농촌진흥청 국립농업과학원, 2016

2) 해조류의 종류

(1) 녹조류

파래, 클로렐라, 청각, 매생이 등의 녹조류는 클로로필을 함유한 것으로 해수면의 가장 가까운 곳에서 서식하고 있다.

파래

① 파래

파래는 디메틸설파이드에 의해 특유의 향을 가지며 철, 칼륨이 많고 해조류 중 특히 비타민 C가 많다. 물파래는 초무침을 해먹고, 건파래는 간장과 고춧가루를 넣어 무침요리를 한다.

파래의 영양성분은 파래 100g당 단백질 2.1g, 식이섬유 2.1g, 철 4.1 mg, 칼슘 55mg 등을 함유하고 있다. 파래류의 향기는 디메틸설파이드를 함유하고 있기 때문으로 알려져 있다.

② 클로렐라

클로렐라chlorella는 민물에 자라는 녹조류綠藻類에 속하는 단세포 생물로서 플랑크톤의 일종으로 단백질, 엽록소, 비타민, 무기질, 아미노산 등 각종 영양소가 풍부하다.

단백질 45.3 g, 지질 7.2g, 탄수화물 25.7g%, 칼슘 117mg, 철 73.4mg을 함유하며, 특수성분으로 AMP, GMP 등의 뉴클레오타이드를 함유하는데 식용재료뿐 아니라 사료용, 의약용 등으로 이용 범위가 넓은 식품이다.

③ 청각

단위무게당 에너지 함량이 낮은 해조류로 8kcal를 가지고 있다. 칼슘 37mg, 철 2.5mg을 가지고 있다. 배추로 김장김치를 담글 때 청각을 다져 넣으면 김치가 시원한 맛을 주기 때문에 많이 사용하고 있다. 청각은 냉국, 김치와 물김치에 넣어 시원하게 먹거나 샐러드로 이용한다.

청각

(2) 갈조류

미역, 다시마, 톳, 모자반 등의 갈조류는 클로로필, 카로티노이드, 푸코잔틴 등의 색소가 함유되어 있다. 갈조류에 속하며 세포막에 알긴산을 다량 함유한 알칼리성 식품이다. 갈조류의 독특한 향미는 테르펜terpene계 물질에 의한 것이다. 대부분의 갈조류는 생것일 때 갈색을 띠지만 가열하면 녹색으로 변하여 색의 변화로 가열 여부를 알 수 있다.

① 미역

건조미역의 영양성분은 100g당 단백질 20g, 칼슘 959mg, 철 9.1mg을 함유하고 있다. 미역은 β-카로틴이 3,330μg 들어 있어 비타민 A가 풍부하며, 요오드, 철을 상당량 함유하여 임산부의 산후조리에 도움이 된다고 알려져 있다. 리신의 유도체인 라미닌은 혈압을 낮추고 혈액 속의 콜레스테롤을 저하시키는 효과가 있으며, 미역의 점질물질인 알긴산은 유해금속 제거에 유효하며 정장작용, 변비 예방에 효과가 있다. 생미역은 무침, 냉채. 샐러드, 튀각, 냉국, 된장찌개의 원료로 쓰이며, 마른 미역이나 염장 미역은 물에 다시 불려서 이용한다. 우리가 흔히 사용하는 건조미역은 생미역을 그대로 말린 건미역과 생미역을 데친 후 말린 실미역이 있다 표 12-9. 장곽미역이란 길이가 길고 폭이 넓은 미역을 말한다.

건미역

실미역

장곽미역

표 12-9 **자연산 건미역과 실미역**

자연산 건미역	실미역
바다에서 채취한 다음 데치는 과정 없이 태양 건조만 하므로 다소 누런 색깔이 나지만, 잎보다는 줄기와 생식기(미역귀)에 의해 약간 질긴 맛이 느껴짐. 오래 끓여도 풀어지지 않고 끓일수록 줄기와 미역귀의 영양성분과 맛성분이 용출되어 깊은 맛을 냄	바다에서 채취한 다음 끓는 물에 살짝 데친 후, 잎사귀만 염장하여 냉동 보관했다가 물에 씻어서 건조시킨 것으로 조리 시 물에 담그면 녹색을 띰

다시마

② 다시마

건조다시마의 성분은 100g당 단백질 7.4g, 지방 1.1g 칼슘 708mg, 철 6.3mg, 인 186mg, β-카로틴 576μg 등을 함유하며 특히 칼륨, 요오드, 그 밖의 알칼리성 무기질이 많다. 알긴산을 많이 함유하고 있으며, 먹으면 혈중 콜레스테롤과 혈압 강하작용을 하고 식이섬유로서의 가치도 높다.

맛의 주성분은 MSG로 420mg%를 함유하고 건조다시마의 표면에 있는 흰 분말인 만니톨은 설탕의 60% 단맛을 낸다. 또한 글루탐산의 감칠맛으로 인해 조리 시 국물을 내는데 주로 사용한다. 쌈이나 튀각, 부각, 조림, 차 등으로 이용한다.

알긴산이란?

갈조류에 존재하며 당유도체인 만뉴론산과 글루쿠론산으로 구성된 끈적끈적한 점질다당류. 사람의 소화효소로는 분해되지 않기 때문에 영양성분으로는 되지 않지만 식물섬유로서의 작용가능. 증점안정제와 유화제로 이용 가능하여 아이스크림, 과자, 국수, 냉동식품 등에 쓰임

③ 톳

톳은 칼슘과 β-카로틴이 많은 편이며 혈관경화를 막아 주고, 상용으로 먹으면 치아가 건강해지며 머리털이 윤택해지고, 임신부인 경우에는 태아의 뼈를 튼튼하게 하는 것으로 알려져 있다. 섬유질을 포함하고 있어 변비에도 좋으며, 점액질의 물질이 창자의 소화운동을 높여 준다.

톳

우리나라에서는 주문진 이남에서 서해안 장산곶까지 생육하고 남해안과 제주에서 잘 자란다. 밥을 할 때 쌀과 같이 넣어 톳밥을 해먹거나 무침, 샐러드, 냉국 등으로 요리한다. 봄에서 초여름이 가장 연하고 맛이 좋다.

(3) 홍조류

김과 우뭇가사리 등의 홍조류는 피코에리트린(붉은색), 피코시아닌(청색), 클로로필(녹색), 카로티노이드(노란색) 등의 색소를 함유하여 적색을 나타내는 조류이다.

① 김

김은 비타민 A(β-카로틴 11690μg), 비타민 B_2가 풍부하며, 특히 생김은 비타민 C를 다량 함유하고 있다. 마그네슘, 인, 아연, 철도 비교적 풍부한 알칼리성 식품이며 다이메틸설파이드라는 방향성 물질을 포함하여 맛과 향이 좋은 식품이다. 한천이 많이 들어 있고 셀룰로스, 솔비톨, 둘시톨 등도 들어 있다. 단맛과 지미를 가진 아미노산인 글리신, 알라닌 함량이 높아 김 특유의 감칠맛을 내며, 김의 고소한 맛은 글루탐산 때문이다.

돌김

김을 말릴 때 햇볕을 오래 쬐면 피코에리트린이 적게 파괴되고 클로로필은 많이 파괴되어 붉은색이 되고, 김을 160°C에서 구우면 피코에리트린이 많이 파괴되고 클로로필은 적게 파괴되어 남아 청록색을 띠게 된다. 건조김으로 직접 식용하거나 조미액을 발라 가공한 맛김, 김부각 등이 있다.

김에는 재래김, 돌김, 파래김 등이 있다 표 12-10. 김은 검고 윤이 나는 것이 좋으며, 겨울 김이 맛도 가장 좋고 단백질의 함량도 높다.

(계속)

표 12-10 김의 종류

구분	내용
재래김	일명 조선김이라고도 하며 주로 기름과 소금으로 양념해 구워 먹는데, 구우면 청록색으로 변함
돌김	거칠고 구멍이 많지만 맛과 향이 뛰어남. 거친 맛이 강한 온돌김보다는 돌김 포자와 재래김 포자를 섞어 생산하는 반돌김의 선호도가 높음
파래김	파래를 섞어 만든 김으로 불에 살짝 구워 양념간장을 곁들여 먹으면 파래향이 섞인 고소한 맛과 특유의 풍미를 느낄 수 있음
김밥용 김	장이 두껍고 질기며 김 입자가 고르게 퍼져 있어 김밥 말기에 가장 적당함
조미김	기름과 소금을 혼합해 양념한 후 센불에서 구워낸 김으로 밑반찬으로 제격임

우뭇가사리

② 우뭇가사리

생우뭇가사리는 100g당 에너지는 46kcal, 단백질 4.2 g, 지질 0.2g, 칼슘 183mg, 철 3.9mg로 당질의 주성분은 갈락토스이고 영양적 가치는 적다. 우뭇가사리에 물을 넣고 푹 고아서 제조한 한천은 두 종류의 다당류, 즉 아가로스 70%와 아가로펙틴 30%의 혼합물이며 젤 형성능력이 뛰어나 양갱, 잼, 젤리, 수프 등의 제조 첨가물과 영양이 전혀 없어 그대로 배설되므로 저칼로리 다이어트 식품으로 이용된다. 식용, 약용, 연구용, 공업용 등의 용도로 다양하게 활용된다.

3) 해조류의 조리

(1) 해조류의 조리

해조류는 종류가 다양한 만큼 조리법도 국, 무침, 튀김, 쌈 등 다양한 음식에 이용할 수 있다. 쌈이나 무침처럼 국물을 이용하지 않고 버리는 조리 시에는 데치는 과정에서 수용성 성분이 손실되기 쉬우므로 가능한 한 끓는 물에서 단시간에 데쳐야 하지만, 국요리처럼 조리에 사용된 국물을 모두 먹는 경우는 상관없다.

한천

(2) 한천의 조리

① 한천의 성분

한천을 구성하는 다당류로는 아가로스와 아가로펙틴이 7:3의 비로 되어 있으며,

두 다당류 중 아가로스가 젤화되는 성질이 강하다. 한천은 우뭇가사리 등의 홍조류의 열수 추출액의 응고물인 우무를 얼려 말린 해조가공품이다. 우뭇가사리를 표백하여 물속에서 끓여 정제한 후 동결, 해동, 건조시켜 만든다. 한천은 형태에 따라 각한천, 사한천, 입상한천, 분말상한천 등 여러 가지가 있다.

② 한천의 제조

한천은 홍조류인 우뭇가사리를 삶아서 얻은 콜로이드 용액(졸상태)을 냉각시켜 젤 상태로 엉기게 하여 제조한다.

한천의 성분은 갈락토스로 구성된 다당류인 갈락탄이며, 아가로스와 아가로펙틴이 약 7:3으로 구성되어 있다. 보수성이 매우 크며 32~40°C 전후에서 유동성을 잃고 응고하기 시작하여 망상구조의 젤을 형성한다. 일단 젤화된 것은 80~85°C 이하에서는 녹지 않는다.

한천은 0.2~0.3%의 저농도에서도 젤을 형성하며 보통 0.5~3% 용액을 사용하는데 열 가역적인 젤을 형성하며 농도가 진할수록 잘 응고된다. 한천 젤은 시간이 지남에 따라 서서히 망상구조가 수축되면서 이액현상이 나타날 수 있다. 그러나 한천농도가 1% 이상이고 설탕농도가 60% 이상이면 이액현상이 전혀 일어나지 않는다. 한천 젤에 설탕을 첨가하면 젤의 점성과 탄성이 증가되고 투명도도 증가된다(예: 양갱). 소금을 3~5% 첨가하면 한천 젤의 강도가 증가하고 이액현상이 덜 일어난다. 한천 용액에 과즙을 첨가하면 유기산에 의해 한천이 가수분해되므로 젤의 강도가 약해지며, 우유의 지방과 단백질도 한천 젤의 구조 형성을 저해한다.

③ 이용

한천은 소화가 되지 않는 복합다당류여서 웰빙식품을 선호하는 현대인에게 저칼로리 식품으로 각광받고 있다. 한천을 이용한 식품으로는 여름에 흔히 청량음식으로 먹는 우무채, 우무장아찌 등 양갱, 젤리, 푸딩, 아이스크림, 요구르트, 샐러드 드레싱, 청량음료, 떡 등으로, 이러한 식품에서 젤화제, 안정제, 증점제, 노화방지제로 사용되며, 또한 한천은 의약품 원료나 미생물 배양배지의 재료로 이용된다.

한천은 젤화 능력 때문에 응고제로서 다른 식품과 같이 혼합사용하고 식품을 응고시켜 질감을 향상시킬 목적으로 이용한다.

주로 저칼로리식에도 이용하거나 우무채, 우무장아찌 등의 반찬이나 콩국에 말아 먹는 청량음식으로 이용된다.

④ 한천의 조리

흡수와 팽윤 한천은 물에 담그면 흡수, 팽윤하여 부피가 약 20배 정도로 커지는데 팽윤 정도는 한천의 종류, 물의 pH와 온도, 침지시간 등에 의해 향을 받는다.

가열에 따른 융해 한천을 흡수·팽윤시켜 가열하면 녹는데 이것을 냉각시키면 젤상(응고)을 이룬다. 한천의 융해온도는 80~100°C로 높으므로 흡수·팽윤한 한천의 수용액은 가열해야 한다. 한천의 융해온도는 농도에 따라 다르며, 농도가 높을수록 융해온도도 높다. 일상 조리에 주로 사용되는 한천의 농도는 0.5~1.5%이다. 한천의 농도가 낮을수록 빨리 녹고 농도가 2% 이상이면 잘 녹지 않는다. 충분히 침지시키면 더 잘 녹는다. 한천을 이용한 음식을 조리할 때 과즙, 우유, 설탕, 팥앙금 등을 첨가하면 한천 농도가 2% 이상이 되는 경우가 있다. 이때에는 한천 농도가 2% 이하가 되게 물을 넣고 가열하여 완전히 녹인 다음 다시 천천히 농축시켜야 한다.

응고 융해시킨 한천을 식히면 젤을 형성하는데 0.2~0.3%의 낮은 농도에서도 보수성이 대단히 큰 젤을 형성할 수 있다. 동물성 젤 식품인 젤라틴과는 달리 한천의 응고온도는 높아서 특별히 냉각하지 않아도 30°C 부근에서 점도가 급격히 증가하고 망목구조를 형성하여 유동성을 잃고 젤을 형성한다. 한천의 응고현상은 농도, 온도, 첨가물 등에 의해 향을 받는다.

① 농도 : 한천은 0.2~0.3%에서 젤을 형성하며 1~2%에서는 매우 단단한 젤을 만든다. 농도가 높으면 빨리 응고되고 단단한 젤이 형성되나, 지나치게 농도가 높으면 단단하고 결이 갈라진다. 음식의 종류에 따라 한천의 사용량이 다르지만 일반적으로 0.5~1.5% 정도이다.

② 온도 : 한천의 응고온도는 농도에 따라 달라지는데 일반적으로 35°C 이하에서 젤상태로 되며, 온도가 낮을수록 빨리 굳어지고 경도도 높다. 일단 젤화되면 80~85°C에서도 잘 녹지 않는 특성이 있다.

③ 첨가물

• 설탕 : 한천에 설탕을 넣으면 점성과 탄력이 증가되고 투명도도 증가되는데 설탕농도가 높을수록 젤의 강도도 증가된다.

• 산 : 한천용액에 과즙을 넣고 가열하면 과즙에 들어 있는 유기산에 의해 가수분해가 일어나 젤의 강도가 낮아지므로, 한천용액을 60~70°C 정도 가열한 다음 과즙을 첨가하는 것이 바람직하다. 즉 한천을 가열하여 졸인 후 불에서 내려 식힌 후에 과즙을 첨가하여야 젤의 힘이 유지될 수 있다.

• 우유 : 우유 중의 지방, 단백질이 한천 젤의 망상구조 형성을 방해하기 때문에 젤화를 저해한다. 따라서 우유를 첨가할 때는 한천의 농도를 높여야 하는데, 이때 우유를 끓이면 덩어리가 생기고 향미도 나빠지므로 주의가 필요하다.

• 난백 : 거품낸 난백을 한천 젤에 첨가할 경우, 난백거품의 비중이 한천에 비해 작기 때문에 위에 떠서 분리될 수가 있다. 이때는 난백거품에 설탕을 첨가하면 거품이 안정되어 분리되는 것이 방지된다.

• 기타 : 팥앙금, 밤, 고구마, 감귤 등을 첨가하여 양갱을 만드는데 이런 첨가물들은 무거워 가라앉을 우려가 있으므로 한천 젤이 응고되기 직전(40°C 정도)에 첨가하여 잘 저은 후 응고시킨다.

CHAPTER

13

편리한 조리

1. 가공식품의 필요성
2. 가공식품의 종류
3. 식품의 가공방법과 조리
4. 기타 가공식품의 형태

최근 가공기술의 발달과 소비자의 시간과 노력을 절약할 수 있는 다양한 요구에 따라 단순조리과정을 거치거나 조리과정 없이 그대로 섭취가 가능한 즉석섭취식품, 팬이나 냄비, 전자레인지, 뜨거운 물 등을 이용한 즉석조리식품, 전처리 가공을 한 그대로 섭취할 수 있는 즉석편의식품 등을 이용한 편리한 식생활이 가능해졌다. 1인 가구, 여성의 사회 진출, 고령화, 가족형태의 다양화 등으로 소비자들이 짧은 시간에 간편하게 조리를 하여 쉽게 먹을 수 있는 가공식품들이 다양하게 생산되고 있다.

1. 가공식품의 필요성

1) 긍정적 관점

① 영양적 가치 향상 : 가공을 통해 먹을 수 있는 부분을 자르거나 가열하여 소화·흡수를 도와주며 영양을 향상시킨다.

② 기호성 향상 : 가공을 통해 색, 맛, 향, 텍스처, 신선도 등을 향상시켜 기호성을 높인다.

③ 보존과 운반성 향상 : 가공, 멸균포장 등을 통해 운반과 장기 보관이 편리하다.

④ 경제적 가치 향상 : 대량생산으로 남은 식재료, 품질이 낮은 재료 등을 이용하여 저렴한 가격의 새로운 가공식품 생산으로 경제적 가치를 높인다.

⑤ 편의성 향상 : 전처리와 조리조작 없이 데우거나 끓이는 등의 단순한 조리조작으로 음식을 섭취할 수 있도록 가공하여 음식 소비에 대한 편의성을 제공한다.

⑥ 기능성을 향상 : 기존의 식품에 기능성이 함유된 식품을 활용하거나 새로운 다양한 기능성 식품을 만든다.

2) 부정적 관점

가공 중 식품 재료의 독성물질 제거, 미생물 오염 방지, 보존료의 첨가로 인해 식품의 유통기간을 연장하고 안전성을 향상시키고 있으나 식품첨가물과 위해물질 첨가로 안전성을 위협하고 있다.

2. 가공식품의 종류

1) 가정대체식

가정대체식Home Meal Replacement, HMR으로서 간편식이 바쁜 일상, 식사가 어려울 때 간단히 한 끼를 해결한다는 의미가 있으며, 간단하지만 든든한 식사로 진화하고 출시되는 제품의 유형도 다양화 되고 있다.

간편식의 범위가 과거에는 냉동제품이 주를 이루었다면 최근에는 신선도를 강조한 냉장, 신선, 반조리 등으로 넓어지고 있다. 손질이 끝난 식재료와 양념을 넣고 정해진 순서대로 조리하는 밀키트meal kit와 수산물, 보양식 등의 상품도 등장하여 HMR의 기본 특성인 간편성은 물론 맛과 영양을 겸비하고 고객의 요구를 충족시키는 차별화된 상품이 다양하게 출시되고 있다. 간편식시장이 빠르게 성장하고 있는 요인으로 1인 가구 증가, 소확행·홈파티 등의 문화 확산과 편의성, 가성비, 가심비 측면이 있다.

또한 식품 제조업체의 기술력 향상과 전자레인지, 에어프라이어, 엑티프라이 등 조리기구가 보급되면서 맛과 품질에 대한 만족도가 높고, 전문점 수준의 맛을 내는 것도 가능해졌다. 가심비적 성향은 가정간편식 상품의 세분화, 프리미엄화로 진행시키고 있다.

2) HMR 변천

① 1세대(1980~2000년대 초반) : 즉석카레, 즉석짜장 등 즉석제품

② 2세대(2000년대 초반~2013년) : 냉장·냉동 상품

③ 3세대(2013~2014년) : 컵밥과 냉동볶음밥, 떡갈비, 해외 요리제품

④ 4세대(2015년~현재) : 유명 셰프 또는 맛집과 협업한 제품, 간편식 PB제품

FF(Fresh Food)

주로 편의점에서 판매하는 즉석식품을 의미하며 삼각김밥, 김밥, 샐러드, 덮밥, 간편식사 등이 있다. 주식 대신 먹기 때문에 가정대체식으로 볼 수 있지만 즉석식품의 특성이 있어 따로 분류하기도 한다.

3) HMR 트렌드

(1) 프리미엄화

- 유명 호텔이나 식당 셰프들이 개발자로 참여하여 만든 프리미엄 HMR
- 유명 맛집 메뉴의 간편식 상품
- 유기농, 고품질 재료를 사용한 고품질 식사 '패스트 프리미엄fast premium=fast food+premium' 확산

(2) 고객 맞춤형 상품

1인 가구 맞춤 소용량, 소포장, 혼술족 안주상품, 3~4인 가구용, 아동 대상, 시니어 계층 HMR 상품

(3) 본인 기호에 맞춰 밀키트 커스터마이징

밀키트는 손질된 재료와 소스 그리고 레시피가 함께 들어 있어 소비자가 레시피에 따라 조리하는 음식으로 적은 노력으로 자신의 기호에 맞는 요리를 완성하여 먹을 수 있다.

밀키트 커스터마이징은 간편한 마무리 조리만으로 본인의 기호에 맞추어 요리를 할 수 있도록 해주는 데 장점이 있다. 또한 식재료, 소스 등의 조합과 재료량의 변화에 따라 새로운 메뉴를 만들 수 있다.

(4) 수산물 보양식, 신선 보양식 상품

별도의 조리과정 없이 간편하게 즐기는 수산물 요리와 보양식 HMR 상품

(5) 할랄 · 코셔 등의 간편식 제품 등장

4) 가정편의식의 종류

즉석식품은 동·식물 원료를 식품이나 식품첨가물을 가하여 제조·가공하여 별도의 가열·조리 과정 없이 그대로 또는 단순조리과정을 거쳐 섭취할 수 있도록 제조 가공 포장한 식품을 말한다. 「식품공전」에서는 즉석식품을 조리조작의 편의성을 기

준으로 분류하여 가정 외에서 제조한 식품을 편리하게 직접 요리하여 식사할 수 있는 식품으로 즉석섭취식품, 즉석조리식품, 신선편의식품 3가지로 분류하고 있다.

(1) 즉석섭취식품 Ready-to-Eat

「식품공전」에서는 동·식물성 원료를 식품이나 식품첨가물을 가하여 제조, 가공한 것으로 더 이상 가열·조리 과정 없이 그대로 섭취할 수 있는 도시락, 김밥, 햄버거, 선식 등의 식품을 말한다. 삼각김밥, 샌드위치 등이 대표적이다.

(2) 즉석조리식품 Ready-to-Heat/Ready-to-Cook

「식품공전」에서는 동·식물성 원료를 식품이나 식품첨가물을 가하여 제조·가공한 것으로 단순가열 등의 조리과정을 거치거나 이와 동등한 방법을 거쳐서 섭취할 수 있는 국, 탕, 찌개, 수프, 순대 등의 식품을 말한다. 만두, 핫도그, 튀김, 미트볼, 생선가스, 피자, 케이크, 떡 등의 냉동식품이 있다.

(3) 신선편의식품 Fresh-cut

「식품공전」에서는 농·임산물을 세척, 박피, 절단 또는 세절 등의 가공 공정을 거치거나 단순히 식품 또는 식품첨가물을 추가한 것으로서 샐러드, 새싹채소 등의 식품을 말한다.

유통기한이 짧고 그대로 또 섭취할 수 있는 식품으로 소스, 드레싱, 과일 등이 있다.

신선편의농산물

신선편의농산물은 가공 공정이 신선편의식품과 비슷하나 바로 먹거나 바로 요리할 수 있는 농산물을 가리킨다.

(4) 사전준비식품 Ready-to-Prepared/Ready-to-Process

가정간편식과 조금 다른 개념이지만 요리에 필요한 식재료와 적정한 양념, 조리법 등을 세트로 구성해 간편하게 요리할 수 있도록 제공하는 제품이다. 조리 전 냉장상태의 신선 식재료를 배송하므로 소비자가 동봉된 조리법으로 직접 조리하고 소비자의 기호에 따라 기타 재료를 추가하여 요리할 수 있다. 재료 구입과 손질 시간은 절약하고 외식보다 저렴하면서 건강한 식사를 할 수 있어 1인 가구, 맞벌이 가구 등의 수요 증가로 꾸준히 성장하고 있다. 밀키트meal kit가 있다.

3. 식품의 가공방법과 조리

식품은 무균포장aseptic packaged, 급속동결, 레토르트 파우치, 발효저장 등의 식품 가공방법으로 장기 보존이 가능하며, 고도의 가공기술력으로 공장에서 대량 생산하고 있다. 소비자들의 다양한 요구에 따라 가정대체식Home Meal Replacement, HMR 시장이 급부상하면서 유통기한이 길지 않는 즉석섭취식품 등도 다양하게 제조·판매되고 있다. 더불어 이런 가공방법에 따라 맛있는 식사를 위한 다양한 간편 조리방법들이 소개되고 있다.

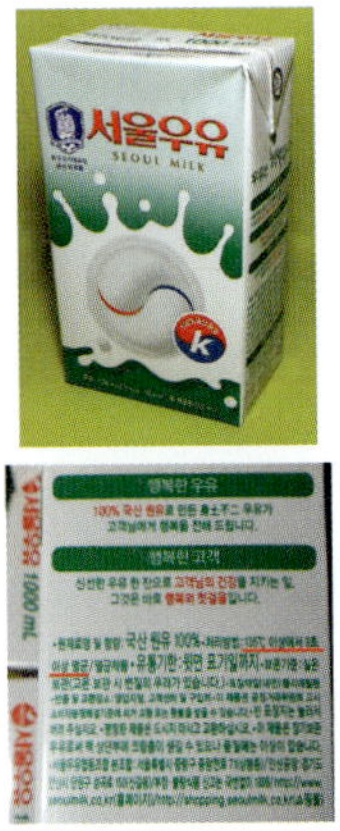

무균포장 우유

1) 무균포장식품

(1) 가공방법

무균포장은 식품을 방부제 없이 영양소 파괴를 최소화시키면서 모든 가공과정을 무균시설에서 진행하고, 보관용기는 산소를 차단하기 위한 구조로 되어 있으며 포장재는 외부 충격으로부터 제품을 보호하는 역할을 하고 있다. 무균포장법을 적용해서 장기간 신선하게 식품을 유지시킬 수 있는 식품 가공기술로 우유, 과즙음료, 환자영양식, 무균 개별포장 달걀, 즉석밥 등 다양한 제품이 있으며, 실온에서 6개월 정도 보관이 가능하다.

(2) 조리방법

무균포장식품을 섭취할 때 음료 등은 즉석에서 섭취가 가능하지만, 즉석밥은 뜨거운 물에 넣고 10분 정도 끓이거나 전자레인지에 2분 정도 돌려서 간편하게 조리한다.

2) 급속동결식품

(1) 가공방법

식품을 단시간에 -40°C 이하로 동결시키는 것으로 육류, 어류, 채소, 과일 등의 식품을 동결시키면 빙결정이 작고 조직의 파괴를 적게 할 수 있다.

최근 냉동식품은 -40~-35°C에서 급속동결, 개별급속동결 방식을 사용하고 -18°C 이하에서 유통되고 있어 식재료의 영양소와 조직 파괴를 최소화하여 식재료 본연의 식감과 풍미를 가장 잘 유지하고 있다.

개별 급속동결방식은 일반적으로 조리된 식품 전체를 한번에 동결시키는 것이 아니라 식재료 하나하나를 따로 급속 동결시키는 방식으로 -35°C 이하에서 6분간 급속동결하여 식품의 맛과 풍미를 향상시킨다.

포장방식에서 '스팀 찜' 포장방식을 이용한 냉동볶음밥은 포장을 뜯지 않고 전자레인지에 그대로 넣어 데워 먹을 수 있어 조리시간 단축과 수분 증발을 막아 식재료의 식감을 살린다.

급속동결식품의 보관은 -18°C 이하에서 냉동 보관한다.

(2) 조리

① 스팀 찜 포장방식으로 만든 냉동밥은 전자레인지에 포장을 뜯지 않고 그대로 넣어 데워 먹는다. 프라이팬을 달군 후 재료들이 지닌 수분과 기름을 이용하여 3분(1인분) 정도 볶아 완성해 준다.

② 냉동만두는 만두의 밑면을 위로 놓고 냉장 해동하고, 김이 오른 찜솥에 구멍 낸 종이포일을 깔고 만두를 올려 7분(왕만두 10분) 정도 찐 후 익으면 뚜껑을 열고 만두 위에 찬물을 끼얹어 준 다음 꺼낸다. 냉동만두를 찬물에 잠기도록 담가 촉촉해지면 그릇에 2~3큰술 정도 물을 남기고 따라낸다. 그릇에 담긴 만두에 뚜껑이나 랩을 씌우고 윗면에 구멍을 2~3군데 뚫어서 전자레인지로 3~4분 정도 가열한다.

③ 냉동튀김 : 튀김팬 사용 시 냉동상태에서 해동하지 않고 예열된 기름에 튀겨낸다. 에어프라이어를 사용할 때는 냉동튀김재료를 위생팩에 담고 오일(기호에 따

라 소금, 후추)을 뿌린 후 잘 혼합하여 190° C에서 20분간 조리한다.

④ 냉동떡, 냉동케이크, 냉동송이, 냉동참치 : -70~-40° C로 급속동결한 식품으로 상온에서 용기 그대로 1시간 자연해동한다.

⑤ 냉동햄버그스테이크 : 전자레인지를 사용할 경우에 데미그라스소스는 팩을 그대로 끓는 물에 2분 정도 가열하고, 햄버그스테이크는 전자레인지에 2분 돌린 후 접시에 햄버그스테이크를 먼저 담고 데미그라스소스를 뿌려준다. 프라이팬을 이용하여 조리할 때는 먼저 데미그라스소스를 개봉하여 팬에 담고 소량의 물을 넣고 가열하여 데워준다. 냉동상태의 햄버그스테이크는 팬에 굽기 전에 1분~1분 30초 전자레인지에서 해동한 후 예열된 프라이팬에 햄버그스테이크를 놓고 2분 정도 노릇하게 구워준 후 데미그라스소스를 넣어 약불에서 조리한다.

데미그라스소스(Demi-glace sauce)

육고기국물(broth)에 스페인소스(espagnole sauce)가 반반 들어간 프랑스식 오리지널 데미그라소스이지만 요즘은 밀가루와 버터를 루(roux)로 만들어 농도 있게 이용한다.

3) 레토르트식품

(1) 가공

단층 플라스틱필름이나 금속박 또는 이를 여러 층으로 접착하여 파우치와 기타 모양으로 성형한 용기에 제조, 가공 또는 조리한 식품을 충전하고 밀봉하여 가열 살균(105~150° C에서 15~30분) 또는 멸균한 것을 말한다. 레토르트식품의 포장은 파우치, 용기, 팩의 3가지 형태로 구분할 수 있으나 파우치가 가장 일반적이어서 레토르트식품하면 보통 파우치 제품을 떠올리게 된다. 파우치는 가열 살균이 가능하고 보존성이 좋은 재질을 사용하는데 코팅층의 폴리에스테르는 강도가 좋고 인쇄하기 쉬운 특징, 외층에 나일론과 중간층의 알루미늄은 산소 및 수분을 차단하여 보존성을 좋게 하고, 안쪽의 식품 접촉층의 폴리프로필렌, 폴리에틸렌은 열에 의해 쉽게 접착이 가능하며 내용물인 식품과 직접 접촉하여도 부식되거나 유해물질이 용출되지 않는 장점이 있다. 용기 제품은 합성수지, 팩 제품은 투명비닐이 사용된다.

레토르트 파우치 및 용기 식품은 카레류, 하이스류, 자장류, 즉석밥, 국, 탕, 죽 등이 있고, 레토르트 팩 제품은 한약, 배즙, 양파즙 등의 식품에 주로 사용된다.

레토르트 식품 중 카레, 죽, 곰탕 등은 높은 온도나 직사광선을 피하고 통풍이 잘 되는 상온에서 보관하고, 수프류 등은 냉장 보관을 한다.

(2) 조리

열탕방법은 뜨거운 물에 레토르트식품을 용기째 넣고 데워 조리한다.

전자레인지에 레토르트식품을 조리할 때는 먼저 포장지가 열탕용인지 전자레인지용인지 확인하고, 용기째 또는 전자레인지용 그릇에 덜고 조리시간도 표시사항에 따라야 한다. 또 뚜껑을 조금 열거나 포장재 윗부분을 일부 잘라야 하는지 표시사항을 꼭 확인해 조리한다. '봉지째 전자레인지에 조리하지 마세요'라는 주의사항이 있는 경우 포장째 직접 넣어 데우지 말고 전자레인지용 용기에 덜어서 데워야 한다.

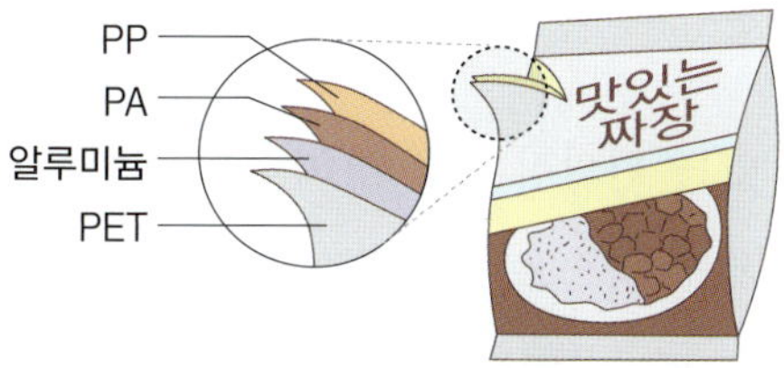

레토르트 파우치

레토르트식품 가열법

4) 발효 저장식품

발효식품은 식품을 오래 보존하기 위해 만들어진 것으로, 유용한 미생물의 작용에 의해 소화되기 쉬운 상태로 변하며 발효에 의해 생성된 유기산은 맛을 향상시키고, 장내 미생물의 항상성을 유지하며 유해세균의 증식을 억제하는 정장작용을 한다. 발효식품의 종류로는 소금 절임류(김치, 젓갈, 장아찌 등), 주류, 빵류, 식초, 콩발효(간장, 된장, 고추장, 청국장, 식해 등), 발효유제품(치즈, 버터, 요구르트 등)이 있다.

4. 기타 가공식품의 현재

1) 소비자 기호에 따른 혼밥, 혼술 등 음식문화에 따른 가공식품 증가

1인 가구의 증가로 혼자 술을 마시는 '혼술'과 혼자 밥을 먹는 '혼밥'이란 용어가 생겨났다. 불편한 관계에서 벗어나 혼자만의 여유를 즐기고 싶어 하는 독신들이 증가하면서 혼자 밥을 먹는 혼밥족이 생겨났다. 혼밥족이 늘어나면서 편의점 도시락의 반찬은 다양화·고급화되고, 혼밥족을 배려한 칸막이가 설치된 1인 라면점, 고깃집 등도 늘어났으며, 혼자서 술을 마시는 혼술족을 위한 1인을 위한 1잔 와인, 막걸리 등 가공식품산업이 발달하고 있다.

컵반

(1) 컵반

간편식으로 집밥처럼 밥과 다양한 국(육수와 건더기), 탕, 별미밥 등이 구성되어 전자레인지나 끓는 물에 간편하게 데워먹을 수 있는 한끼 식사대용 편의식품이다. 제품들의 구성은 즉석제품, 즉석과 냉동 혼합형 등 다양한 가공방법의 제품이 출시되고 있다.

(2) 편의점 식품

언제 어디서나 간편하게 식사를 해결할 수 있는 편의점 식품이 싸구려 식품을 파는 곳에서 '건강'과 '간편함'을 함께 챙길 수 있는 곳으로 진화하고 있다. 간편하게 즐길 수 있는 다양한 재료, 다양한 형태의 식품, 프리미엄화되는 식품들이 등장하고 있다. 또한 건강을 생각하는 제품과 채식주의자들을 위한 식품들이 있다.

알레르기 프리 식품

(3) 알레르기 프리 식품

요즘 식품을 통안 알레르기 환자가 지속적으로 증가하고 있고, 심한 경우 생명까지 위협하는 알레르기 식품 베이스를 대체할 수 있는 식품이 필요하다. 밀과 우유, 달걀, 토마토 등 알레르기 유발 주요 식품을 대체할 다른 재료를 필요로 하고 있다. 알레르기 유발물질, 유제품, 글루텐, 락토스, 육류 등 특정 성분을 제거하거나 함유량을 일정 수준 이하로 낮춘 제품인 '프리 프롬 식품(글루텐 등을 무첨가한 식품)'이 프

🍲 **글룻제로**

글루텐 프리 가공식품으로 원래 환자의 치료용으로 만들어졌으며, 글루텐 프리 빵, 파스타, 과자, 시리얼 등 다이어트 식단으로 이용되고 있다.

리 트렌드를 이끌고 있다.

(4) 슈퍼푸드 스낵바

야생베리, 당근, 아마씨, 귀리, 곡류, 야생 허브, 새싹, 나뭇잎 등 식물성 성분 등 친환경 유기농 식재료와 야생재료를 사용하여 제조하고, 글루텐, 유제품, 첨가제, 보존제 등이 들어 있지 않은 프리 프롬 제품이다. 말랑하고 부드러운 식감으로 각종 씨앗과 과일이 생생하게 씹히는 특징이 있다.

슈퍼푸드 스낵바

(5) 채식주의자를 위한 제품

동물보호나 친환경, 윤리적 소비에 대한 관심이 높아지면서 '비건vegan'이 전 세계적으로 증가하여 가공식품에도 달걀, 우유, 육류 등을 사용하지 않고, 콩이나 버섯, 호박 등에서 추출한 식물성 단백질을 이용해 고기와 가까운 맛과 식감을 구현한 '식물성 대체육' 관련 가공식품들이 출시되어 채식 위주의 간편식을 선보이고 있다.

채식 메뉴

(6) 유당불내증 소비자를 위한 제품

락토스 분해에 어려움을 겪고 있는 유당불내증 소비자를 위한 저락토스, 락토스 프리 제품과 EU 유기농 인증을 받아 GMO 프리 제품 등을 선보이고 있다.

부록

조미료와 향신료

1. 조미료
2. 향신료
3. 우리나라의 양념류 및 고명

우리는 음식의 맛과 향, 색을 더 좋게 하기 위해 조리과정에서 조미료와 향신료를 사용하고 있다. 또한 식품이 가지고 있는 독특한 맛과 향, 좋지 않은 맛을 없애기 위해서도 조미료와 향신료를 사용하기도 한다. 조미료와 향신료는 음식 본래의 맛을 살려주기도 하고 음식의 맛을 더해주어 우리 미각을 즐겁게 해 준다.

1. 조미료

1) 조미료의 정의

조미료는 식품 자체의 맛을 강조시키거나 약화시키며 식품의 맛과 어우러져 새로운 맛을 내기도 한다. 조미료는 주로 짠맛, 단맛, 신맛, 감칠맛, 매운맛을 내기 위해 사용되지만 음식의 색깔, 향미, 텍스처 등에도 영향을 준다.

2) 조미료의 종류

(1) 짠맛을 내는 조미료

① 소금

소금은 음식의 기본인 간을 맞추는 데 사용되는 짠맛을 내는 조미료이다. 소금의 주성분은 염화나트륨이며 나트륨의 함량이 약 40%이므로 소금 1g을 섭취하면 나트륨 약 400mg을 섭취하는 결과가 된다. 굵은소금, 고운소금, 정제염으로 제조 판매되

표 14-1 **조미료의 종류**

종류	예
짠맛을 내는 조미료	소금, 간장, 된장, 고추장
단맛을 내는 조미료	설탕, 조청, 꿀, 올리고당, 물엿
신맛을 내는 조미료	식초
감칠맛을 내는 조미료	MSG, IMP, GMP
매운맛을 내는 조미료	고춧가루, 후춧가루
고소한 맛을 내는 조미료	참기름, 들기름

고 있다.

호렴(굵은소금, 천일염) 호렴은 염화나트륨의 함량이 80%이고, 정제가 되지 않은 소금으로 입자가 굵고 불순물이 있어 색이 검다. 호렴은 간수를 뺀 것일수록 좋다. 장, 젓갈, 채소와 생선 절임에 사용한다. 호렴은 불순물에 함유된 칼슘 등의 2가 이온이 펙틴과 결합하여 배추나 오이의 조직을 단단하게 한다.

호렴

재제염(고운소금, 꽃소금) 재제염은 호렴을 정제하여 만든 것으로 염화나트륨의 함량이 90%이고, 가정에서 흔히 사용하는 색이 희고 결정이 고운 소금이다. 음식의 간을 맞출 때 사용한다.

재제염

정제염(식탁염) 정제염은 염화나트륨의 함량이 99.9%가 되도록 분리·정제한 소금으로 식탁에서 음식의 간을 맞추거나 김을 구울 때 사용한다.

정제염

가공소금 가공소금은 소금에 식품 또는 식품첨가물을 첨가한 것으로 죽염, 구운소금, 맛소금 등이 있다. 죽염은 대나무 속에 호렴을 넣고 구운 소금이며, 맛소금은 정제염에 MSG를 첨가하여 만든 소금이다.

죽염

맛소금

표 14-2 **조리에 사용되는 소금의 농도**

조리방법	소금농도(%)	조리방법	소금농도(%)
소금으로 조미한 밥	0.7~0.8	찜	0.8~0.9
수프	0.6~0.7	구이	1.0~1.5
삶기	1.0~1.2	초무침	1.2~2.0
조림	1.5~10	겉절이	1.5~2.0

소금의 맛내기 이외의 용도

- 단백질 분자의 열 응고 : 고기나 생선 구이에는 재료 무게의 2~3%의 소금을 사용하고, 달걀 삶을 때는 물에 소금을 넣고 삶음
- 미생물의 발육 억제 : 젓갈류 및 절인 생선
- 삼투압에 의한 수분 제거 : 채소 절임
- 효소 작용 억제 : 채소 · 과일의 갈변 방지
- 채소의 녹색 유지 : 푸른 채소 데칠 때 녹색 유지
- 빙점 강하 : 가정용 아이스크림 제조

소금의 눈대중 계량 및 적정량

- 약간 : 엄지손가락과 검지에 잡히는 양으로 달걀프라이 1개 정도 간을 하는 양
- 한줌 : 손으로 가볍게 쥐었을 때 잡히는 양으로 고기나 생선 밑간할 때 뿌리는 양

양조간장

② 간장

'짜다'는 뜻을 가진 간장은 음식의 간을 맞추는 짠맛 조미료로 약 18~20%의 염도를 나타낸다. 감칠맛과 함께 간장 특유의 색, 독특한 냄새를 가지고 있다.

간장의 종류에는 국간장과 진간장이 있는데 국간장은 콩으로 만든 황국균이 잘 자란 메주에 소금물을 넣어 숙성시켜 만든다. 국, 찌개의 간을 하거나 나물을 무칠 때 사용하고, 진간장은 조림, 볶음, 구이, 장아찌, 육포 등을 만들 때 사용한다. 양조간장과 화학간장(아미노산간장)은 제조방법에 따른 분류이며 양조간장과 화학간장을 일정비율로 혼합한 혼합간장이 있다.

제조법에 따른 간장의 종류

- 양조간장 : 콩으로 만든 메주에 종국을 발효시켜 만든 재래간장과 콩과 전분질을 섞은 메주에 종국을 혼합해 발효시킨 개량간장으로 구분함
- 화학간장 : 탈지대두, 밀단백질 등을 산으로 가수분해하여 아미노산액을 만들고 소금, 감미료, 색소 등을 넣은 것으로 산분해간장이라고도 함

된장

③ 된장

된장은 '되다'라는 뜻이 있으며, 재래간장을 거르고 남은 건더기를 숙성시킨 재래된장과 콩에 밀이나 보리 등을 섞은 후 종국을 넣고 발효시킨 개량된장이 있다. 일본의 미소된장은 콩에 쌀 등을 넣고 발효시킨 것이다. 된장은 단백질의 구수한 맛 때문에 10~15%의 염도에 비해 덜 짜게 느껴진다. 된장은 생선조림, 제육볶음을 할 때 처음부터 넣으면 비린내나 누린내가 줄어든다. 된장찌개나 토장국을 끓일 때 쌀뜨물을 이용하면 국물의 끓는 온도가 올라가고, 빨리 식지 않으며 채소의 풋내도 덜나고

채소를 부드럽게 해서 좋다. 쌀뜨물이 없으면 전분이나 밀가루를 약간 사용하는 것도 좋다.

④ 고추장

고추장은 두류 또는 곡류 등을 발효·숙성시킨 것에 고운고춧가루, 식염 등을 혼합한 것이다. 매운맛과 생선비린내 제거효과가 있다. 볶음 고추장, 초고추장, 비빔밥이나 국수의 양념고추장 등 다양한 용도로 사용된다. 식품재료에서 수분이 많이 나오는 요리는 고추장에 같은 양의 고춧가루를 넣으면 수분을 흡수하고 얼큰한 맛을 줄 수 있어 좋다.

고추장

음식의 소금농도

- 한국영양학회에서는 1일 소금 섭취량을 5g 이하로 낮출 것을 권고하는데 이를 충족시키려면 국의 경우 소금농도가 0.3% 이하, 반찬은 0.3~0.4%를 유지하여야 함
- 실제 섭취하는 국은 0.6~0.7%, 찌개는 1.0~1.2% 정도가 입맛에 맞음

(2) 단맛을 내는 조미료

① 설탕

단맛을 내는 조미료인 설탕은 백설탕, 황설탕, 흑설탕으로 구분된다. 설탕의 주성분은 수크로스이다. 다른 조미료에 비해 분자량이 커서 식품에 스며드는 속도가 느리므로 소금보다 먼저 사용한다.

- 흰설탕 : 설탕 제조과정에서 가장 먼저 만들어지는 작은 입자의 순도 높은 흰색의 설탕이다.
- 황설탕 : 사탕수수나 사탕무의 즙액은 갈색을 띠고 많은 불순물이 함유되어 있다. 갈색설탕 제조공정에서 흰설탕이 생산된 후 몇 번 더 정제과정을 거치면서 열이 가해져 황갈색을 띠게 된 설탕을 얻는다 .
- 분설탕 : 흰설탕을 곱게 갈아 옥수수전분과 혼합한 것으로 케이크 프로스팅, 도넛 글레이징, 케이크나 과자의 표면을 장식한다. 전분 사용량이 보통 5~10%이며, 50% 이하까지 사용한다.

흰설탕

황설탕

흑설탕

표 14-3 조리의 설탕 기준 농도

조리	농도(%)	조리	농도(%)
잼	60~70	크림의 기포성	6~10
단팥죽	20~50	초절이	3~5
푸딩, 젤리	10~12	무침	2~8
음료	8~10	방부효과	50 이상

설탕의 단맛 이외의 작용

- 갈변 방지
- 방부작용
- 이스트의 영양분
- 노화작용 억제
- 잼, 젤리, 마멀레이드 형성
- 캐러멜화, 마이야르반응
- 표면 코팅 : 윤기 부여, 공기의 차단

슈가파우더

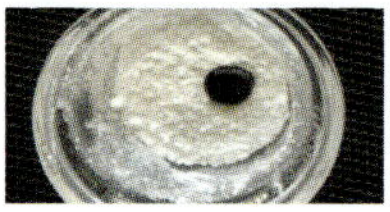

데코슈가파우더

- 데코슈가파우더 : 전분 함량이 50% 이상으로, 수분이 많은 곳에 뿌려도 흰색이 유지되는 분설탕으로 주로 데코레이션용으로 사용한다.

② 조청, 꿀

조청은 맥아물엿이라고도 하며, 전분을 맥아로 당화시키고 농축하여 유동성 있게 졸인 것이다. 독특한 향이 있으며 음식에 윤기를 주어 조림 등에 사용된다. 꿀은 꿀벌이 모은 화밀을 농축한 것으로 독특한 향과 단맛 및 촉촉한 감촉을 준다.

(3) 신맛을 내는 조미료

식초

① 식초

식초는 신맛을 내는 조미료로 곡류, 과실류, 주류 등을 주원료로 발효시켜 제조한다. 식초의 종류에는 양조식초와 빙초산이나 초산을 물로 희석하여 만든 합성식초가 있다. 식초의 산도는 3~4% 정도이며 초산 함량을 높인 2배, 3배 식초도 있다. 식초는 생채, 겨자채 등에 사용하여 신맛과 상쾌한 맛으로 식욕을 돋운다. 녹색채소 조리에 넣을 때는 갈변시키므로 먹기 직전에 넣는다. 적양배추나 생강처럼 안토시아닌 색소를 함유한 식품에 식초를 첨가하면 선명한 붉은색이 유지되고, 무, 양파, 우엉, 연근 등 안토잔틴을 함유한 식품에 첨가하면 선명한 백색이 유지된다.

신맛 이외의 식초의 작용

- 단백질의 열 응고 촉진 : 달걀을 삶을 때 식초를 넣고 삶으면 깨졌을 때 단백질이 응고되어 흰자의 유출이 감소됨
- 금속의 부착 방지 : 생선구이를 할 때 석쇠에 식초를 바르면 들러붙는 것을 방지할 수 있음
- 안토시안계 색을 붉게 함 : 생강을 식초에 절이면 연분홍색이 됨
- 생선 비린내 제거 : 식초를 희석한 물에 생선을 씻으면 생선의 비린내가 제거됨
- 살균작용 : 피클 등에서 미생물의 발육을 억제함

(4) 감칠맛을 내는 조미료

화학조미료는 음식에 감칠맛을 부과한다. 그 종류로는 아미노산계 조미료(모노소듐 글루타민산나트륨mono sodium glutamin acid, MSG)와 핵산조미료, 복합조미료 등이 있다.

① MSG

글루탐산에 나트륨Na이 결합된 것으로 다시마의 감칠맛 성분이다. 나트륨이 함유되어 있어 나트륨 제한 식사에서는 주의해서 사용해야 한다.

② 핵산조미료

가츠오부시(가다랭이)의 감칠맛인 5′-이노신산나트륨5′-IMP과 마른표고버섯의 감칠맛인 5′-구아닐산나트륨5′-GMP이 있으며, 조미료와 함께 사용하면 상승작용이 일어나 감칠맛이 강해진다.

③ 복합조미료

MSG와 핵산조미료를 같이 사용하면 1~2% 정도 아주 적은 양으로도 감칠맛을 낼 수 있다.

복합조미료

(5) 매운맛을 내는 조미료

고춧가루

① 고춧가루

붉게 익은 고추를 건조시킨 후 곱게 분쇄하여 만든다. 고춧가루의 캡사이신capsaicin이 음식의 매운맛 성분이고, 캡산틴capsanthin은 붉은색을 부여한다. 입자 크기에 따라 굵은 것은 겉절이와 열무김치용, 고운 것은 나박김치, 생채, 젓갈용, 고추장 제조용으로 사용되고, 김치와 깍두기를 담그거나 일반적인 음식에는 중간 정도 입자를 사용한다. 말리지 않은 다홍고추를 그대로 분쇄하여 열무김치 등에 사용하는데 이때 갈은 고추를 물고추라고 한다. 실고추는 나박김치, 고명 등으로 사용한다.

② 후추

후추에는 채비신chavicine이라는 매운맛 성분이 있다. 통후추는 배숙, 육수, 탕 등에 사용하거나 갈아서 사용한다. 미숙 후추 열매를 건조시켜 가루를 낸 흑후추는 생선의 비린내나 육류의 누린내를 없애고, 일반요리에 사용된다. 완숙 후추를 가루 낸 백후추는 매운맛이 부드럽고 약해 흰살생선이나 흰색요리에 사용한다.

(6) 고소한 맛을 내는 조미료

① 참기름

참기름은 참깨를 볶아 짠 기름으로 독특한 향기가 있어, 나물을 무치는 등 각종 음식에 두루 쓰인다. 참기름의 고소한 맛과 향을 배가시키려면 조리의 마지막 단계에 첨가하는 게 좋다. 서늘한 곳에 공기와 빛에 노출되지 않은 상태의 일반적인 유통기한은 상온(15~25°C)에서 9개월, 냉장(10°C 이하)에서 1년 이내에 섭취하는 것이 좋다.

② 들기름

들깨에서 얻는 기름으로 나물을 볶을 때나 김을 구울 때 사용하고, 나물을 무칠 때는 먹기 직전에 사용한다. 실온의 서늘한 곳에서 공기와 빛에 노출되지 않은 상태의 일반적인 유통기한은 개봉하지 않은 것은 약 1년 미만, 개봉한 것은 약 6개월 정도이지만 1개월 이내에 섭취하는 것이 좋다.

(7) 천연조미료

① 새우가루 : 마른 보리새우를 볶아 수염을 제거하고 분쇄하여 가루로 만든다. 된장찌개, 나물 무치는 된장, 고추장 양념에 사용한다.

새우가루

② 멸치가루 : 장국용 멸치를 내장을 제거하고 볶아서 분쇄하여 가루로 만든다. 된장찌개, 육수 등에 사용한다.

③ 다시마가루 : 다시마 표면의 불순물을 제거하고 석쇠에 구운 후 분쇄하여 가루를 만든다. 조림, 찌개, 토장국 등에 사용한다.

멸치가루

④ 들깨가루 : 들깨를 볶아서 분쇄하여 가루를 낸다. 찌개, 전골, 탕 등에 사용한다.

⑤ 날콩가루 : 말린 콩을 분쇄하여 가루를 낸다. 냉이, 쑥 등에 묻혀 국을 끓이고, 칼국수 반죽에 사용한다.

다시마가루

2. 향신료

들깨가루

1) 향신료의 정의

향신료란 음식의 맛과 향, 색을 내기 위해 사용하는 것으로 적은 양이 들어가도 독특한 맛과 향이 있다. 대부분의 향신료는 열대지방에서 생산되며 주로 육류나 닭고기를 이용한 음식에 많이 애용해 왔다.

노란콩가루

2) 향신료의 종류

검정콩가루

(1) 파

파는 대파, 실파, 쪽파 등이 있으며, 황화합물을 함유하고 있어 강한 매운맛을 낸다. 고기의 누린내나 생선의 비린내를 제거하고 나물이나 볶음 등 다양한 음식에 사용된다. 파를 양념으로 사용할 때는 흰 부분을 곱게 다져서 쓰고, 푸른 잎 부분은 찌개나 국, 고명에 사용한다.

쪽파

(2) 마늘

대파

마늘에 함유된 알리신allicin은 특유의 강한 향과 자극적인 냄새로 인해 고기의 누린내와 생선의 비린내 제거에 효과적이다. 대부분의 한국음식을 조리할 때는 필수 양념으로 쓰인다. 동치미, 나박김치 등에는 채 썰거나 납작하게 썰어서 사용하고, 일반적인 양념 사용할 때는 다져서 사용한다.

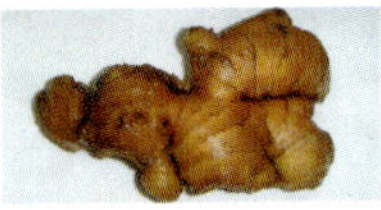

생강

(3) 생강

생강은 진저론gingerone과 쇼가올shogaol, 진저롤gingerol에 의하여 매운맛과 고유의 향을 낸다. 돼지고기의 누린내와 생선의 비린내를 없애는 데 사용되는데, 이때는 재료가 어느 정도 익어 단백질이 응고된 후에 넣는 것이 좋다. 생강은 마늘의 1/6 정도의 양을 넣는 것이 좋다.

깨소금

(4) 깨소금

볶은 참깨에 소금을 첨가하고 분쇄하여 빻아 만든 양념으로 참깨를 볶아 고소한 맛이 나며 주로 나물 등에 사용한다.

겨자

(5) 겨자

겨자는 종자가 황색인 백겨자, 적갈색인 흑겨자 및 일본겨자가 있다. 우리나라에서 재배되는 것은 흑겨자이다. 갓의 씨를 말려 가루로 만든 것으로 강하게 톡 쏘는 매운맛이 있어서 식욕을 자극한다. 흑겨자에는 시니그린, 백겨자에는 시나루빈이라는 티오글루코사이드가 함유되어 있는데, 이들은 미로시네이스에 의해 가수분해되면 자극성 있는 이소티오시아네이트를 생성한다. 흑겨자는 휘발성이며 백겨자는 비휘발성이다. 겨자 소스와 겨자 페이스트는 겨자 분말에 물, 식초, 향신료를 혼합한 것이다. 겨자는 겨자채·해파리냉채·냉면 등에 사용하고, 고추냉이는 생선회 등을 먹을 때 사용한다.

와사비(고추냉이)란?

- 와사비는 전통적인 일본 향신료 중의 하나로 고추냉이horseradish의 뿌리를 갈아서 만든 것임
- 와사비 분말은 찬물에 개어 생선요리에 많이 사용하는데, 톡 쏘는 맛과 눈물 날 정도의 매운맛을 지니고 있음

(6) 산초

산초나무 열매의 과피로 천초, 참초라고도 한다. 자극성이 있어 미각과 후각을 마비시켜 생선의 비린내와 고기의 누린내를 줄여 주므로 추어탕 등에 사용한다.

산초잎과 산초가루

(7) 계피

계수나무의 껍질을 말린 것으로 통계피는 계피차, 수정과 등에 사용되고, 계핏가루는 경단 등의 떡고물, 약식, 약과, 카푸치노 커피 등에 사용된다.

계피

(8) 월계수잎

월계수잎bay leaf은 생 잎을 그대로 건조하여 향신료로 사용한다. 생 잎은 약간 쓴맛이 나지만 건조하면 달콤한 맛과 쓴맛이 어우러져 자극적이며 향긋한 향이 나기 때문에 육류 절임, 스톡, 소스, 육류, 가금류, 생선, 피클 등 요리에 많이 사용한다.

월계수잎

(9) 바질

바질basil은 잎을 말리면 아니스anise와 비슷한 향기가 나며, 부드러운 달콤함과 약간 톡 쏘는 맛이 난다. 잎으로 만든 차는 흥분제 역할을 한다. 토마토요리, 수프, 소스, 피자, 스파게티, 샐러드 등 이탈리아 요리에 많이 사용한다.

바질

(10) 로즈메리

로즈메리rosemary는 솔잎을 닮은 녹색잎을 가지고 있으며 보라색 꽃이 핀다. 강한 향기와 살균력을 지니고 있다. 양고기, 돼지고기, 생선, 닭고기 등의 육류요리나 수프, 빵, 구운감자 등에 사용된다.

로즈메리

(11) 파슬리

파슬리parsley는 미나릿과의 두해살이풀이다. 독특한 향을 내는 아피올, 비타민 A와 C, 칼슘과 철이 들어 있다. 파슬리는 요리에 장식으로 사용하거나 달지 않은 요리에 잎을 잘게 다져서 사용한다. 육류요리, 샐러드, 수프, 소스, 드레싱, 파스타 가니쉬 등에 사용한다.

파슬리

(12) 타임

타임

타임thyme은 자극적인 향을 지니고 있어 가금류 및 생선의 비린내를 없애 주고, 치즈나 술의 감칠맛을 더해 준다. 오래 끓일수록 맛이 우러나와 처음부터 넣고 끓이는 것이 좋다. 피클, 샐러드, 채소, 고기, 생선, 스튜, 육류구이, 허브차 등에 두루 쓰인다.

(13) 코리앤더와 실란트로

코리앤더

고수풀, 차이니스 파슬리라고도 한다. 코리앤더coriander의 잎과 줄기만을 가리켜 실란트로cilantro라고 칭하기도 한다. 잎과 씨앗이 향신채와 향신료로 두루 쓰이며 중국, 베트남, 태국 음식에 많이 사용된다. 샐러드, 국수 양념, 육류, 생선, 가금류, 소스, 가니쉬 등에 사용한다.

(14) 오레가노

오레가노

별명이 '와일드 마조람'인 오레가노oregano는 독특한 향과 쌉싸래한 매운맛으로 토마토를 이용한 피자, 파스타 등의 이탈리아 요리에 필수적으로 사용되는 향신료이다. 소스, 파스타, 피자, 육류, 가금류, 오믈렛 등에 사용한다.

(15) 올스파이스

올스파이스

올스파이스allspice나무의 열매를 성숙하기 전에 건조시킨 향신료로 매운맛을 가지고 있다. 건조한 열매는 정향, 너트메그, 계피 맛을 합친 것 같은 향과 맛이 난다. 피클, 육류 및 생선 요리, 소스, 수프, 청어절임, 푸딩, 케이크, 쿠키 등에 많이 사용된다.

(16) 스타아니스

스타아니스

스타아니스star anise의 과실은 적갈색의 별모양이며 중앙에 갈색의 편원형 종자가 1개씩 박혀 있다. 달콤한 향미는 아네톨anethole 때문이며, 향이 강하고 약간의 쓴맛과 떫은맛도 난다. 중국요리에서 팔각이라 부르며 돼지고기요리에 사용하고, 서양에서는 캔디, 쿠키, 피클 등에 사용한다. 돼지고기요리, 캔디, 쿠키, 피클 등에 사용된다.

(17) 후추

후춧가루

후추는 니그름이라는 덩굴식물의 열매이며, 완전히 익기 전의 열매를 수확하여 햇볕에 말린 것이다. 흑후추black pepper, 백후추white pepper, 적후추red peppe, 녹후추green pepperr가 있다. 일반적으로 흑후추가 더 맵고 톡 쏘는 맛이 강하다. 식육 가공, 생선, 육류 등 폭넓게 쓰이는 향신료이다.

(18) 너트메그

너트메그nutmeg는 육두구 열매의 씨를 말린 것이며, 씨를 둘러싼 빨간 반종피를 말린 것은 메이스mace이다. 단맛과 약간의 쓴맛이 나며, 17세기까지만 해도 유럽에서는 값이 매우 비싼 사치품이었다. 도넛, 푸딩, 소스, 육류, 달걀흰자가 들어간 칵테일, 육류와 생선에 사용한다.

(19) 클로브

클로브clove는 정향나무의 꽃봉오리를 말린 것이다. 꽃봉오리의 형태가 못과 같고 향기가 있어 정향이라 부른다. 중국요리의 오향을 만들 때 빠지지 않는다. 돼지고기 요리, 생선조림, 스튜, 훈연제품, 과자류, 푸딩 등 다양한 요리에 사용된다.

정향

(20) 사프란

사프란saffran은 사프란 꽃의 암술로 만든 향신료로 독특한 향과 쓴맛, 단맛을 낸다. 세계에서 가장 비싼 향신료이다. 물에 잘 용해되어 소스, 수프, 밥, 과자, 케이크, 빵의 재료로 쓰인다.

사프란

(21) 터메릭

터메릭turmeric은 강황의 뿌리 부분을 건조한 다음 빻아 만든 가루로 향신료 및 착색제로 사용된다. 생강과 비슷하게 생겼으며 장뇌와 같은 향기와 쓴맛이 나고 노란색으로 착색된다. 카레 파우더의 재료가 되며, 육류, 생선, 달걀음식, 쌀요리 등에 사용된다.

(22) 강황

강황curcuma은 카레의 노란색을 나타내는 성분으로 머스터드mustard 카레가루, 머스터드, 부침, 튀김 등에 이용된다.

강황

(23) 카이엔느 페퍼

칠리페퍼chili pepper를 가루로 만든 것으로 자극성이 강한 매운맛이 있다. 피클, 카레, 채소, 소스, 육류요리에 사용한다.

(24) 파프리카

파프리카

파프리카paprika는 고추의 일종으로 고추에 비해 매운맛이 덜하고 산뜻한 맛을 낸다. 열매를 건조시켜 매운맛이 나는 씨를 제거한 후 분말로 만들어 사용한다. 조류, 어패류, 육류, 채소류, 샐러드, 수프, 소스 요리에 사용된다.

3. 우리나라의 양념류 및 고명

한국음식에는 음식의 맛과 향을 좋게 하는 양념류 그림 14-1 그림 14-2 외에 고명이라는 것이 있다. 고명이란 일종의 장식으로 완성된 음식 위에 얹어 보기 좋고 먹음직스럽게 하므로 '꾸미'라고도 한다 그림 14-3. 고명은 검은색(북), 흰색(서), 적색(남), 녹색(동)의 오방색을 기본으로 한다.

- 달걀고명 : 황·백 달걀지단, 알쌈, 삶은 달걀
- 고기고명 : 완자, 산적, 편육, 다진 고기고명, 채 썬 고기고명
- 버섯고명 : 마름모형·골패형 표고버섯, 채 썬 석이버섯·목이버섯
- 채소고명 : 미나리 초대, 파 초대, 다홍 고추채, 실고추
- 견과류 : 비늘잣, 통잣, 호두, 밤, 은행, 대추
- 과일 및 꽃류 : 배, 딸기, 복숭아, 진달래, 노란 장미, 맨드라미, 국화, 민들레

▼ 그림 14-1 한국요리에 사용되는 양념류 1

그림 14-2 한국요리에 사용되는 양념류 2

그림 14-3 한국요리에 사용되는 고명

참고 문헌

강근옥, 신미혜, 김지연, 설민숙, 박화연. 조리과학 이론 및 실험. 효일문화사, 2004.

금준석. 쌀가공산업의 활성화. 쌀의 날 기념 심포지엄: 쌀의 영양학적 우수성 및 가공산업 발전 방향. 한국식품영양과학회, 2008.

김기숙, 김미정, 이숙영, 안숙자, 한경선. 식품과 음식문화. 교문사, 1999.

김기숙, 김향숙, 오명숙, 황인경. 조리과학 이론과 실험실습. 수학사, 1998.

김기숙. 조리방법별 조리과학실험. 교학연구사, 1996.

김동훈. 식품화학. 탐구당, 1996.

김상순, 최홍식, 변광의. 식품가공저장학. 수학사, 1996.

김선림, 정태욱. 옥수수 수염의 myasin 및 유사 flavonoid 함량의 변이. 한국작물학회지, 33(4): 338-343, 2001.

김선재, 임종환, 정순택, 안영섭, 오용비. 황색 고구마의 carotenoid 색소 함량. 한국식품과학회지, 29(2):218-222, 1997.

김완수, 신말식, 이경애, 김미정. 조리과학 및 원리. 라이프사이언스, 2004.

김태영. 2008 한중일 심포지엄 Rice Utilization Technology in East Asia. 우리쌀 부가가치 향상을 위한 가공기술 개발 촉진. 농촌진흥청, 2008.

농촌진흥청. 쌀의 품질과 맛. 구자옥, 이도진, 허상만 공역. 전남대학교 출판부, 2003.

농촌진흥청 국립농업과학원. 국가표준 식품성분표 제9개정판, 2016.

문수재, 손경희. 식품학 및 조리원리. 수학사, 1999.

보건복지부, 한국영양학회. 2015 한국인 영양소 섭취기준. 2015.

손정우, 송태희, 신승미, 오세인, 우인애. 조리과학 제2개정판. 교문사, 2008.

송계원. 식육과 육제품의 과학. 선진문화사, 1982.

송재철, 박현정. 최신 식품가공저장학. 효일문화사, 1998.

송주은, 현영희, 변진원, 백승희, 김종욱, 전기수, 김미정. 최신 조리원리. 백산출판사, 2007.

신말식, 김완수, 이경애, 김미정, 윤혜현, 김성란. 식품과 조리과학. 라이프사이언스, 2001.

신말식. 쌀가루 믹스와 쌀빵의 제조방법. 대한민국 특허 0742572, 2007.

아니 위베르, 클로틸드 부아베르. 향신료(Les Epices). 창해, 2009.

안승요 외, 식품화학. 교문사, 2001.

오치도요코 저, 김창원 역. 생활도감. 진선출판사, 1998.

유영상, 이윤희. 식품 및 조리원리. 광문각, 1997.

윤광로, 이영춘, 정동효. 현대인의 식품. 중앙대학교 출판부, 1995.

윤서석. 한국의 떡문화. 2008년도 동아시아 식생활학회 추계 학술대회: 동아시아의 떡문화. 동아시아 식생활학회, 2008.

은종방, 이병두. 쌀가공식품산업. 쌀의 날 기념 심포지엄: 쌀의 영양학적 우수성 및 가공산업 발전방향. 한국식품영양과학회, 2008.

이경애, 변광의, 구난숙, 김미정, 김미라, 윤혜현, 송효남. 식품학. 파워북, 2008.

이주희, 김미리, 민혜선, 이영은, 송은승, 권순자, 김미정, 송효남. 과학으로 풀어쓴 식품과 조리원리. 교문사, 2008.

이준설, 안영섭, 김학신, 정미남, 부희옥. 고구마 부위별 일반 및 미네랄·페놀화합물·자색색소의 성분 특성. 한국국제농업개발학회지, 19(3):196-204, 2007.

이혜수, 조영. 조리원리. 교문사, 1999.

정순택, 임종환, 강성국. 황색 고구마 퓨레의 품질과 카로티노이드 색소, 한국식품영양과학회지, 27(4):596-602, 1998.

정해옥, 김재숙. 한국음식의 이해. 교학연구사, 2001

조영, 김영아, 김미정. 식품학. 한국방송통신대학교 출판부, 2009.

조재선. 식품재료학. 문운당, 2003.

진양호, 김숙희. 식품조리과학. 지구문화사, 2007.

한국대학식품영양학과 교수협의회. 조리원리. 교문사, 2007.

한국영양학회. 한국인 영양권장량 제7차 개정판. 한국영양학회, 2000.

한국조리과학회. 조리과학용어사전. 교문사, 2003.

한명규. 식품화학. 형설출판사, 1998.

Amy Brown. *Understanding food*. Wadsworth, 2000.

Barsby T. L., Donald A. M., Frazier P. J. *Starch advances in structure and function*. The Royal Society of Chemistry. MPG Books Ltd, Bodmin, Cornwall UK, 2001.

Bean M. M. and Setser C. S. *Polysaccharides, sugars, and sweeteners in food theory and applications*, 2nd ed Ed. Bowers J., Macmillan Publishing Co., 1992.

Bennion, M. and Scheule, B. *Introductory foods*, 12th ed. Pearson/Prentice Hall, NJ, 2004.

Bowers, J. *Food Theory and applications*, 2nd ed. Macmillan, NY., 1992.

Charley, H. and Weaver, C. *Foods: A scientific approach*, 3rd ed. Merrill/Prentice Hall, N.J., 1998.

DeMan, J. M. *Principles of food chemistry*. Van Nostrand Reinhold, N.Y., 1999.

Eskin, N. A. M. *Biochemistry of foods*, 2nd ed. Academic press Inc., 1990.

Fennema, O. R. *Food chemistry*, 3rd ed. Marcel Dekker, 1996.

Helen Charley. *Food science*, 2nd ed. Wiley, 1986

Juliano B. O. *Rice chemistry and technology*, 2nd ed. American Association of Cereal Chemists, 1985.

Lindsay R. C. *Food additives in food chemistry*, 3rd ed. Ed Fennema O. R., Marcel Dekker, 1996.

Margaret McWillams. *Foods-Experimental perspectives*, 4th ed. Prentice Hall, 2001.

Mcswane et al. *Principles of food safety and sanitation*. Prentice Hall, 2000.

Parker, R. *Introduction to food science*. Delmar, 2003.

Pomeranz Y. *Wheat chemistry and technology*, 3rd ed. Vol.1. American Association of Cereal Chemists, 1988.

Potter, N. N. and Hotchkis, J. H. *Food science*. Chapman & hall, 1995.

Troller, J. A. and Christian, J. H. B. *Water Activity and Food*. Academic Press. New York and Pennington, 1978.

Song J. Y. and Shin M. Effects of soaking and particle sizes on the properties of rice flour and gluten-free rice bread. *Food Sci. Biotechnol*. *16*:79-116, 2007.

Whistler, R. L., BeMiller J. N., Paschall, E. F. *Starch chemistry and technology*, 2nd ed.

Academic Press, Inc., 1984.
加田靜子, 高木節子. 新版 調理學-理論と應用, 朝倉書店, p.52, 1994.
科學技術廳資源調査會 編, 香川房子 監修. 四訂日本食品成分表による四訂食品成分表. 女子榮養大學出版部, 2000.
食材圖典. 小學館, 1996.

농촌진흥청 국립식량과학원 http://www.nics.go.kr
농촌진흥청 국립농업과학원 http://www.naas.go.kr/
(주)포테이토밸리 http://www.potatovalley.com
축산물등급판정소 http://www.apgs.co.kr

찾아보기

ㅈ

저자 소개

신말식 서울대학교 생활과학대학 식품영양학과 졸업
서울대학교 대학원 식품영양학과 이학박사
현재 전남대학교 식품영양과학부 교수

이경애 서울대학교 생활과학대학 식품영양학과 졸업
일본 동경대학교 농예화학과 농학박사
현재 순천향대학교 식품영양학과 교수

김미정 서울대학교 생활과학대학 식품영양학과 졸업
서울대학교 대학원 식품영양학과 이학박사
현재 동국대학교 가정교육과 겸임교수

김재숙 전남대학교 생활과학대학 식품영양학과 졸업
전남대학교 대학원 식품영양학과 이학박사
현재 전남대학교 식품영양과학부 겸임교수

황자영 서울대학교 생활과학대학 식품영양학과 졸업
서울대학교 대학원 식품영양학과 이학박사
현재 동남보건대학교 식품영양학과 교수

이선미 서울대학교 생활과학대학 식품영양학과 졸업
서울대학교 대학원 식품영양학과 이학박사
현재 대전대학교 식품영양학과 교수

이해하기 쉬운

조리과학

2021년 1월 5일 초판 인쇄
2021년 1월 15일 초판 발행

지은이 | 신말식 · 이경애 · 김미정
김재숙 · 황자영 · 이선미
발행인 | 유제구
발행처 | 파워북
주 소 | 경기도 고양시 일산동구 호수로 358-25
동문타워 2차 529호
전 화 | (02) 730-1412
팩 스 | (031) 908-1410
등 록 | 1997. 1. 31. 제2014-000067호

정 가 23,000원
ISBN 978-89-8160-425-7 (93590)

잘못된 책은 바꿔드립니다.